国家电网
STATE GRID

国网湖北省电力公司
STATE GRID HUBEI ELECTRIC POWER COMPANY

U0655701

国网湖北省电力公司　组编

电网企业生产岗位技能操作规范

用电监察员

中国电力出版社
CHINA ELECTRIC POWER PRESS

内 容 提 要

为提高电网企业生产岗位人员的技能水平和职业素质，国网湖北省电力公司根据国家职业技能标准及电力行业职业技能鉴定指导书、国家电网公司技能培训规范等，组织编写了《电网企业生产岗位技能操作规范》。

本书为《用电监察员》，主要规定了用电监察员实施技能鉴定操作培训的基本项目，包括用电监察员技能鉴定五、四、三、二、一级的技能项目共计 60 项，规范了各级别用电监察员的实训，统一了用电监察员的技能鉴定标准。

本书可作为从事用电监察作业人员职业技能鉴定的指导用书，也可作为用电监察作业人员技能操作培训教材。

图书在版编目（CIP）数据

电网企业生产岗位技能操作规范. 用电监察员/国网湖北省
电力公司组编. —北京：中国电力出版社，2015.6（2019.11重印）
ISBN 978 - 7 - 5123 - 6576 - 6

Ⅰ. ①电… Ⅱ. ①国… Ⅲ. ①电网-工业生产-技术操作规程-湖北省②用电管理-技术操作规程-湖北省 Ⅳ. ①TM - 65

中国版本图书馆 CIP 数据核字（2014）第 236900 号

中国电力出版社出版、发行
（北京市东城区北京站西街 19 号 100005 http://www.cepp.sgcc.com.cn）
三河市航远印刷有限公司印刷
各地新华书店经售

*

2015 年 6 月第一版 2019 年 11 月北京第二次印刷
710 毫米×980 毫米 16 开本 25.5 印张 486 千字
印数 3001—3500 册 定价 69.00 元

序

现代企业的竞争，归根到底是人的竞争。人才兴，则事业兴；队伍强，则企业强。电网企业作为技术密集型和人才密集型企业，队伍素质直接决定了企业素质，影响着企业的改革发展。没有高素质的人才队伍作支撑，企业的发展就如无源之水，难以为继。

加强队伍建设，提升人员素质，是企业发展不可忽视的"人本投资"，是提高企业发展能力的根本途径。当前，世情国情不断发生变化，行业改革逐步深入，国家电网公司改革发展任务十分繁重。特别是随着"两个转变"的全面深入推进，"三集五大"体系逐步建成，坚强智能电网发展日新月异，对加强队伍建设提出了新的更高要求，迫切需要培养造就一支能适应改革需要、满足发展要求的优秀人才队伍。

世不患无才，患无用之之道。一直以来，"总量超员，结构性缺员"问题，始终是国家电网公司队伍建设存在的突出问题，也是制约国家电网公司改革发展的关键问题。如何破解这个难题，不仅需要我们在体制机制上做文章，加快构建内部人才市场，促进人员有序流动，优化人力资源配置；也需要我们在素质提升方面下功夫，加大员工教育培训力度，促进队伍素质提升，增强岗位胜任能力。这些年，国家电网公司坚持把员工教育培训工作作为"打基础、管长远"的战略任务，大力实施"人才强企"战略和"素质提升"工程，组织开展了"三集五大"轮训、全员"安规"普考、优秀班组长选训、农电用工普考等系列培训活动，实现了员工与企业的共同发展。

这次由国网湖北省电力公司统一组织编写、中国电力出版社出版发行的《电网企业生产岗位技能操作规范》丛书，针对高压线路带电检修、送电线路、配电线路、电力电缆等 17 个职业（工种）编写，就是为了规范生产经营业务操作，提高一线员工基础理论水平和基本技能水平。

本丛书内容丰富充实、说明详细具体，并配有大量的操作图例，具有较强的针对性和指导性。希望广大一线员工认真学习，常读、常看、常领会，把该书作为生产作业的工具书、示范书，切实增强安全意识，不断规范作业行为，努力把事情做规范、做正确，确保安全高效地完成各项工作任务，为推动国网湖北省电力公司和国家电网科学发展做出新的更大贡献。

寄望：春种一粒粟，秋收万颗子。

是为序。

国网湖北省电力公司总经理　尹正民

2014 年 3 月

编　制　说　明

　　根据国网湖北省电力公司下达的技能培训与考核任务，需要通过职业技能的培训与考核，引导企业员工做到"一专多能"并完成转岗、轮岗培训；更需要加强原来已实施多年、涉及多个工种的职业操作技能培训考核体系的系统性、连贯性和可操作性，从而引导员工的职业规划设计、辅助构建电网员工终身教育体系。湖北电力行业的各技能鉴定站/所应按照技能操作规范的要求，落实培训考核项目，统一考核标准，保证在电网企业内的培训与考核公开、公平、公正，提高培训与鉴定管理水平和管理效率，提高公司生产技能人员的素质。

　　本规范丛书依据电力行业职业技能鉴定指导书和国家电网公司企业标准Q/GDW232—2008《国家电网公司生产技能人员职业能力培训规范》，以及国网湖北省电力公司针对企业员工生产技能岗位设置和岗位聘用原则等编写的电力行业主要工种的技能操作规范，提出并建立一套完整的可实施的生产技能人员技能培训与考核体系，用于国网湖北省电力行业各级职业技能鉴定的技能操作部分的培训与鉴定，保证技能人才评价标准的统一性。依据国家劳动和社会保障部所规定的国家职业资格五级分级法，以及现行电力企业生产技能岗位聘用资格的五级设置原则，本规范各工种分册培训与鉴定的分级按照五级编写。

一、技能操作项目分级原则

　　1. 依据考核等级及企业岗位级别

　　依据劳动和社会保障部规定，国家职业资格分为五个等级，从低到高依次为初级技能、中级技能、高级技能、技师和高级技师。其框架结构如下图所示。

初级工	中级工	高级工	技师	高级技师
(五级)	(四级)	(三级)	(二级)	(一级)

电网企业技能岗位按照五级设置

　　2. 各级培训考核项目设置

　　本规范丛书依据国网生产技能人员职业能力培训规范，制定了与职业技能等级相对应的技能操作培训考核五个级别的考核规范，系统地规定了各工种相应等级的技能要求，设置了与技能要求相适应的技能培训与考核内容、考核要求，使之完全公开、透明。其项目的设置充分考虑电网企业的实际需要，又按照国家职业技能等级予以分级设置，既能保证考核鉴定的独立性，又能充分发挥对培训的引领作用，具有很强的针对性、系统性、操作性。操作规范等级制定依据如下表：

电网企业各级职业技能等级能力

职业等级	职业技能能力
五级 （初级工）	适用于辅助作业人员、新进人员以及其他具有中级工以下职业资格人员，能够运用基本技能独立完成本职业的常规工作
四级 （中级工）	能够熟练运用基本技能独立完成本职业的常规工作，并在特定情况下，能够运用专门技能完成较为复杂的工作；能够与他人进行合作
三级 （高级工）	能够熟练运用基本技能和专门技能完成较为复杂的工作，包括完成部分非常规性工作；能够独立处理工作中出现的问题；能指导他人进行工作或协助培训一般操作人员
二级 （技师）	能够熟练运用基本技能和专门技能完成较为复杂的、非常规性的工作；掌握本职业的关键操作技能技术；能够独立处理和解决技术或工艺问题；在操作技能技术方面有创新；能组织指导他人进行工作；能培训一般操作人员；具有一定的管理能力
一级 （高级技师）	能够熟练运用基本技能和特殊技能在本职业的各个领域完成复杂的、非常规性的工作；熟练掌握本职业的关键操作技能技术；能够独立处理和解决高难度的技术或工艺问题；在技术攻关、工艺革新和技术改革方面有创新；能组织开展技术改造、技术革新和进行专业技术培训；具有管理能力

在项目设置过程中，对于部分项目专业技能能力项涵盖两个等级的项目，实施设置时将该技能项目作为两个项目共用，但是其考核要求与考核评分参考标准存在明显的区别。其中，《抄表核算收费员》《农网配电营业工》因国家职业资格未设一级（高级技师），因此本丛书中的这两个分册按照四级编制。

目前该职业技能能力四级涵盖五级；三级涵盖五、四级；二级涵盖五、四、三级；一级涵盖五、四、三、二级。

二、汇总表符号含义

技能操作项目汇总表所列操作项目，其项目编号由五位组成，具体表示含义如下：

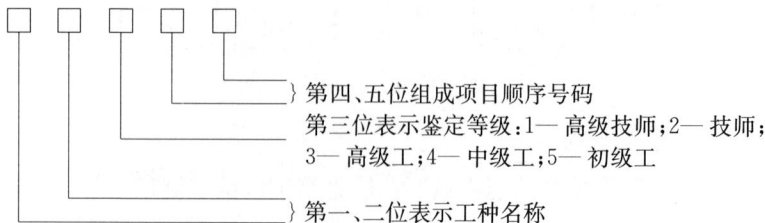

第四、五位组成项目顺序号码

第三位表示鉴定等级：1—高级技师；2—技师；3—高级工；4—中级工；5—初级工

第一、二位表示工种名称

其中第一、二位表示具体工种名称为：DZ—高压线路带电检修工；SX—送电线路工；PX—配电线路工；DL—电力电缆工；BD—变电站值班员；BY—变压器检修工；BJ—变电检修工；SY—电气试验工；JB—继电保护工；JC—用电监察员；CH—抄表核算收费员；ZJ—装表接电工；XJ—电能表修校；BA—变电一次安装工；BR—变电二次安装工；FK—电力负荷控制员；P—农网配电营业工配电范围；Y—农网配电营业工营销范围。

三、使用说明

1. 技能操作项目鉴定实施方法

（1）申请五级（初级工）、四级（中级工）、三级（高级工）技能操作鉴定。学员已参加表中所列的本工种等级技能操作项目培训。

技能操作鉴定项目加权分为 100 分。在本人报考工种等级中，由考评员在本工种等级项目中随机抽取项目进行考核，考核项目数量必须满足各技能操作项目鉴定加权总分≥100 分。其选项过程须在鉴定前完成，一经确定，不得更改。

技能操作鉴定成绩为加权分 70 分及格。技能操作鉴定不及格的考生，可在次年内申请一次补考，由鉴定中心按照上述方法选择项目再次进行鉴定，原技能操作鉴定通过的成绩不予保留。

（2）申请二级（技师）、一级（高级技师）鉴定。申请学员应在获得资格三年后申报高一等级，其技能操作鉴定项目为二级工、一级工项目中，由考评员随机在项目中抽取，技能操作项目数满足鉴定加权总分≥100 分。其选项过程在鉴定前完成，一经确定不得更改。

技能操作鉴定成绩各项为 70 分及格。技能操作鉴定不及格的考生，二级工可在次年内申请一次补考，由鉴定中心按照上述方法选择项目再次参加技能操作鉴定，原技能操作鉴定通过项目成绩不予保留。

申请一级、二级鉴定学员的答辩和业绩考核遵照有关文件规定执行。

2. 评分参考表相关名词解释

（1）含权题分：该项目在被考核人员项目中所占的比例值，如对于考核人员来讲，应达到考核含权分≥100 分，则表示对于含权分为 25 分的考核题，须至少考核 4 题。

（2）行为领域：d—基础技能；e—专业技能 ；f—相关技能。

（3）题型：A—单项操作；B—多项操作；C—综合操作。

（4）鉴定范围：部分工种存在不同的鉴定范围，如农网配电营业工的初级工和中级工存在配电和营销两个范围。高压带电作业和电力电缆等按照电力行业标准应分为输电和配电范围，但是按照国家电力行业职业技能鉴定标准没有区分范围，因此本规范丛书除了农网配电营业工外对各个操作考核项目没有划分鉴定范围，所以该项大部分为空。

目　　录

序
编制说明

用接地绝缘电阻表摇测接地装置接地电阻

一、操作

(一) 工具、材料和设备

(1) 工具：如图 JC501-1 所示，ZC-8 型接地绝缘电阻表、接地测量软线 1 组（BVR-2.5mm² 导线 5、20m 和 40m 各 1 根，导线一端安装接线端子，另一端安装鳄鱼夹）、接地探测针 2 支（Φ16×500mm）、遮栏 2 套、安全警示牌 2 块、安全标示牌 1 块、大锤子、皮尺、温湿计等电工常用工具。

(2) 材料：干净的布或棉纱若干、电气设备试验报告单。

(3) 设备：1~10kV 配电设备接地装置。

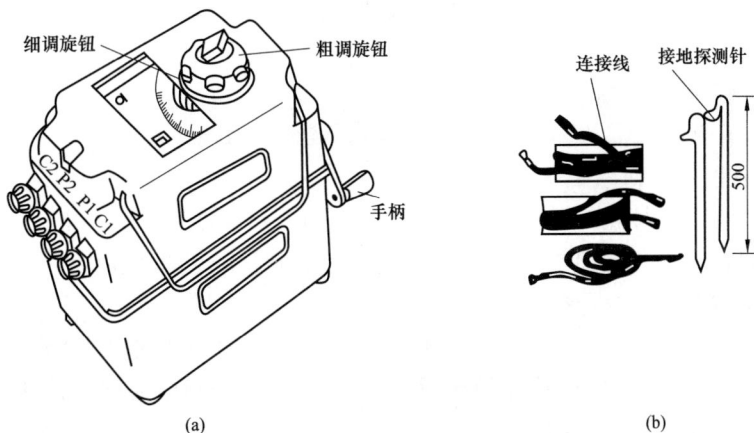

图 JC501-1 ZC-8 型接地绝缘电阻表

(a) 接地绝缘电阻表外形；(b) 连接线与接地探测针

(二) 安全要求

(1) 正确执行口头命令，工作服、安全帽、手套整洁完好，符合 Q/GDW 1799.2—2013《国家电网公司安全工作规程 线路部分》要求，工器具绝缘良好，整齐完备。

（2）现场设置必要的遮栏、安全标示牌。

（3）正确选择和使用接地绝缘电阻表，确保人身和设备安全。

（4）被测接地装置必须与其保护设备断开。

（5）辅助接地探测针应尽量远离地下金属管线或避开与高压线、河流、地下管道平行安装。

（6）摇测中加强监护，严防人员窜入试验区域。

（三）操作的步骤及接地电阻表使用注意事项

1. 操作步骤

（1）履行开工手续，口头交代危险点和防范措施。

（2）按给定的条件选取工器具，检查外观、绝缘良好。

（3）查看接地绝缘电阻表校准合格证，检查其合格完好。

（4）设置安全遮栏，在作业人员出入口处挂"从此进出"标示牌，在遮栏四周向外挂"止步，高压危险"警示牌。

（5）将被测接地装置与其保护设备断开。

（6）接地绝缘电阻表与被试接地装置间接线正确，辅助接地探测针安装、连接正确。

（7）接地绝缘电阻表水平放置，正确摇测、记录，同时记录试验环境温度和湿度。

（8）正确填写电气设备试验报告。

（9）拆除并擦拭摇测装置，恢复接地线，清理工作现场，办理工作终结手续。

2. 接地绝缘电阻表使用注意事项

（1）接地绝缘电阻表俗称接地摇表，有 $1\sim10\sim100\Omega$ 和 $10\sim100\sim1000\Omega$ 等规格，用于直接测量各种接地装置的接地电阻，通常带有两根探测针，即电位探测针和电流探测针，以及连接导线。

（2）三端钮接地绝缘电阻表标有 E、P、C 三个端子，其中 E 端子接于被试接地极 E' 上，P 端子与电位接地探测针 P' 相连接，C 端子与电流接地探测针 C' 相连接，如图 JC501-2（a）所示。

（3）四端钮接地绝缘电阻表标有 C1、P1、P2、C2 四个端子，其中 P2、C2 端子短接于被试接地极 E' 上，P1 端子与电位接地探测针 P' 相连接，C1 端子与电流接地探测针 C' 相连接，如图 JC501-2（b）所示。

（4）使用前检查仪表在合格有效期内，配件齐全完好，再将接地绝缘电阻表接线端子全部短接，调整刻度盘，使"0"对准下面基线，摇动手柄至 120r/min，检流计不动为良好；测试导线导电性能和绝缘性能良好，将接地绝缘电阻表和接

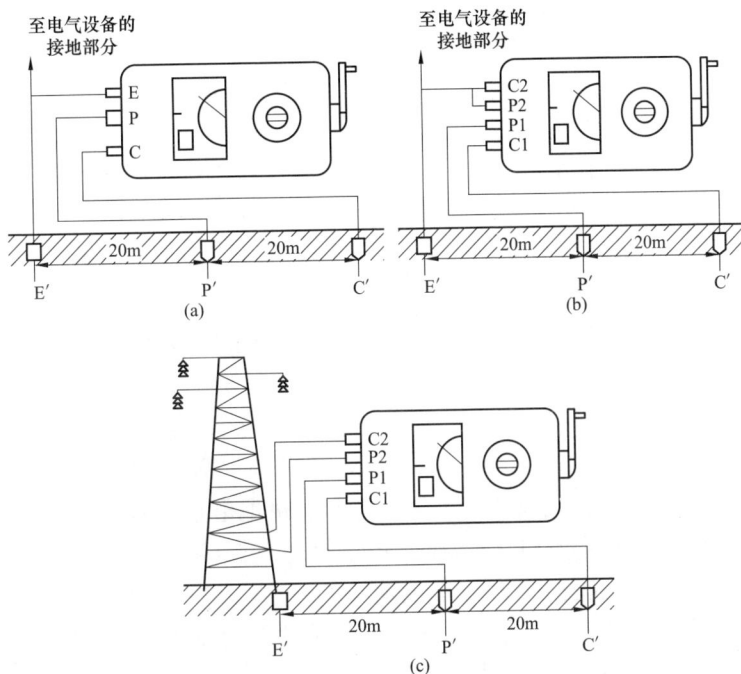

图 JC501-2　接地绝缘电阻表摇测接线图

(a) 三端钮接地绝缘电阻表摇测接线；(b) 四端钮接地绝缘电阻表摇测接线一；

(c) 四端钮接地绝缘电阻表摇测接线二

地探测针擦拭干净，特别是接地探测针表面污垢和锈渍直接影响其导电能力，影响测量结果。

（5）将两根探测针分别垂直插入地中 0.4m，使被测接地极 E′、电位探测针 P′ 和电流探测针 C′ 三点在一条直线上，如图 JC501-2 所示，E′ 与 P′、P′ 与 C′ 之间距离 20m。

（6）用 4m 长测试线连接 E、E′，用 20m 测试线连接 P、P′，用 40m 测试线连接 C、C′。

（7）水平放置仪表，查看仪表检流计指针是否指向中心线（红线），否则调整"调零螺栓"，使指针指于中心线。

（8）将"倍率标度"或称粗调旋钮置于最大倍数，慢慢摇动手柄，指针开始偏转，同时，旋动"测量标度盘"或称细调旋钮，使检流计指针指于中心线（红线）。

（9）当指针接近中心线时，加快摇动手柄，使其达到 120r/min 以上，同时旋动"测量标度盘"，使指针指于中心线上。

（10）当"测量标度盘"的读数小于 1 时，应将"倍率标度"置于较小标度倍数，再重新摇测并旋动"测量标度盘"，以得到准确读数。

（11）指针指于中心线并稳定后，停止转动，查看"测量标度盘"的读数，用"测量标度盘"的读数乘以"倍率标度"的倍数，即为所测的接地电阻。

（12）被测接地电阻小于 1Ω 时，应选用四端钮 $1\sim10\sim100\Omega$ 规格的接地绝缘电阻表，将 P2、C2 端子连片打开，分别用测试线接到被测接地极上，并使 P2 端子接在靠近接地极的一端，如图 JC501-2（c）所示。

（13）拆除接地绝缘电阻表测试装置，恢复接地装置与被保护设备连线，连接牢固可靠。

（14）根据摇测结果，正确记录并填写电气设备试验报告（见 JC 501 附），判断摇测结果。Q/GDW 519—2010《配电网运行规程》规定：使用同一接地装置的所有电气设备的总容量达到或超过 100kVA 时，接地电阻不宜大于 4Ω；总容量小于 100kVA 时，接地电阻允许大于 4Ω，但不超过 10Ω。

（15）接地绝缘电阻表工作环境温度为 $-20\sim+50℃$，工作环境湿度为 $25\%\sim95\%$。并且不准在开路状态下摇动接地绝缘电阻表，否则会损坏仪表。

（16）探测针应远离地下水管、电缆、铁路等较大金属体。当接地极 E' 和电流探测针 C' 之间距离大于 40m 时，电位探测针的位置可插在 E'、C' 中间线几米以外，测量误差可忽略不计；当接地极 E' 和电流探测针 C' 之间距离小于 40m 时，应将电位探测针 P' 插于 E' 与 C' 的直线中间。

（17）测试宜选择土壤电阻率大的时候，如初冬或夏季干燥季节时进行。刚下雨后不要测量接地装置的接地电阻，原因是所测数据不是平时的真实接地电阻值。

二、考核

（一）考核场地

（1）场地面积应能同时容纳多个工位，并保证工位之间的距离合适，操作面积不小于 $1500\times1500mm^2$。

（2）工位的设置满足摇测的要求。

（3）每个工位备有考评员桌椅、计算器。

（二）考核时间

参考时间为 30min，选用工器具限时 5min。

（三）考核要点

（1）正确选择摇测用工具、仪表。

（2）摇测方法正确，测试步骤完整。

（3）记录完整，试验报告填写正确，判断正确。

（4）安全文明生产。

三、评分参考标准

行业：电力工程　　　　　　　　工种：用电监察员　　　　　　　　等级：五

编号	JC501	行为领域	e	鉴定范围	
考核时间	30min	题型	B	含权题分	25
任务描述	用接地绝缘电阻表摇测接地装置接地电阻				
考核要点及其要求	（1）给定条件：新装1～10kV配电工程，使用ZC-8型接地绝缘电阻表验收配电系统接地装置安装情况。 （2）正确选择摇测用工具、仪表。 （3）摇测方法正确，测试步骤完整。 （4）摇测前后对变压器放电的方法正确。 （5）记录完整，试验报告填写正确，判断正确。 （6）安全文明生产				
现场设备、工具、材料	（1）工具：500V接地绝缘电阻表1块、1000V接地绝缘电阻表1块、2500V接地绝缘电阻表1块、ZC-8型接地绝缘电阻表、接地测量软线1组（BVR-2.5mm² 导线5、20m和40m各1根，导线一端安装接线端子，另一端安装鳄鱼夹）、辅助接地探测针2支（Φ16×500mm）、遮栏2套、安全警示牌2块、安全标示牌1块、大锤子、皮尺、温湿计等电工常用工具。 （2）材料：干净的布或棉纱若干、电气设备试验报告单。 （3）设备：1～10kV配电设备接地装置。 （4）考生自备工作服、安全帽、绝缘鞋、常用电工工具、文具				
备注	每项"分值"扣完为止				

评分标准

序号	作业名称	质量要求	分值	扣分标准	扣分原因	得分
1	开工准备	（1）正确佩戴安全帽、穿工作服、穿绝缘鞋、戴手套。 （2）正确执行口头命令，履行开工手续	5	（1）未按要求着装，缺一项扣1.5分。 （2）未履行开工手续扣3分		
2	仪表选用与检查	（1）选用三端钮接地绝缘电阻表。 （2）检查接地绝缘电阻表外观、合格证。 （3）用短接法检查接地绝缘电阻表性能。 （4）检查接地探测针、测试线完好齐备	10	（1）选择错误扣5分。 （2）未检查或检查方法错误扣5分		

続表

评分标准

序号	作业名称	质量要求	分值	扣分标准	扣分原因	得分
3	设置遮栏	工作场地周围设置安全遮栏，在作业人员出入口处挂"从此进出"标示牌，在遮栏四周向外挂"止步，高压危险"警示牌	10	(1)未设置遮栏扣5分。 (2)缺少标示牌扣2分。 (3)缺少警示牌扣3分		
4	摇测前准备	将被测接地装置与其保护设备断开	5	未完成扣5分		
5	正确接线	按图JC501-2所示接地绝缘电阻表摇测接线图，可靠连接	20	(1)连接错误扣20分。 (2)插入地下深度不足0.4m扣5分。 (3)不在一条直线上扣2分。 (4)间距不对扣3分		
6	摇测接地电阻	(1)水平平稳放置接地绝缘电阻表，检查检流计指针并调零至中心线。 (2)选择倍率，转速适中，旋动测量标度盘，使指针指于中心线。 (3)指针接近中心线时加速摇动至120r/min，指针稳定后直视读数。 (4)再次测量，两次测量一致后读取测量标度盘读数。 (5)读数乘以倍率，计算接地电阻值	25	(1)接地绝缘电阻表不平稳扣1分。 (2)倍率选择不合适扣2分。 (3)指针未调零扣2分。 (4)少摇一次扣5分。 (5)读数错误扣5分。 (6)计算错误扣5分。 (7)无判断结果或错误扣5分		
7	接地恢复	(1)拆除接地绝缘电阻表摇测装置，擦拭清法。 (2)恢复接地装置，连接可靠	10	(1)未拆除擦拭扣5分。 (2)未可靠恢复扣5分		
8	填写试验报告	试验报告填写完整，结论判断正确	10	(1)填写不整洁、完整，扣5分。 (2)结论错误扣5分		
9	清理现场	清理现场，恢复原状，上交记录书	5	(1)清理不充分扣2分。 (2)未清理扣5分		
考试开始时间			考试结束时间		合计	
考生栏	编号：　　姓名：　　　　　所在岗位：　　　　单位：　　　　日期：					
考评员栏	成绩：　　考评员：　　　　　　　　　　　考评组长：					

JC501 附：电气设备试验报告

电 气 设 备 试 验 报 告

运行编号			
试验单位		试验地点	
试验负责人		试验日期	
试验人员		试验温度、湿度	
审核人		记录人	
使用设备			
接地网概况			
测点位置			
引出方向			
地网、引线示意图			
接地电阻测量结果			
结 论			

一、操作

（一）操作用的工具、材料和设备

（1）工具：如图 JC502－1 所示，数字双钳相位伏安表主机一块、0.5 级电流钳两把、电流电压测试线各一套，电工常用工具。

（2）材料：一次性封签、电能计量装置错误接线检查及分析记录单。

（3）设备：运行中的三相电能计量装置。

（二）操作的安全要求

（1）正确填用履行第二种工作票（见 JC 502 附 1），工作服、安全帽、手套整洁完好，符合 Q1GDW 1799.2—2013 要求，工器具绝缘良好，整齐完备。

（2）检查电能计量装置接地良好，对柜（箱）体外壳进行验电，确认无电。

（3）正确选择相位伏安表挡位、量程，严禁带电切换。

（4）加强监护，严防触电、接地短路、相间短路和电流互感器二次回路开路事故。

（5）登高 2m 以上应系好安全带，保持与带电设备的安全距离。

（三）操作的步骤及注意事项

（1）相位伏安表是在不断开被测电路情况下用来测量交流电压、交流电流及两个同频率交流量间相位角的仪表，并以此判定电能计量装置接线等电气设备安装的正确性。数字双钳相位伏安表如图 JC502－1 所示。除仪表本身外，还包括两把电流钳、两对电流测试线、两对电压测试线。

（2）测试前检查仪表在使用有效期内，用万用表检查及外观检查测试线的导电和绝缘性能。按下仪表电源

图 JC502－1　数字双钳相位伏安表

开关，接通工作电源，将转换开关切换到电池电压检测挡，预热 3～5min。若电池电压低于 7.5V，显示器右端出现电池符号 ，则此时仪表的读数误差较大，建议更换电池后再继续使用。

（3）测量线路不同交流量时，首先选择不同的挡位和量程，如果不知道交流量的大小，应先选择大量程，然后根据被测示值，转换到合适的挡位。转换挡位时，应在不带电的情况下进行，以免损坏仪表。接好测试线后，再按下仪表的电源开关。

（四）使用方法

（1）交流电压的测量。如图 JC502-2（a）所示，根据所测电压大小，将仪表旋转开关旋至 U1 或 U2 挡中 500V 或 200V 量程，两根电压测试线按所标红黑颜色对应插入仪表电压端 U1 或 U2，另一端与所测线路接触，此时仪表示数即为所测电压值。

（2）交流电流的测量。如图 JC502-2（b）所示，根据所测电流大小，将仪表旋转开关旋至 I1 或 I2 挡中 10A 或 2A 量程，选取标号 I1 或 I2 电流钳插头一端对应插入仪表电流端 I1 或 I2，所测线路置于电流钳钳孔中心，此时仪表示数即为所测电流值。

（3）相位的测量。

1）相位满度校准。如图 JC502-2（c）所示，测量交流量间的相位前，按下仪表电源开关，将旋转开关旋至"360°校"挡位，调节"360°校准电位器"，使仪表显示 360°。

2）测量两路电压间相位。仪表旋转开关旋至"Φ"挡，将被测两路电压分别通过两个测量电压用的四个表笔输入到仪表电压端 U1 和 U2，此时表笔接入有极性要求，左输入端（红端）应接入被测线路假定电压正方向的高端。此时仪表显示值为 U1 超前 U2 的相位角。

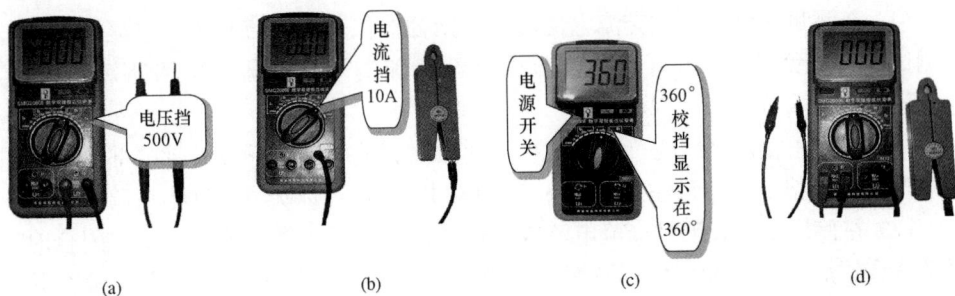

(a)   (b)   (c)   (d)

图 JC502-2　相位伏安表使用

(a) 交流电压的测量；(b) 交流电流的测量；(c) 相位满度校准；(d) 测量电压与电流间相位

3）测量两路电流间相位。仪表旋转开关旋至"Φ"挡，将被测两路电流分别通过两个测量电流的电流钳 I1、I2 输入到仪表电流端 I1 和 I2，此时电流钳接入有极性要求，被测线路电流假设正方向从电流钳 * 端（红点）流入。此时仪表显示值为 I1 超前 I2 的相位角。

4）测量电压与电流间相位。如图 JC502－2（d）所示，仪表旋转开关旋至"Φ"挡，将被测电压从 U1 端输入、被测电流从 I2 端输入（或被测电压从 U2 端输入、电流从 I1 端输入），此时两根电压表笔和电流钳接入均有极性要求，左输入端（红端）应接入被测线路假定电压正方向的高端，被测线路电流假设正方向从电流钳 * 端（红点）流入。此时仪表显示值为仪表第 I 路输入端超前第 II 路输入端的相位角。即当被测电压从 U1 端输入、被测电流从 I2 端输入时，显示相位为被测电压超前被测电流的角度；当被测电压从 U2 端输入、被测电流从 I1 端输入时，显示相位为被测电流超前被测电压的角度。

（4）三相电压相序的测量。仪表旋转开关旋至"Φ"挡，将被测电压 U_{uv} 或 U_{uo} 从仪表电压端 U1 输入，被测电压 U_{vw} 或 U_{vo} 从仪表电压端 U2 输入，此时表笔接入有极性要求。若读数为 120°，则三相电压为正相序；若读数为 240°，则三相电压为逆相序。

（5）电路性质的判别。仪表旋转开关旋至"Φ"挡，将被测电压从 U1 端输入、被测电流从 I2 端输入，此时两根电压表笔和电流钳接入均有极性要求，若读数小于 90°，则电路呈感性特性；若读数大于 270°，则电路呈容性特性。

（五）三相电能表接线正确性判断

（1）低压三相四线有功电能表。设定感性负荷条件下，若所测 U_{uo} 超前 I_u 角度、U_{vo} 超前 I_v 角度、U_{wo} 超前 I_w 角度均小于 90°，则接线正确。

（2）三相两元件有功电能表。设 U_{uv} 超前 I_u 的角度为 Φ_1，U_{wv} 超前 I_w 的角度为 Φ_2，当 $\Phi_2－\Phi_1＝\pm300°$ 时，接线正确。

（六）使用注意事项

（1）在测量交流电流或交流电压时，严禁插拔仪表上电流端子、电压端子、电压测试线，以免出现电流互感器二次回路开路和电压互感器二次回路短路情况，危及设备和人身安全。

（2）在使用相位表期间，不能直接用手触碰表笔的裸露部分或带电部分。测量时应站在绝缘垫上，并且注意保持和带电体间的距离，以免发生触电危险。

（3）在使用相位表测量交流电流或相位时，为保证测量准确，钳口在闭合时应紧密。合钳后若有杂音，可打开钳口重合一次。若杂音不能消除，则应检查并清除钳口处的尘污和锈蚀。钳臂弹簧损坏时应及时更换，以保证闭合良好。

（4）仪表每一路只能接入一个信号，如果接入电压信号，应将电流插头拔去。

仪表电流卡钳具有专用性，每台仪表的电流卡钳号只与本台仪表对应电流端子配用，不可与另一台仪表调用。

（5）测量电压不得高于 500V。

（6）使用后应及时关闭仪表电源，长时间不用应取出电池。

二、考核

（一）考核场地

（1）场地面积应能同时容纳多个工位（操作台），并保证工位之间的距离合适，操作面积不小于 $1500 \times 1500 \mathrm{mm}^2$。

（2）每个工位备有桌椅、计时器。

（二）考核时间

参考时间为 20min，选用工器具限时 5min。

（三）考核要点

（1）正确选择工具、仪表。

（2）测试方法正确、步骤完整。

（3）记录完整，分析记录单填写正确，判断正确。

（4）安全文明生产。

三、评分参考标准

行业：电力工程 工种：用电监察员 等级：五

编号	JC502	行为领域	e	鉴定范围	
考核时间	20 min	题型	B	含权题分	20
任务描述	数字双钳相位伏安表的使用				
考核要点及其要求	（1）给定条件：在模拟柜上进行三相电能计量装置接线检查。分别进行交流电压的测量、交流电流的测量、两路电压间相位测量、两路电流间相位测量、电压与电流间相位测量、三相电压相序的测量，根据结果作出判断。测量前已经办理了第二种工作票，现场安全措施已布置好。 （2）正确选择工具、仪表。 （3）测试方法正确、步骤完整。 （4）记录完整，分析记录单填写正确，判断正确。 （5）安全文明生产				
现场设备、工具、材料	（1）工具：手持式数字双钳相位伏安表、数字万用表、电筒、登高工具。 （2）材料：一次性封签、电能计量装置错误接线检查及分析记录单。 （3）设备：用户运行中低压电能计量装置或高低压电能表接线智能模拟装置。 （4）考生自备工作服、安全帽、绝缘鞋、常用电工工具、文具				
备注	引发跳闸事故的立即停止操作，本次考核项目不得分。每个"分值"扣完为止				

评分标准						
序号	作业名称	质量要求	分值	扣分标准	扣分原因	得分
1	开工准备	（1）正确佩戴安全帽、穿工作服、穿绝缘鞋、戴手套。 （2）正确填写工作票，履行开工手续	4	（1）未按要求着装，缺一项扣1.5分。 （2）未履行开工手续扣2分		
2	仪表选用与检查	（1）选用相位伏安表，检查其外观、合格证。 （2）检查电池电压、相位满度校准，电流钳、测试线完好、齐备	10	（1）选择错误扣5分。 （2）未检查或检查方法错误扣5分		
3	摇测前准备	（1）用三步验电法对设备进行验电，验电时不应戴手套。 （2）填写记录单上的基本信息	10	（1）未验电扣5分。 （2）验电方法不对扣2分。 （3）信息未填或不全扣3分		
4	电压的测量	挡位量程选择正确，接线正确，读数保留整数位	8	（1）挡位量程不正确扣3分。 （2）接线不对扣3分。 （3）读数不正确扣2分		
5	电流的测量	挡位量程选择正确，电流钳与仪表电流端对应，接线正确，读数保留小数点后两位	8	（1）挡位量程不正确扣3分。 （2）接线不对扣3分。 （3）读数不正确扣2分		
6	两路电压间相位测量	挡位量程选择正确，接线正确，读数保留整数位	10	（1）挡位量程不正确扣3分。 （2）接线不对扣5分。 （3）读数不正确扣2分		
7	两路电流间相位测量	挡位量程选择正确，电流钳与仪表电流端对应，接线正确，读数保留整数位	10	（1）挡位量程不正确扣3分。 （2）接线不对扣5分。 （3）读数不正确扣2分		
8	电压与电流间相位测量	挡位量程选择正确，电流钳与仪表电流端对应，接线正确，读数保留整数位	10	（1）挡位量程不正确扣3分。 （2）接线不对扣5分。 （3）读数不正确扣2分		

					评分标准			
序号	作业名称	质量要求	分值		扣分标准		扣分原因	得分
9	相序的测量	挡位量程选择正确，接线正确，读数保留整数位	10		（1）挡位量程不正确扣3分。 （2）接线不对扣5分。 （3）读数不正确扣2分			
10	电路性质判别	挡位量程选择正确，接线正确，读数保留整数位	10		（1）挡位量程不正确扣3分。 （2）接线不对扣5分。 （3）读数不正确扣2分			
11	填写分析记录单	分析记录单填写完整，结论判断正确	8		（1）不整洁、完整，扣3分。 （2）结论错误扣5分			
12	清理现场	清理现场，恢复原状，上交记录书	2		未清理扣2分			
考试开始时间				考试结束时间			合计	
考生栏	编号：	姓名：		所在岗位：		单位：	日期：	
考评员栏	成绩：	考评员：				考评组长：		

JC502 附1：电力线路第二种工作票

电力线路第二种工作票

单位＿＿＿＿＿＿＿＿＿＿＿＿ 编号＿＿＿＿＿＿＿＿＿＿＿＿

1. 工作负责人（监护人）＿＿＿＿＿＿＿＿＿ 班组＿＿＿＿＿＿＿＿＿＿

2. 工作班人员（不包括工作负责人）：＿＿＿＿＿＿＿＿＿＿＿＿＿＿＿＿

＿＿＿＿＿＿＿＿＿＿＿＿＿＿＿＿＿＿＿＿＿＿＿＿＿共＿＿＿＿人。

3. 工作任务

线路或设备名称	工作地点、范围	工作内容

4. 计划工作时间：自＿＿＿年＿＿＿月＿＿＿日＿＿＿时＿＿＿分

　　　　　　　　至＿＿＿年＿＿＿月＿＿＿日＿＿＿时＿＿＿分

5. 注意事项（安全措施）＿＿＿＿＿＿＿＿＿＿＿＿＿＿＿＿＿＿＿＿＿＿

＿＿＿＿＿＿＿＿＿＿＿＿＿＿＿＿＿＿＿＿＿＿＿＿＿＿＿＿＿＿＿＿＿

＿＿＿＿＿＿＿＿＿＿＿＿＿＿＿＿＿＿＿＿＿＿＿＿＿＿＿＿＿＿＿＿＿

　　工作票签发人签名＿＿＿＿＿＿＿＿　＿＿＿年＿＿＿月＿＿＿日＿＿＿时＿＿＿分

　　工作负责人签名＿＿＿＿＿＿＿＿　＿＿＿年＿＿＿月＿＿＿日＿＿＿时＿＿＿分

6. 确认工作负责人布置的工作任务和安全措施

　　工作班组人员签名：

＿＿＿＿＿＿＿＿＿＿＿＿＿＿＿＿＿＿＿＿＿＿＿＿＿＿＿＿＿＿＿＿＿

＿＿＿＿＿＿＿＿＿＿＿＿＿＿＿＿＿＿＿＿＿＿＿＿＿＿＿＿＿＿＿＿＿

＿＿＿＿＿＿＿＿＿＿＿＿＿＿＿＿＿＿＿＿＿＿＿＿＿＿＿＿＿＿＿＿＿

7. 工作开始时间：＿＿＿年＿月＿日＿时＿分　　工作负责人签名＿＿＿＿＿＿＿＿

　　工作完工时间：＿＿＿年＿月＿日＿时＿分　　工作负责人签名＿＿＿＿＿＿＿＿

8. 工作票延期

　　有效期延长到＿＿＿年＿月＿日＿时＿分

9. 备注

＿＿＿＿＿＿＿＿＿＿＿＿＿＿＿＿＿＿＿＿＿＿＿＿＿＿＿＿＿＿＿＿＿

＿＿＿＿＿＿＿＿＿＿＿＿＿＿＿＿＿＿＿＿＿＿＿＿＿＿＿＿＿＿＿＿＿

＿＿＿＿＿＿＿＿＿＿＿＿＿＿＿＿＿＿＿＿＿＿＿＿＿＿＿＿＿＿＿＿＿

JC502 附 2：经 TA 的三相四线电能计量装置错误接线检查及分析记录单

经 TA 的三相四线电能计量装置错误接线检查及分析记录单

日期：　　　年　　月　　日

编号		姓名		所在岗位		单位	
一、电能表基本信息							
型号			等级			出厂编号	
规格	__ V；__ A	制造厂家				电能表转向	

二、实测数据

电压	$U_{10}=$ _____ V	电流	$I_1=$ _____ A	电压与电流夹角	$\dot{U}_U\hat{}\dot{I}_1=$ _____
	$U_{20}=$ _____ V		$I_2=$ _____ A		$\dot{U}_U\hat{}\dot{I}_2=$ _____
	$U_{30}=$ _____ V		$I_3=$ _____ A		$\dot{U}_U\hat{}\dot{I}_3=$ _____

电压相序（用 U、V、W 表示）为_____

三、错误接线相量图	四、错误接线形式： 一元件： 二元件： 三元件：

五、写出错误接线时功率表达式及更正系数计算（化简不少于 2 步）

六、画出错误接线下接线原理图

经 TA、TV 的三相三线电能计量装置错误接线检查及分析记录单

日期　　　年　　月　　日

考生姓名		考生编号		工作单位		所在岗位	
一、基本信息							
用户名		用户号		所属供电所			
表计型号		生产厂家					
出厂编号		规　格	___ V；___ A	表示数		kWh	

二、测量数据

各元件电压	$U_{12}=$ _____ V $U_{32}=$ _____ V $U_{13}=$ _____ V	各元件电流	$I_1=$ _____ A $I_3=$ _____ A	元件电压、电流相位差	$\dot{U}_{12}\hat{\dot{I}}_1=$ _____ $\dot{U}_{32}\hat{\dot{I}}_3=$ _____
电压相序		电压极性		外观及封印	

三、绘制错误接线相量图（电压和电流相量用 1、2、3 和 u、v、w 下标）

四、写出错误接线形式（说明各元件所取电压与电流）

第一元件：

第二元件：

五、绘制实际接线图

六、写出在错误接线形式下电能表所反映的功率（假设三相负荷平衡），求更正系数 K_p

SG186营销业务系统用电检查系统使用

一、操作

(一) 工具、材料

(1) 工具：碳素笔、计算器、计算机、打印机、办公桌椅等自动化办公用品，计算机具备联网条件，可以登录 SG186 营销业务系统的登录账号及密码。

(2) 材料：工作证件、A4 白纸。

(二) 操作步骤及作业要求

1. 操作步骤

(1) 登录 SG186 营销业务系统，进入用电检查管理工作页面。

(2) 根据需要制订月计划或者制订专项检查计划，筛选出需要检查的用户，生成用电检查计划，并对已生成计划进行审批、发送。

(3) 在待办工单页面打印需要检查用户的检查工单，并填写检查工单内容。

(4) 将检查结果登录到 SG186 营销业务系统，并对计划进行归档。

2. 作业要求

(1) 使用黑色墨水笔记录。

(2) 选出 2 户打印"用电检查工作单"。

(3) 登记 1 户用电检查结果。

二、考核

(一) 考核场地

每个工位不小于 $6m^2$，配备 1 台可登录 SG186 营销业务系统的计算机、1 台激光打印机。

(二) 考核时间

参考时间为 30min，从报开工起到报完工止。

(三) 考核要点

(1) 着装规范。

（2）按规定内容准确生成用电检查计划。

（3）用电检查工单填写正确规范。

三、评分参考标准

行业：电力工程　　　　　　工种：用电监察员　　　　　　等级：五

编号	JC503	行为领域	e	鉴定范围	
考核时间	30min	题型	B	含权题分	25
试题名称	SG186营销业务系统用电检查系统使用				
考核要点及其要求	（1）给定条件：设置检查计划2户。 （2）着装规范。 （3）按规定内容准确生成用电检查计划。 （4）用电检查工单填写正确规范				
现场设备、工具、材料	（1）工作现场具备设备：办公桌椅、计算机、打印机，计算机具备联网条件，可以登录SG186营销业务系统。 （2）工作现场具备的材料：A4白纸。 （3）工作现场具备的工具、仪表：计算器、碳素笔等自动化办公用品，SG186营销业务系统登录账号及密码。				
备注	每项"分值"扣完为止				

评分标准

序号	作业名称	质量要求	分值	扣分标准	扣分原因	得分
1	开工准备	着装规范，穿工作服、工作鞋，佩戴证件	5	（1）未按要求着装一处扣1分。 （2）着装不规范一处扣1分		
2	工器具检查	检查办公器材、营销业务系统是否完备	5	指导使用，扣1分/次		
3	系统使用	发现窃电嫌疑的，登录营销业务系统，进入用电检查页面，按照给定条件制订检查计划	50	（1）不熟悉营销业务系统，无法登录扣10分。 （2）进入系统，无法找到对应工作菜单扣10分。 （3）未按要求制订、生成用电检查计划扣10分。 （4）缺项、漏项每次扣5分		
4	工单打印	按照要求打印需检查用户的检查工单	10	未成功打印扣10分		

评分标准							
序号	作业名称	质量要求	分值	扣分标准		扣分原因	得分
5	检查结果登记	将用电检查结果登录到SG186营销系统	30	（1）未正确登录用电检查结果每户扣10分。 （2）缺项、漏项每次扣5分			
6	工作时间	按要求在规定的时间内完成指定工作，不设速度分		到规定时间立即停止工作，按实际完成项得分			
考试开始时间				考试结束时间		合计	
考生栏		编号： 姓名：		所在岗位：	单位：	日期：	
考评员栏		成绩： 考评员：			考评组长：		

JC504　SG186营销业务系统违约用电处理

一、操作

(一) 工具、材料

(1) 工具：碳素笔、计算器、计算机、打印机、办公桌椅等自动化办公用品，计算机具备联网条件，可以登录 SG186 营销业务系统的登录账号及密码。

(2) 材料：工作证件、违约用电处理工作单、A4 白纸。

(二) 操作步骤及作业要求

1. 操作步骤

(1) 登录 SG186 营销业务系统，进入用电检查管理页面。

(2) 选择"违约用电窃电管理"子菜单中的相应选项，发起违约用电流程。

(3) 收取业务费。

(4) 流程归档。

2. 作业要求

(1) 按照 SG186 营销业务系统流程步骤正确操作。

(2) 违约用电数据信息与纸质工单相符。

二、考核

(一) 考核场地

每个工位不小于 $6m^2$，配备 1 台可登录 SG186 营销业务系统的计算机、1 台激光打印机。

(二) 考核时间

参考时间为 30min，从报开工起到报完工止。

(三) 考核要点

(1) SG186 营销业务流程操作准确、熟练。

(2) SG186 营销业务流程操作过程中，系统填写信息规范、齐全，准确无误。

（3）完成业务费收取。

三、评分参考标准

行业：电力工程　　　　　工种：用电监察员　　　　　等级：五

编号	JC504	行为领域	e	鉴定范围	yx
考核时间	30min	题型	A	含权题分	25
试题名称	SG186营销业务系统违约用电处理				
考核要点及其要求	（1）给定条件：设定查获违约用电一户，并严格按《供电营业规则》处理。 （2）着装规范。 （3）SG186营销业务流程操作准确、熟练。 （4）系统填写信息规范、齐全，准确无误。 （5）完成业务费收取				
现场设备、工具、材料	（1）工作现场具备的设备：办公桌椅、计算机、打印机，计算机具备联网条件，可以登录SG186营销业务系统。 （2）工作现场具备的材料：A4白纸、"违约用电处理工作单"。 （3）工作现场具备的工具、仪表：计算器、碳素笔等自动化办公用品，SG186营销业务系统登录账号及密码。 （4）考生自备工作服				
备注	每项"分值"扣完为止				

评分标准

序号	作业名称	质量要求	分值	扣分标准	扣分原因	得分
1	开工准备	着装规范，穿工作服、工作鞋，佩戴证件	5	（1）未按要求着装一处扣1分。 （2）着装不规范一处扣1分		
2	工器具检查	检查"违约用电处理工作单"、办公器材、营销业务系统是否完备	5	指导使用，扣1分/次		
3	系统登录	登录SG186营销业务系统，进入用电检查页面，发起违约处理流程	30	（1）不熟悉SG186营销业务系统，无法登录扣10分。 （2）进入系统，无法找到对应工作菜单扣10分。 （3）未按要求对指定用户发起工作流程扣10分		
4	信息登记	准确记录违约行为类型、对应条款、依据	30	信息登记错误每一处扣5分		

		评分标准				
序号	作业名称	质量要求	分值	扣分标准	扣分原因	得分
5	业务收费	完成业务费收取	20	未完成费用收取扣20分		
6	流程归档	完成流程归档	10	未完成流程归档扣10分		
7	工作时间	按要求在规定的时间内完成指定工作，不设速度分		到规定时间立即停止工作，未完成项不得分		
考试开始时间				考试结束时间	合计	
考生栏	编号：	姓名：		所在岗位： 单位：		日期：
考评员栏	成绩：	考评员：		考评组长：		

JC505 低压动力供用电合同签订审查

一、操作

（一）工具、材料

（1）工具：碳素笔、计算器、办公桌椅等自动化办公用品。

（2）材料：工作证件、低压动力供用电合同文本、"供用电合同审查工作记录单"、A4 白纸。

（二）操作步骤及作业要求

1. 操作步骤

（1）出示证件后到办公桌前就座，要求被检查方按名单提供被审查的低压动力供用电合同。

（2）查阅供用电合同，将发现的不规范现象逐一记录在 A4 白纸上。

（3）与被检查方人员进行交流、沟通，了解用户情况，逐一指出不规范事项，征求被检查方意见。

（4）被检查方无异议后将问题记录在"供用电合同审查工作记录单"上，双方签字确认。

2. 作业要求

（1）使用黑色墨水笔记录。

（2）与被检查方充分交流，掌握实际情况。

（3）记录不规范签约行为。

（4）与被检查方核对并签字确认。

二、考核

（一）考核场地

每个工位不小于 $6m^2$，配备 1 套桌椅。

（二）考核时间

参考时间为 30min，从报开工起到报完工止。

（三）考核要点

（1）履行工作手续完备。

（2）不规范现象查找正确。

（3）记录单填写正确、规范。

（4）文明生产。

三、评分参考标准

行业：电力工程　　　　　　　　工种：用电监察员　　　　　　　　等级：五

编号	JC505	行为领域	e	鉴定范围	
考核时间	30min	题型	A	含权题分	25
试题名称	低压动力供用电合同签订审查				
考核要点及其要求	（1）给定条件：由考评员在某低压动力用户供用电合同文本中设定若干错误信息或缺陷。 （2）着装规范。 （3）履行工作手续完备。 （4）不规范现象查找正确。 （5）记录单填写正确、规范				
现场设备、工具、材料	（1）工作现场具备的设备：办公桌椅。 （2）工作现场具备的材料：A4白纸、"供用电合同审查工作记录单"、低压动力用户供用电合同文本若干分（由考评员随机抽取1份）。 （3）工作现场具备的工具、仪表：计算器、碳素笔等自动化办公用品。 （4）考生自备工作服				
备注	每项"分值"扣完为止				
评分标准					

序号	作业名称	质量要求	分值	扣分标准	扣分原因	得分
1	开工准备	着装规范，穿工作服、工作鞋，佩戴证件	10	（1）未按要求着装一处扣2分。 （2）着装不规范一处扣2分		
2	工器具检查	检查"供用电合同审查工作记录单"、合同文本、办公器材是否完备	10	指导使用，扣1分/次		
3	查找缺陷及交流沟通	（1）查找合同签约过程中存在的缺陷及不规范现象，逐一记录在案。 （2）就不规范现象与被检查方进行交流，确定是否属实	20	（1）未将检查结果暂记在白纸上，扣10分。 （2）未与被检查方就问题进行交流、核实，扣10分		

序号	作业名称	质量要求	分值	扣分标准	扣分原因	得分
				评分标准		
4	记录单填写	问题记录在"供用电合同审查工作记录单"上，双方签字确认	60	（1）问题未填写在"供用电合同审查工作记录单"上本项不得分。 （2）填写不全每项扣8分。 （3）双方未签字确认每次扣6分		
5	工作时间	按要求在规定的时间内完成指定工作，不设速度分		到规定时间立即停止工作，未完成项不得分		
考试开始时间			考试结束时间		合计	
考生栏	编号：	姓名：	所在岗位：	单位：	日期：	
考评员栏	成绩：	考评员：		考评组长：		

JC505 附：供用电合同审查工作记录单

供用电合同审查工作记录单

被审查单位名称			
审查合同名称			
合同编号		签约日期	
审查事项记录			
审查人员		编制日期	
复核意见			
复核人员		复核日期	
被审单位意见			
经办人及公章		意见签署日期	

JC506 用数字钳形电流表和相序表测量电能量并作相量图

一、操作

(一) 工具、材料和设备

(1) 工具：梅花起子1把、斜口钳1把、试电笔一支、电筒一支。

(2) 材料：封签、考试记录表。

(3) 设备：数字钳形电流表1块、相序表1块、三相电能表接线智能仿真装置。

(二) 安全要求

(1) 办理第二种工作票。

(2) 着装符合安全规定。

(3) 正确使用电工工具，不发生人身伤害和设备损坏事故。

(三) 操作步骤

(1) 检查选取工具和仪表。

(2) 口述办理第二种工作票。

(3) 用试电笔检查计量箱外壳是否带电。

(4) 核对并记录被测电能表信息。

(5) 开启表尾盖封。

(6) 用数字钳形电流表交流电压挡测量三相电压并记录。

(7) 用数字钳形电流表交流电流挡测量三相电流并记录，应先选用大量程粗测，严禁测量中更换挡位量程，注意保持钳口两个结合面衔合良好。测量时如有杂音，可将钳口重新开合一次，将被测导线置于钳口中央。

(8) 用相序表检测电能表相序并记录，当任一测试线已与三相电路接通时，应避免用手触及其他测试线的金属端，防止触电；对于有接电按钮的相序表，不宜长时间按住按钮不放，以防烧坏触点。如果接线良好，接电指示灯未全亮，表示未亮相断线。

(9) 加盖、加封，清理工具和仪表。

二、考核

(一) 考核场地
(1) 至少 2 个工位，工位要编号。
(2) 每个工位场地面积不小于 20m²。

(二) 考核时间
考核时间为 30min。

(三) 考核要点
(1) 数字钳形电流表的使用方法。
(2) 相序表的使用方法。
(3) 绘制三相四线电能表对称负荷相量图。

三、评分参考标准

行业：电力工程　　　　　　　工种：用电监察员　　　　　　等级：五

编号	JC506	行为领域	e	鉴定范围	
考核时间	30min	题型	A	含权题分	25
试题名称	用数字钳形电流表和相序表测量电能量并作相量图				
考核要点及其要求	（1）给定条件：在三相电能表接线智能仿真装置上用数字钳形电流表和相序表测量三相四线电压、电流和电压相序，设定为对称负荷，电能表第一元件电压为 U 相，功率因数角为感性 30°。 （2）能正确用数字钳形电流表交流电压挡测量电压。 （3）能正确用数字钳形电流表交流电流挡测量电流。 （4）能正确使用相序表。 （5）会作对称负荷的相量图				
现场设备、工具、材料	（1）工器具、设备及材料：梅花起子、斜口钳、试电笔、电筒、封签、考试记录表、数字钳形电流表、相序表、三相电能表接线智能仿真装置、桌椅、安全帽。 （2）考生自备：笔、尺、作图工具、工作服、绝缘鞋、绝缘手套				
备注	每项"分值"扣完为止				

		评分标准				
序号	作业名称	质量要求	分值	扣分标准	扣分原因	得分
1	着装	测量过程中正确佩戴安全帽、穿工作服、穿绝缘鞋、戴绝缘手套	5	未按要求着装缺一项扣1.5分		
2	工器具、材料准备	梅花起子、斜口钳、试电笔、电筒、考试记录表、数字钳形电流表、相序表必有，满足安全要求	5	(1) 每少一件扣1分。 (2) 工具不满足安全要求每件扣2分		
3	履行开工手续	口头办理第二种工作票	5	未口头交代办理第二种工作票扣5分		
4	开封、开盖	开箱前验电	5	开箱前未验电扣5分		
5	数字钳形电流表使用	测量电压时使用交流电压挡，测量电流时选用交流电流挡。应先使用大量程粗测，不得在测量中更换挡位	30	(1) 未粗测扣5分。 (2) 测电压时，未将表笔连线插入对应的电压插孔中扣3分。 (3) 挡位选错每次扣10分。 (4) 测量完毕未将挡位置于OFF挡或电流最大量程扣7分		
6	相序表的使用	正确使用相序表，测试前检查测试线绝缘，测试线分色夹住电能表U、V、W三相接线柱	10	(1) 测量前未检查测试线绝缘扣5分。 (2) 测试线未分色夹住电能表U、V、W三相接线柱扣3分。 (3) 测量中当任一测试线已与三相电路接通时，手触及其他测试线的金属每次扣5分		
7	记录测量数据	数据记录全面、正确、清洁，无涂改	15	(1) 电压、电流每少测或错测一个扣2分。 (2) 数据每涂改一处扣1分。 (3) 相序判断错误扣10分		
8	绘制相量图	正确绘制相量图，标注清晰、正确	15	(1) 相量图绘制错误扣15分。 (2) 电压、电流、相位角未标注每处扣2分		
9	安全文明生产	注意保持与带电体的安全距离，不损坏工器具，不发生安全生产事故	5	(1) 损坏工器具扣5分。 (2) 工器具每掉落一次扣2分		

评分标准						
序号	作业名称	质量要求	分值	扣分标准	扣分原因	得分
10	清理现场	清理干净	5	（1）未加表盖并加封扣3分。 （2）未清理工器具扣2分		
考试开始时间			考试结束时间		合计	
考生栏	编号：　　姓名：		所在岗位：	单位：	日期：	
考评员栏	成绩：　　考评员：			考评组长：		

JC506 附：用数字钳形电流表和相序表测量电能量并作相量图记录表

用数字钳形电流表和相序表测量电能量并作相量图记录表

一、电能表信息					
型号		表号		生产厂家	

二、测量电压、电流数据（给定三相对称负荷，功率因数角为感性 30°）			
	U 相	V 相	W 相
电压			
电流			

三、测量电压相序（设定电能表第一元件电压为 A 相）

	（正、逆）相序

四、三相四线电能表对称负荷相量图

JC507 动力用户三相四线直通计量装置检查及窃电查处

一、操作

（一）工具、材料和设备

（1）工具：梅花起子 1 把、斜口钳 1 把、试电笔 1 支、电筒 1 支、安全帽、绝缘手套。

（2）材料：封铅、封丝、尼龙绑棒扎、连接线、第二种工作票、用电检查工作单、白纸、"违约用电、窃电处理通知书"、"违约用电、窃电处理工作单"。

（3）设备：数字钳形电流表 1 块、计量故障检测仪 1 台、装有单相/三相电能表的抄核收模拟培训装置。

（二）安全要求

（1）办理第二种工作票。

（2）着装符合安全规定。

（3）正确使用电工工具，不发生人身伤害和设备损坏事故。

（4）登高 2m 以上应系好安全带，保持与带电体的安全距离。

（三）操作步骤

（1）检查选取工具和仪表。

（2）办理第二种工作票和用电检查工作单，交代危险点和防范措施，出示"用电检查证"。

（3）用试电笔检查计量箱外壳是否带电。

（4）检查计量箱封锁是否完好，固定是否牢靠。

（5）打开表箱，核对并记录计量装置信息（电能表型号、规格、准确度等级、出厂编号、制造厂家等）。

（6）检查电能表安装是否倾斜。

（7）检查电能表封印是否正常、完好，伪造或非法开启封印用电属窃电行为（打开表封后，可以改变表的内部接线或安装遥控窃电装置）。检查机械表连续负荷转速是否平稳、无反转，是否有卡盘、摩擦的声音，打孔、卡盘属窃电行为。

检查电能表是否有烧动的痕迹，闻是否有焦糊味。检查抄录电表失压失流记录。检查表计时钟、时段设置是否正确。

（8）开启表尾盖封。

（9）检查电能表接线是否分色、接线是否正确、螺栓是否压紧、电压连接片是否接上、压紧，正常时电压连接片两个螺栓间的电压应为零，电压连接片被故意松开，则为窃电行为（降压法窃电）。检查电流回路是否被短接，或在计量箱外被绕越。检查进零和表尾零线是否都牢固接进零线接孔，防止表尾零线接到某相相线上、将负荷接到该相的窃电行为。检查是否有多余的接线（利用外部电压、电流使表计倒转）。用数字钳形电流表交流电压挡测量相电压和线电压正常。

（10）用计量故障检测仪检测综合误差。

（11）检查过程中发现窃电嫌疑的，应向电力管理部门报告，协助电力管理部门当场取证，按照规定下达"违约用电、窃电处理通知书"，并请客户签字确认。计算窃电量及追补电费金额，下达"违约用电、窃电处理工作单"，请客户签字确认。窃电负荷和窃电时间确定时，以确定的窃电负荷和窃电时间计算窃电量；不能确定时，动力用户窃电数量按计费电能表标定电流值所指的容量乘以实际窃用的时间计算确定，窃电时间无法查明时，至少以 180 天计算，每日窃电时间按 12h 计算。窃电金额按对应的分类电价现行销售电价（平段电价）乘以窃电量计算。供电企业对查获的窃电者，应予制止，经电力管理部门批准可当场中止供电，应按窃电者所窃电量追补电费，窃电者按供用电合同约定承担违约使用电费。用户拒绝接受处理的，报请电力管理部门，由电力管理部门责令停止违法行为，依法追缴电费。窃电数额较大或情节严重的，供电企业应提请司法机关依法追究刑事责任。

（12）加盖、加封，清理工具和仪表。

二、考核

（一）考核场地

（1）至少 2 个工位，工位要编号。

（2）每个工位场地面积不小于 20m²。

（二）考核时间

考核时间为 30min。

（三）考核要点

（1）安全规定。

（2）数字钳形电流表的使用。

（3）三相四线直通计量装置的检查与窃电行为的发现。

（4）动力用户窃电行为的查处。

三、评分参考标准

行业：电力工程　　　　　　　工种：用电监察员　　　　　　等级：五

编号	JC507	行为领域		e	鉴定范围	
考核时间	30min	题型		A	含权题分	25
试题名称	动力用户三相四线直通计量装置检查及窃电查处					
考核要点及其要求	（1）给定条件：装有单相、三相电能表的抄核收模拟培训装置，检查给定三相四线电能表是否有窃电行为。 （2）安全规定。 （3）数字钳形电流表的使用。 （4）三相四线计量装置的检查与窃电行为的发现。 （5）填写"违约用电、窃电处理工作单"，会使用计量装置故障检测仪					
现场设备、工具、材料	（1）工器具、设备及材料：梅花起子、斜口钳、试电笔、电筒、安全帽、绝缘手套、封签、尼龙绑扎棒、连接线、第二种工作票、白纸、"违约用电、窃电处理工作单"、数字钳形电流表、计量故障检测仪、装有单相/三相电能表的抄核收模拟培训装置、桌椅。 （2）考生自备：笔、尺、计算器、工作服、绝缘鞋、绝缘手套					
备注						

			评分标准				
序号	作业名称	质量要求	分值	扣分标准		扣分原因	得分
1	着装	测量过程中戴安全帽，穿工作服、绝缘鞋，戴绝缘手套	5	每少一项扣2分，扣完为止			
2	工器具、材料准备	电工工具、试电笔、电筒、"违约用电、窃电处理工作单"、数字钳形电流表、计量故障检测仪不能缺少，满足安全要求	5	（1）每少一件扣1分。 （2）工具不满足安全要求每件扣2分，扣完为止			
3	履行开工手续	（1）口头办理第二种工作票和用电检查工作单。 （2）出示用电检查证	5	（1）未口头交代办理第二种工作票和用电检查工作单扣5分。 （2）未出示用电检查证扣3分，扣完为止			

		评分标准				
序号	作业名称	质量要求	分值	扣分标准	扣分原因	得分
4	三相四线电能表及其接线的检查	（1）开箱前要验电，抄录电能表信息。 （2）检查计量箱的封锁，电能表的封印、外观、失压失流记录。 （3）检查接线、螺钉、电压连接片。 （4）用数字钳形电流表测量相电压、线电压及电压连接片间的电压	45	（1）开箱未验电扣3分。 （2）未检查封锁封印扣10分。 （3）未检查外观扣5分。 （4）未检查接线扣10分。 （5）未检查电压连接片和螺钉扣10分。 （6）未检查失压、失流记录扣10分。 （7）未用数字钳形电流表测量相电压和线电压及电压连接片间的电压扣10分，扣完为止		
5	口述填写"违约用电、窃电通知书"并填制"违约用电、窃电处理工作单"	（1）发现窃电嫌疑的向电力管理部门报案，请求依法查处，配合电力管理部门依法取证。 （2）正确完整填写各项内容，包括窃电时间的确定、窃电数量的计算、窃电金额的计算、违约使用电费的计算	30	（1）未向电力管理部门报案扣10分。 （2）配合电力管理部门取证程序错误扣5分。 （3）填写内容不完整或有涂改扣2~5分。 （4）窃电电量计算错误扣5分。 （5）窃电金额计算错误扣5分。 （6）违约使用电费计算错误扣5分，扣完为止		
6	安全文明生产	注意保持与带电体的安全距离，不损坏工器具，不发生安全生产事故	5	（1）损坏工器具扣5分。 （2）开箱前未用验电笔验电扣3分。 （3）工器具每掉落一次扣2分		
7	清理现场	清理干净	5	（1）未加表盖并加封扣3分。 （2）未清理工器具扣2分		
考试开始时间				考试结束时间	合计	
考生栏		编号： 姓名：		所在岗位： 单位：	日期：	
考评员栏		成绩： 考评员：		考评组长：		

一、操作

（一）工具、材料和设备

（1）工具：梅花起子1把、斜口钳1把、试电笔1支、电筒1支、登高工具、安全帽、绝缘手套。

（2）材料：封签、第二种工作票、"用电检查工作单"、白纸、"违约用电、窃电处理通知书"（见JC 508 附1）、"违约用电、窃电处理工作单"（见JC508 附2）。

（3）设备：数字钳形电流表1块、伏安相位表1块、计量故障检测仪1台、装有单相及装有绕越三相四线计量装置（带低压电流互感器）窃电现场的模拟板、摄像机、录音笔、照相机、笔、计算器。

（二）安全要求

（1）办理第二种工作票。

（2）着装符合安全规定。

（3）取证流程要合法有效。

（4）停电流程合法。

（三）操作步骤

（1）检查准备工器具及人员（白天至少2人，夜晚至少3人）。

（2）办理第二种工作票，办理"用电检查工作单"并经审批通过，准备携带好取证设备。

（3）检查前出示"用电检查证"（准考证）。

（4）用试电笔检查计量箱外壳是否带电。

（5）检查计量装置，发现低压动力用户绕表窃电。

（6）发现窃电嫌疑向公安机关报案。

（7）协助公安机关现场取证。用照相机和摄像机提取绕越计量装置窃电的证据（绕越用的线路、绕越接入点、绕越用的电工工具和设备、绕越窃电时计量装置运行情况等），用录音笔和询问记录单记录窃电实施时间、实施人及实施过程，用录音笔录音前应征得用户同意，否则检查过程违法，询问记录单需用户签字按手印认可。撤除收缴绕越用电的线路和工器具。收集用户用电量、用电负荷异常变化记录资料以及用户产品、产量及产品单耗资料。

（8）协助电力管理部门进行窃电处理。

1）确认有窃电行为的，现场予以制止，并按规定的程序中止供电。中止供电时应做到：事先通知当事人；采取了防范设备重大损失、人身伤害的措施；不影响社会公共利益或者危害社会公共安全；不影响当事人以外的其他用户的正常用电。

2）填写"违约用电、窃电处理通知书"，一式两份，一份用户保存，另一份用户签字后收回存档。

3）计算窃电量及追补电费，并下达"违约用电、窃电处理工作单"。窃电负荷和窃电时间确定时，以确定的窃电负荷和窃电时间计算窃电量。不能确定时，按计费电能表标定电流值（对装有限流器的，按限流器整定电流值）所指的容量（kVA 视同 kW）乘以实际用电的时间计算确定。窃电时间无法查明时，窃电日数至少以 180 天计算，每日窃电时间：电力用户按 12h 计算，照明用户按 6h 计算。安装有互感器时，还应乘以互感器倍率。

4）在 SG186 营销业务系统录入用电检查情况，发起违约窃电处理流程。

（9）对于拒绝接受处理的，由电力管理部门责令停止违法行为，依法追缴电费，窃电数额较大或情节严重的，供电企业应提请司法机关依法追究刑事责任。

（10）清理现场、工具和仪表。

二、考核

（一）考核场地

（1）至少 2 个工位，工位要编号。

（2）每个工位场地面积不小于 20m²。

（二）考核时间

考核时间为 30min。

（三）考核要点

（1）办理第二种工作票和用电检查工作单。

（2）出示"用电检查证"。

（3）窃电取证。

（4）窃电处理流程。

三、评分参考标准

行业：电力工程　　　　　　工种：用电监察员　　　　　　等级：五

编号	JC508	行为领域		e	鉴定范围		.
考核时间	30min	题型		A	含权题分		25
试题名称	查处经 TA 三相四线用户绕表用电行为的一般流程						
考核要点及其要求	(1) 给定条件：给定一个经低压 TA 接入的三相四线用户绕表窃电现场，在现场进行检查并处理。 (2) 检查前的准备：工器具、设备、工作票、用电检查工作单等。 (3) 检查及取证程序合法。 (4) 处理程序合法。 (5) 填写"违约用电、窃电处理工作单"						
现场设备、工具、材料	(1) 工器具、设备及材料：梅花起子、斜口钳、试电笔、电筒、安全帽、绝缘手套、封签、第二种工作票、用电检查工作单、白纸、"违约用电、窃电处理通知书"、"违约用电、窃电处理工作单"、装有绕越三相四线计量装置（带低压电流互感器）窃电现场的模拟板、桌椅、摄像机（照相机）、录音笔。 (2) 考生自备：笔、尺、计算器、工作服、绝缘鞋、绝缘手套						
备注							

评分标准

序号	作业名称	质量要求	分值	扣分标准	扣分原因	得分
1	着装	测量过程中戴安全帽，穿工作服、绝缘鞋，戴绝缘手套	5	每少一项扣 2 分，扣完为止		
2	工器具、材料准备	试电笔、电筒、"违约用电、窃电处理工作单"、摄像机、录音笔必备，满足安全要求	5	(1) 每少一件扣 1 分。 (2) 工具不满足安全要求每件扣 2 分，扣完为止		
3	履行开工手续	口头办理第二种工作票和用电检查工作单	5	(1) 未口头交待办理第二种工作票扣 2 分。 (2) 未口头交待办理用电检查工作单扣 3 分		
4	出示用电检查证	发现窃电嫌疑向公安机关报案，协助公安机关进行用电检查取证，检查前出示"用电检查证"（准考证）	10	(1) 未报案扣 5 分。 (2) 协助检查时未出示"用电检查证"扣 5 分		
5	确定窃电类型，窃电取证	用笔书写取证内容（照相、录音、询问记录单、窃电工具、用电负荷及产品单耗等资料）	25	(1) 照相、录音、询问记录单、窃电工具、用电负荷及产品单耗等资料，每缺一项扣 6 分。 (2) 每一项中缺少内容扣 3 分		

		评分标准				
序号	作业名称	质量要求	分值	扣分标准	扣分原因	得分
6	窃电的处理	用笔书写窃电的处理过程及中止供电的注意事项	25	（1）现场制止、填写"违约用电、窃电处理通知书"、计算窃电量、下达"违约用电、窃电处理工作单"、在SG186营销业务系统发起违约窃电处理流程，每缺一步扣5分。 （2）中止供电的注意事项（事先通知当事人，采取了防范设备重大损失、人身伤害的措施，不影响社会公共利益或者危害社会公共安全，不影响当事人以外的其他用户的正常用电），每缺一项扣2分，扣完为止		
7	口头填制"违约用电、窃电处理通知书"、书面填制"违约用电、窃电处理工作单"	内容完整，无涂改，计算正确，引用法律法规条款正确	15	（1）内容每缺一处扣2分。 （2）涂改扣2分。 （3）计算错误扣5分。 （4）条款引用错误扣5分。 （5）未请用户（考评员）签字确认扣5分，扣完为止		
8	安全文明生产	出示"用电检查证"及请用户签字时使用文明用语	5	未使用文明用语扣5分		
9	清理现场	清理干净	5	场地及工具清理不干净扣5分		
考试开始时间				考试结束时间	合计	
考生栏		编号： 姓名：		所在岗位： 单位：	日期：	
考评员栏		成绩： 考评员：		考评组长：		

JC508 附1：违约用电、窃电处理通知书

违约用电、窃电处理通知书

编号：

客户名称及编号：

　　_____、_____检查员持鄂_____"用电检查工作单"对您户进行用电检查。发现您户有如下问题：

_____

_____

_____

_____

_____

_____

_____

_____

_____

　　请您户于　年　月　日前，到　　　　　　　　协商处理。

联系电话：

欢迎您对用电检查工作进行监督。

签发人：　　　　　　　　　　　　　　　　　　　年　月　日

客户签收：　　　　　　　　　　　　　　　　　　年　月　日

JC508 附 2：违约用电、窃电处理工作单

违约用电、窃电处理工作单

编号：   年　月　日

客户		客户编号		客户代表签字	
发现问题					
处理及整改意见					

（签章）
年　月　日

一、操作

(一) 工具、材料和设备

(1) 工具：绝缘鞋、绝缘手套、低压验电器、低压接地线、安全帽、"禁止合闸，线路有人工作"安全标示牌。

(2) 材料：低压操作票。

(3) 设备：室内低压配电装置或低压配电系统模拟屏，主接线图如图 JC509 - 1 所示。

(二) 安全要求

(1) 严格遵守工作许可制度和工作票制度。

(2) 严格遵守《电力安全工作规程》。

(3) 着装符合安全规定。

(4) 正确使用安全工器具，不发生人身伤害和设备损坏事故。

(三) 工作任务及操作步骤

1. 工作任务

如图 JC509 - 1 所示，0.4kV 新 73 馈线 A 处发生故障，需停电检修，检修完成后送电。填写停送电操作票，并在模拟屏上操作。

2. 操作步骤

(1) 受令。发、受令时，双方应互报单位和姓名，受令人应对下达的内容复诵无误，受令人记录发令人、发令时间。

(2) 填写低压操作票。低压操作票一般由操作人填写，可使用蓝黑钢笔或中性笔填写，也可使用计算机填写或自动生成，一张操作票只能填写一个操作任务，操作步骤逐项填写，一个项目栏只能填写一个操作元件，操作票操作术语及设备名称、编号不得修改，禁止随意涂改操作票。操作人和监护人应根据模拟图或接线图认真核对所填写的操作项目，手工或电子签名后，报值班负责人审核签名后方可开工。填写的低压操作票见 JC509 附 1、JC509 附 2。

（3）选择安全工器具。必须选择相应等级的安全工器具。检查绝缘靴、绝缘手套是否在有效试验周期内，检查表面是否磨损、破漏。有砂眼的绝缘手套禁止使用，检查方法是将手套向手指方向卷曲，看是否漏气。检查接地线软铜线是否断头，螺钉连接处是否松动。挂接地线前应先验明设备处确无电压。应检查验电器是否工作正常（按下试验按钮有鸣叫声，拿到有电的地方检查）。挂接地线时，应先接好接地端，后接导线端；取接地线时，应先取导线端，后取接地端。

（4）按操作票逐项预演。操作前应先核对设备名称、编号和位置。操作中应认真执行监护复诵制度（单人操作时也应高声唱票），操作中发生疑问时，现场操作人员应立即停止操作并向发令人报告。禁止现场操作人员擅自更改操作票进行操作。操作时应按操作票的操作序号逐项执行，禁止跳项、倒项、添项或漏项操作。每操作完一项检查无误后，在前面的

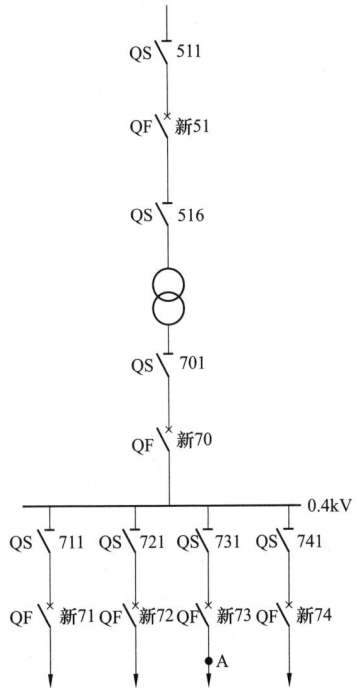

图 JC509-1　一次主接线图

对勾栏打"√"，全部操作项目执行完毕后，监护人和操作人应进行一次全面复查，以防漏项和错项。倒闸操作因故终止，应在备注栏中说明原因。若需要恢复到原运行方式，应重新填写倒闸操作票进行操作，禁止按原票进行返回操作。操作票执行完毕后，在最后一项的下一行左顶端加盖"已执行"印章。

（5）清理现场。

二、考核

（一）考核场地
（1）至少 2 个工位，工位要编号。
（2）每个工位场地面积不小于 20m²。

（二）考核时间
考核时间为 30min。

（三）考核要点
（1）绝缘工器具的检查与正确选用。

（2）操作前核对设备编号。

（3）低压操作票的办理和低压停送电模拟操作。

（4）安全文明生产。

三、评分参考标准

行业：电力工程　　　　　　工种：用电监察员　　　　　　等级：五

编号	JC509	行为领域	e	鉴定范围	
考核时间	30min	题型	A	含权题分	25
试题名称	低压配电馈线停送电操作				
考核要点及其要求	（1）绝缘工器具的检查与正确选用。 （2）操作前核对设备编号。 （3）低压操作票的办理。 （4）停送电模拟操作。 （5）安全文明生产				
现场设备、工具、材料	（1）工器具、设备及材料：绝缘靴、绝缘手套、低压验电器、低压接地线、安全帽、"线路有人工作，禁止合闸"标示牌、低压配电系统模拟屏、低压操作票。 （2）考生自备：笔、工作服、绝缘鞋、电工工具				
备注	每项"分值"扣完为止				

			评分标准				
序号	作业名称	质量要求	分值	扣分标准	扣分原因	得分
1	着装	戴安全帽，穿工作服、绝缘鞋，戴绝缘手套	5	每少一项扣2分，扣完为止		
2	受令及办理操作票	按要求正确填写操作票	40	（1）停送电断路器（开关）和隔离开关（刀闸）顺序错误或缺失，扣40分。 （2）未检查断路器和隔离开关，每一处扣10分。 （3）票面涂改每处扣2分		
3	工器具选取检查	绝缘靴、绝缘手套、低压验电器、低压接地线、安全帽、"线路有人工作，禁止合闸"标示牌必有，检查试验周期，满足安全要求	15	（1）未检查工器具每件扣10分。 （2）每少一件扣5分。 （3）工具不满足安全要求每件扣10分		

<table>
<tr><th colspan="7" style="text-align:center">评分标准</th></tr>
</table>

序号	作业名称	质量要求	分值	扣分标准	扣分原因	得分
4	在模拟屏上操作	操作前核对编号位置，逐项操作，操作时唱票，操作完后检查	30	（1）未核对编号位置扣10分。 （2）操作时跳项、漏项、倒项、添项，每项扣10分。 （3）未唱票扣5分。 （4）操作完一项未打"√"扣5分。 （5）操作完后未检查扣5分		
5	安全文明生产	注意保持与带电体的安全距离，不损坏工器具，不发生安全生产事故	5	（1）损坏工器具扣5分。 （2）工器具每掉落一次扣2分		
6	清理现场	清理干净	5	工器具清理未归还扣5分		

考试开始时间			考试结束时间		合计	
考生栏	编号：	姓名：	所在岗位：	单位：	日期：	
考评员栏	成绩：	考评员：		考评组长：		

JC509 附 1：低压操作票

低 压 操 作 票

单位：××公司   编号：201403006

| 操作开始时间：××年　×　月　×　日　×时×分 |
| 结　束　时　间：××年　×　月　×　日　×时×分 |

操作任务：0.4kV新73号断路器从运行转检修

√	顺序	操 作 项 目
	1	断开新73号断路器
	2	检查新73号断路器确在断开位置
	3	拉开新731号隔离开关
	4	检查新731号隔离开关确在断开位置
	5	在新731号隔离开关负荷侧逐项验明确无电压，装设01号接地线一组
	6	在新731号隔离开关手柄上挂上"禁止合闸，线路有人工作"标示牌

备注：

发令人：刘某某   操作人：张某某   监护人：

JC509 附2：低压操作票

低 压 操 作 票

单位：××公司   编号：201403007

操作开始时间：××年 × 月 × 日 ×时×分
结束时间：××年 × 月 × 日 ×时×分

操作任务：0.4kV新73号断路器从检修转运行

√	顺序	操 作 项 目
	1	取下01号接地线
	2	检查新73号断路器确在断开位置
	3	检查新731号隔离开关确在断开位置
	4	取下"禁止合闸，线路有人工作"标示牌
	5	合上731号隔离刀闸
	6	检查新731号隔离刀闸确在合闸位置
	7	合上新73号断路器
	8	检查新73号断路器确在合闸位置

备注：

发令人：刘某某   操作人：张某某   监护人：

JC510　居民用户单相计量装置检查及窃电查处

一、操作

（一）工具、材料和设备

（1）工具：梅花起子1把、斜口钳1把、试电笔1支、电筒1支、安全帽、绝缘手套。

（2）材料：封签、第二种工作票、用电检查工作单、白纸、"违约用电、窃电处理通知书""违约用电、窃电处理工作单"。

（3）设备：数字钳形电流表1块、装有单相/三相电能表的抄核收模拟培训装置。

（二）安全要求

（1）办理第二种工作票。

（2）着装符合安全规定。

（3）正确使用电工工具，不发生人身伤害和设备损坏事故。

（4）登高2m以上应系好安全带，保持与带电体的安全距离。

（三）操作步骤

（1）检查选取工具和仪表。

（2）办理第二种工作票、用电检查工作单，交代危险点和防范措施，出示"用电检查证"（准考证）。

（3）用试电笔检查计量箱外壳是否带电。

（4）检查计量箱封锁是否完好，固定是否牢靠。

（5）核对并记录计量装置信息（电能表型号、规格、准确度等级、出厂编号、制造厂家、电流互感器编号、型号等）。

（6）检查电能表安装是否倾斜。

（7）检查电能表封印是否正常完好，伪造或非法开启封印用电属窃电行为。检查机械表连续负荷转速是否平稳、无反转，是否有卡盘、摩擦的声音，打孔卡盘属窃电行为。检查电能表是否有烧动的痕迹，闻是否有焦糊味。

（8）开启表尾盖封。

（9）检查电能表接线是否正确，螺栓是否压紧，电压连接片是否接上、压紧，电压连接片被故意松开，或 1、2 连接线故意短接，则为窃电行为（降压法窃电）。用试电笔测量进线 1、3 电压，相线必须接 1，零线必须接 3，相线和零线不能互换，不能将出线接至 1 和 3。

（10）有负荷时，用数字钳形电流表测量进火线和进零线的电流应相等，可同时将进火线和进零线穿过钳口，电流应为零，当进零线电流为零，而进火线有电流，则有窃电行为（断零法窃电）。

（11）检查过程中发现窃电行为，应向电力管理部门报告，协助电力管理部门当场取证，按照规定下达"违约用电、窃电处理通知书"，并请客户签字确认。计算窃电量及追补电费金额，下达"违约用电、窃电处理工作单"，请客户签字确认。窃电负荷和窃电时间确定时，以确定的窃电负荷和窃电时间计算窃电量；不能确定时，居民用户窃电数量按计费电能表标定电流值所指的容量乘以实际窃用的时间再乘以综合倍率计算确定。窃电时间无法查明时，窃电时间至少以 180 天计算，每日窃电时间按 6h 计算。窃电金额按对应的分类电价现行销售电价（平段电价）乘以窃电量计算。供电企业对查获的窃电者，应予制止，经电力管理部门批准可当场中止供电，应按窃电者所窃电量追补电费，窃电者按《中华人民共和国合同法》规定及供用电合同约定承担违约使用电费。用户拒绝接受处理的，报请电力管理部门，由电力管理部门责令停止违法行为，依法追缴电费。窃电数额较大或情节严重的，供电企业应提请司法机关依法追究刑事责任。

（12）加盖、加封，清理工具和仪表。

二、考核

（一）考核场地
（1）至少 2 个工位，工位要编号。
（2）每个工位配备工具设备柜 1 面，放置工具、仪器仪表、安全帽等供考生选用。
（3）每个工位配备桌椅 2 套。
（4）每个工位配备答题板 4 块、订书机 1 台、订书钉若干、红黑中性笔各 4 支、秒表 1 块。
（5）场地面积不小于 $20m^2$。

（二）考核时间
考核时间为 30min。

（三）考核要点
（1）安全规定。
（2）数字钳形电流表的使用。

（3）单相计量装置的检查与窃电行为的发现。

（4）居民用户窃电行为的查处。

三、评分参考标准

行业：电力工程　　　　　　　　工种：用电监察员　　　　　　　　等级：五

编号	JC510	行为领域	e	鉴定范围	
考核时间	30min	题型	A	含权题分	25
试题名称	居民用户单相计量装置检查及窃电查处				
考核要点及其要求	（1）给定条件：装有单相/三相电能表的抄核收模拟培训装置，检查给定单相电能表是否有窃电行为。 （2）安全规定。 （3）数字钳形电流表的使用。 （4）单相计量装置的检查与窃电行为的发现。 （5）填写"违约用电、窃电处理工作单"				
现场设备、工具、材料	（1）工器具、设备及材料：梅花起子、斜口钳、试电笔、电筒、安全帽、绝缘手套、封签、白纸、"违约用电、窃电处理工作单"、数字钳形电流表、装有单相/三相电能表的抄核收模拟培训装置、桌椅。 （2）考生自备：笔、尺、计算器、工作服、绝缘鞋、绝缘手套				
备注					

			评分标准				
序号	作业名称	质量要求	分值	扣分标准	扣分原因	得分
1	着装	测量过程中戴安全帽，穿工作服、绝缘鞋，戴绝缘手套	5	每少一项扣2分，扣完为止		
2	工器具、材料准备	梅花起子、斜口钳、试电笔、电筒、计量装置检查记录表单、"违约用电、窃电处理工作单"、数字钳形电流表必有，满足安全要求	5	（1）每少一件扣1分。 （2）工具不满足安全要求每件扣2分，扣完为止		
3	履行开工手续	口头办理第二种工作票和用电检查工作单，出示"用电检查证"	5	（1）未口头交代办理第二种工作票和用电检查工作单扣5分。 （2）未出示"用电检查证"扣3分，扣完为止		
4	单相计量装置的检查	（1）开箱前要验电，抄录电能表信息。 （2）检查计量箱的封锁、电能表的封印、外观。 （3）检查接线、螺栓、电压连接片。 （4）用钳形表测量进火线和进零线的电流	45	（1）开箱未验电扣5分。 （2）未检查封印封锁扣10分。 （3）未检查外观扣5分。 （4）未检查接线扣10分。 （5）未检查电压连接片和螺栓扣10分。 （6）未检测进火线和进零线的电流扣10分，扣完为止		

		评分标准				
序号	作业名称	质量要求	分值	扣分标准	扣分原因	得分
5	口述填写"违约用电、窃电通知书"并填制"违约用电、窃电处理工作单"	(1)发现窃电嫌疑向电力管理部门报案,请求依法查处,配合电力管理部门依法取证。 (2)正确完整填写各项内容,包括窃电时间的确定、窃电数量的计算、窃电金额的计算、违约使用电费的计算	30	(1)未向电力管理部门报案扣10分。 (2)配合电力管理部门取证程序错误扣5分。 (3)内容不完整或有涂改扣2~5分。 (4)窃电电量计算错误扣5分。 (5)窃电金额计算错误扣5分。 (6)违约使用电费计算错误扣5分,扣完为止		
6	安全文明生产	注意保持与带电体的安全距离,不损坏工器具,不发生安全生产事故	5	(1)损坏工器具扣5分。 (2)开箱前未用验电笔验电扣3分。 (3)工器具每掉落一次扣2分		
7	清理现场	清理干净	5	(1)未加表盖并加封扣3分。 (2)未清理工器具扣2分		
考试开始时间			考试结束时间		合计	
考生栏	编号: 姓名:		所在岗位:	单位:	日期:	
考评员栏	成绩: 考评员:			考评组长:		

JC511 瓦秒法测量计算三相四线电能表误差

一、操作

（一）工具、材料和设备

（1）工具：梅花起子1把、斜口钳1把、试电笔1支、电筒1支、安全帽、绝缘手套。

（2）材料：封签、考试记录表。

（3）设备：数字钳形电流表1块、秒表1块、三相电能表接线智能仿真装置。

（二）安全要求

（1）办理第二种工作票。

（2）着装符合安全规定。

（3）正确使用电工工具，不发生人身伤害和设备损坏事故。

（三）操作步骤

（1）检查选取工具和仪表。

（2）办理第二种工作票。

（3）用试电笔检查计量箱外壳是否带电。

（4）核对并记录被测电能表信息。

（5）开启表尾盖封。

（6）用多功能数字钳形电流表交流电压挡测量三相电压并记录。

（7）用多功能数字钳形电流表交流电流挡测量三相电流并记录，应先选用大量程粗测，严禁测量中更换挡位量程。

（8）选定被测电能表转数或脉冲数 N。

（9）用秒表测出电能表转盘转 N 转（脉冲数 N）所需时间三次 t_1、t_2、t_3 并记录，每次使用秒表前注意清零，计算三次平均所需时间 $t=(t_1+t_2+t_3)/3$。

（10）根据给定的功率因数计算有功负荷 $P=P_1+P_2+P_3=V_1I_1\cos\varphi+V_2I_2\cos\varphi+V_3I_3\cos\varphi$。

（11）计算电能表转盘转 N 转所需理论时间 T 和电能表相对误差 ε，即

$$\varepsilon = \frac{T-t}{t} \times 100\%$$

$$T = \frac{3600 \times 1000N}{CP}(\text{s})$$

式中　N——选定的被测电能表转数或脉冲数；

　　　C——被测电能表常数，$[\text{r}/(\text{kW}\cdot\text{h})]$；

　　　P——被测电能表所带实际负荷，W；

（12）加盖、加封，清理工具和仪表。

二、考核

（一）考核场地

（1）至少 2 个工位，工位要编号。

（2）每个工位场地面积不小于 20㎡。

（二）考核时间

考核时间为 30min。

（三）考核要点

（1）数字钳形电流表的使用方法。

（2）秒表的使用方法。

（3）有功功率计算方法。

（4）瓦秒法计算电能表误差。

三、评分参考标准

行业：电力工程　　　　　　工种：用电监察员　　　　　　等级：五

编号	JC511	行为领域	e	鉴定范围	
考核时间	30min	题型	A	含权题分	25
试题名称	瓦秒法测量计算三相四线电能表误差				
考核要点及 其要求	（1）给定条件：在三相电能表接线智能仿真装置上用瓦秒法测量三相四线电压、电流，设定为对称负荷，功率因数角为感性30°。 （2）能正确用数字钳形电流表交流电压挡测量电压。 （3）能正确用数字钳形电流表交流电流挡测量电流。 （4）能正确使用秒表。 （5）会计算有功功率。 （6）能用瓦秒法计算电能表误差				

	现场设备、工具、材料	(1) 工器具、设备及材料：梅花起子、斜口钳、试电笔、电筒、封签、考试记录表、数字钳形电流表、秒表、三相电能表接线智能仿真装置、桌椅、安全帽。 (2) 考生自备：笔、尺、计算器、工作服、绝缘鞋、绝缘手套、电工工具				

	备注	每项"分值"扣完为止				

评分标准

序号	作业名称	质量要求	分值	扣分标准	扣分原因	得分
1	着装	测量过程中正确佩戴安全帽、穿工作服、穿绝缘鞋、戴绝缘手套	5	未按要求着装缺一项扣1.5分		
2	工器具、材料准备	梅花起子、斜口钳、试电笔、电筒、封签、考试记录表、数字钳形电流表、秒表必有，满足安全要求	5	(1) 每少一件扣1分。 (2) 工具不满足安全要求每件扣2分		
3	履行开工手续	口头办理第二种工作票	5	未口头交代办理第二种工作票扣5分		
4	数字钳形电流表使用	测量电压时使用交流电压挡，测量电流时选用交流电流挡，应先使用大量程粗测，不得在测量中更换挡位	15	(1) 未粗测扣5分。 (2) 测电压时，未将表笔连线插入对应的电压插孔中扣2分。 (3) 挡位选错每次扣10分。 (4) 测量完毕未将挡位置于OFF挡或电流最大量程扣5分		
5	秒表的使用	正确使用秒表，测量前清零，测三次 t	5	(1) 测量前未清零扣2分。 (2) t 每少测一次扣2分		
6	记录测量数据	数据记录全面、正确、清洁、无涂改	15	(1) 电压、电流每少测或错测一个扣2分。 (2) 数据每涂改一处扣1分		
7	有功负荷计算	有计算公式，计算正确	10	(1) 没有公式扣5分。 (2) 计算错误扣5分		

评分标准						
序号	作业名称	质量要求	分值	扣分标准	扣分原因	得分
8	计算电能表误差	有计算公式，理论时间 T 和误差计算正确	30	（1） t 计算错误扣 2 分。 （2）计算 T 没有公式扣 10 分。 （3）计算错误扣 5 分。 （4）计算误差没有公式扣 10 分。 （5）计算错误扣 5 分		
9	安全文明生产	注意保持与带电体的安全距离，不损坏工器具，不发生安全生产事故	5	（1）损坏工器具扣 5 分。 （2）开箱前未用验电笔验电扣 3 分。 （3）工器具每掉落一次扣 2 分		
10	清理现场	清理干净	5	（1）未加表盖并加封扣 3 分。 （2）未清理工器具扣 2 分		
考试开始时间				考试结束时间		合计
考生栏	编号：	姓名：		所在岗位：	单位：	日期：
考评员栏	成绩：	考评员：			考评组长：	

JC511 附：瓦秒法测量电能表误差计算表

瓦秒法测量电能表误差计算表

一、电能表信息					
型号		准确度等级		常数	

二、用户负荷功率的计算（有过程，给定功率因数角为感性 30°，三相对称负荷）

	U 相	V 相	W 相
电压			
电流			

三、选定的转数和所需时间的测量

选定转数（r）	所用时间 t(s)		
	第一次	第二次	第三次

四、计算电能表的计量误差（有过程）

一、操作

(一) 工具、材料

(1) 工具：碳素笔、计算器、计算机、打印机、办公桌椅等自动化办公用品，计算机具备联网条件，可以登录 SG186 营销业务系统的登录账号及密码。

(2) 材料：工作证件、用电检查结果通知书、A4 白纸。

(二) 操作的步骤及作业要求

1. 操作步骤

(1) 登录 SG186 营销业务系统，进入用电检查管理—周期检查服务管理—任务分派页面，选取需要登记安全隐患的用户，将隐患进行登录。

(2) 对该用户已登录的隐患进行消缺。

(3) 计划归档。

2. 作业要求

(1) 登记指定用户的安全隐患并消缺。

(2) 登记重大安全隐患和一般安全隐患各一项。

二、考核

(一) 考核场地

每个工位不小于 6m²，配备 1 台可登录 SG186 营销业务系统的计算机、1 台激光打印机。

(二) 考核时间

参考时间为 30min，从报开工起到报完工止。

(三) 考核要点

(1) 着装规范。

(2) 按规定对象、规定内容登记重大隐患和一般隐患各一条。

(3) 隐患是否消缺。

（4）计划归档。

三、评分参考标准

行业：电力工程　　　　　　　工种：用电监察员　　　　　　　等级：四

编号	JC401	行为领域	e	鉴定范围	
考核时间	30min	题型	B	含权题分	25
试题名称	SG186营销业务系统重要用户安全隐患录入及消缺				
考核要点及 其要求	（1）给定条件：指定重要用户名单及隐患内容。 （2）着装规范。 （3）重大隐患和一般隐患各登记一条。 （4）隐患是否消缺。 （5）流程中各项内容是否填写规范。				
现场设备、 工具、材料	（1）工作现场具备的设备：办公桌椅、计算机、打印机，计算机具备联网条件，可以登录SG186营销业务系统。 （2）工作现场具备的工具：用电检查结果通知书、A4白纸、碳素笔、计算器等自动化办公用品。SG186营销业务系统登录账号及密码。 （3）考生自备工作服				
备注	每个"分值"扣完为止				

评分标准

序号	作业名称	质量要求	分值	扣分标准	扣分 原因	得分
1	开工准备	着装规范，穿工作服、工作鞋，佩戴证件	5	未按要求着装缺一项扣1.5分		
2	工器具检查	检查办公器材、营销业务系统是否完备	5	指导使用，扣1分/次		
3	登录系统	按照指定账号登录SG186营销业务系统	20	（1）不熟悉营销业务系统，无法登录扣10分。 （2）进入系统，无法找到对应工作菜单扣10分		
4	筛选用户	按照给定条件找出需登记隐患的用户	10	未按要求找出用户扣10分		
5	登记隐患	按照要求登记重大安全隐患和一般安全隐患各一条	30	（1）不会登记扣20分。 （2）缺项、漏项每次扣5分		
6	隐患消缺	对已登记隐患进行消缺并归档	30	（1）未消缺扣20分。 （2）未归档扣10分		

			评分标准				
序号	作业名称	质量要求	分值	扣分标准		扣分原因	得分
7	工作时间	按要求在规定的时间内完成指定工作，不设速度分		到规定时间立即停止工作，未完成项不得分			
考试开始时间				考试结束时间		合计	
考生栏		编号：	姓名：	所在岗位：	单位：		日期：
考评员栏		成绩：	考评员：			考评组长：	

低压电流互感器变比检查

一、操作

(一) 工具、材料和设备

(1) 工具：5mm×1m×1m 绝缘垫 1 块、数字钳形电流表 1 块。

(2) 材料：封签、低压电流互感器变比检查记录单（见 JC402 附）。

(3) 设备：WDX-5D 用电检查仪（自带三只 5A 电流钳）1 套、仪器配套 20、50A 电流钳各 1 套（三只）、计时秒表 1 块、三相四线带电流互感器计量装置（全透明表箱）1 组、模拟负载 1 套、安全遮栏 2 套、标示牌"从此进出"1 块、警示牌"止步，高压危险"4 块。

(二) 安全要求

(1) 现场设置安全遮栏、绝缘垫和警示牌。

(2) 全程使用劳动防护用品。

(3) 操作过程中，熟悉仪表的性能与使用，确保人身与设备安全。

(4) 室内施工，具备良好的照明、通风条件。

(三) 操作步骤

1. 准备工作

(1) 着装整齐。

(2) 选择工具，做外观检查。

(3) 选择材料，做外观检查。

(4) 检查仪器、仪表是否正常。

(5) 填写第二种工作票。

2. 工作过程

(1) 设置现场安全设施：装设安全遮栏，在施工人员出入口向外悬挂"从此进出"标示牌，在遮栏四周向外悬挂"止步，高压危险"警示牌。绝缘垫放在作业位置。

(2) 检查计量箱、电能表大盖、小盖、联合接线盒、TA 二次端子封签是否完好，无封或封签存在问题应记录，并用取证工具取证。

（3）打开电能表计量箱，检查计量装置二次接线有无松动，电能表有无报警信号，电流、电压数据显示是否正常，存在问题应记录，并用取证工具取证。

（4）用数字钳形电流表分相测量一、二次电流并记录。

（5）按下用电检查仪电源按钮，仪器首先进入开机画面，初始化程序完成后，自动进入系统设置中所选定（本仪器出厂时选定主菜单）画面。

（6）在主菜单下，选取"变比测试"，进入此功能，输入参数，如图JC402-1所示。

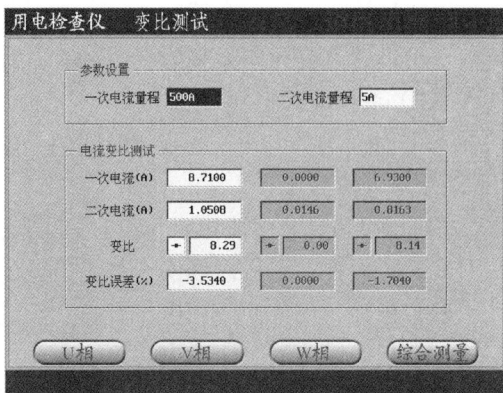

图 JC402-1　参数输入界面图

1）一次电流量程：输入参数可选择 5、10、20、50、100、500、1000、1500、2000A，应与实际选用的数字钳形电流表量程一致。

2）二次电流量程：输入参数选择5A。

（7）检查电流钳及其相关附件是否完整，绝缘有无损坏。

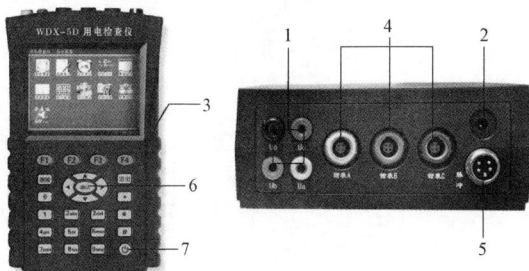

图 JC402-2　仪器面板及接线端子布局图

1—电压输入端子；2—充电口；
3—USB接口；4—钳形表输入端子；
5—被校表信号输入和标准脉冲输出插座；
6—键盘；7—电源开关按钮

（8）变比测试接线，接线端子布局如图J402-2所示。

1）钳形电流表 A 端口根据一次电流大小，接入相应量程钳形电流表，测试一次电流。

2）钳形电流表 C 端口接入 5A 钳形电流表，测试 TA 二次电流。

3）注意钳形电流表极性，一、二次侧电流均要求由钳形电流表极性端流入非极性端流出。

（9）分别测量 U、V、W 相实际变比并记录数据。

（10）先取下电流钳，然后断开电流钳与测试仪的连接导线，测量完成。

（11）计量装置重新上封并记录封签编号。

二、考核

（一）考核场地

（1）考场设在具备良好照明、通风条件，比较开阔的室内，不少于 2 个工位，每个工位面积不小于 5m²。

（2）按照工位数量配备工具、材料和设备。工位之间设置有隔离围栏。全程带电作业。

（3）设置 2 套评判桌椅和计时秒表、计算器。

（二）考核时间

参考时间为 30min。在规定时间内完成，从报开工起到报完工止。

（三）考核要点

（1）考生就位，经许可后开始工作，规范穿戴工作服、工作鞋、安全帽、手套等。

（2）考生独立完成现场安全技术措施的设置。

（3）正确、规范使用用电检查仪，正确选取测试电流钳。

（4）正确使用数字钳形电流表。

（5）封签、电能表参数检查，现场取证。

（6）工器具及仪表满足工作需要，进行检查。正确、规范地使用安全工器具。

（7）安全文明生产，按规定时间完成，按所完成的内容计分，要求操作过程熟练连贯，施工有序，工具、材料放置整齐，设备排布合理，现场清理洁净。

（8）发生安全或设备损坏事故本项考核不及格。

三、评分参考标准

行业：电力工程　　　　　　　　工种：用电监察员　　　　　　　等级：四

编号	JC402	行为领域	e	鉴定范围	
考核时间	30min	题型	B	含权题分	25
试题名称	低压电流互感器变比检查				
考核要点及其要求	（1）给定条件：室内考场具备良好照明、通风条件。不少于 2 个工位，每个工位面积不小于 5m²。 （2）工作环境：现场操作场地及设备材料已完备。工位之间设置有隔离围栏。全程带电作业。 （3）考生独立完成现场安全技术措施的设置。 （4）正确、规范使用用电检查仪，正确选取测试电流钳。 （5）正确使用数字钳形电流表。 （6）封签、电能表参数检查，现场取证。 （7）正确、规范的使用安全工器具。 （8）各项分值均扣完为止。				
现场设备、工具、材料	（1）设备：WDX-5D 用电检查仪 1 套（自带三只 5A 电流钳），仪器配套 20、50A 电流钳各 1 套（三只），计时秒表 1 块，三相四线制 TA 计量装置（全透明表箱）1 组，模拟负载 1 套。 （2）工器具：数字钳形电流表 1 块；5mm×1m×1m 绝缘垫 1 块；安全遮栏 2 套；标示牌"从此进出"1 块；警示牌"止步，高压危险"4 块。 （3）材料：封签若干、低压电流互感器变比检查记录单 1 张				

备注		考生自带工作服、安全帽、线手套、电工常用个人工具；工作票由考生在考前独立填写，不计入考核时间。每个"分值"扣完为止				
评分标准						
序号	作业名称	质量要求	分值	扣分标准	扣分原因	得分
1	着装	正确佩戴安全帽、穿工作服、穿绝缘鞋、戴手套	5	未按要求着装缺一项扣1.5分		
2	现场安全布置	（1）在工作地点设置遮栏，在遮栏四周向外设置"止步，高压危险"警示牌。 （2）出入口悬挂"从此进出"标示牌	5	（1）未设遮栏扣分。 （2）未挂标示牌扣2分。 （3）警示牌漏挂每次扣1分		
3	封印检查	检查计量箱、电能表大盖、电能表小盖、联合接线盒、TA二次端子封签是否完好，无封或封印存在问题应记录，并用取证工具取证	5	（1）未检查扣5分。 （2）漏检查每个扣1分。 （3）未记录和取证扣5分。 （4）漏记录和取证每处扣2分		
4	分相电流测量	用数字钳形电流表分相测量一、二次电流并记录	10	（1）未测量扣10分。 （2）测量时取错测量点或带电换挡扣5分/次。 （3）钳口闭合不严扣2分/次。 （4）挡位选择错误扣5分/次。 （5）测试数据未记录或记录不全扣2分/项		
5	电表接线及参数检查	检查计量装置二次接线有无松动，电能表有无报警信号，电流、电压数据显示是否正常，存在问题应记录，并用取证工具取证	5	（1）未检查扣5分。 （2）漏检查每个扣1分。 （3）未记录和取证扣5分。 （4）漏记录和取证每处扣2分		
6	输入测量参数	在主菜单下，选取"变比测量"，进入此功能，输入测试所需参数。 （1）一次电流量程：输入参数可选择5、10、20、50、100、500、1000、1500、2000A，应与实际选用的钳形电流表量程一致。 （2）二次电流量程：输入参数选择5A	10	（1）功能选择错误扣5分。 （2）参数设置错误每项扣2分		

序号	作业名称	质量要求	分值	扣分标准	扣分原因	得分
7	测试仪附件检查	检查电流钳及其相关附件是否完整，绝缘有无损坏	5	（1）未检查扣5分。 （2）漏检查一个附件扣1分		
8	接线	（1）数字钳形电流表A端口根据一次电流大小，接入相应量程数字钳形电流表，测试一次电流。 （2）数字钳形电流表C端口接入5A数字钳形电流表，测试TA二次电流。 （3）注意数字钳形电流表极性，一、二次侧电流均要求由数字钳形电流表极性端流入、非极性端流出	30	（1）接线错扣10分。 （2）电流钳选择错误扣10分。 （3）电流钳未先与测试仪进行连接，每次扣10分。 （4）电流钳接入一次导线时极性反，每次（相）扣5分。 （5）电流钳钳口闭合不严，每次扣5分。 （6）电能表脉冲输出端子选择错误，每次扣5分；极性接错，每次扣2分。 （7）接线不牢固，扣5分。 （8）接线完毕不进行正确性和牢固性检查扣10分		
9	误差测试数据记录	分别测量U、V、W相实际变比并记录数据	5	（1）测试漏相，每项扣2分。 （2）未记录测试结果扣2分		
10	拆除测试线	先取下电流钳，然后断开电流钳与测试仪的连接导线	5	（1）电压线与零线的断开顺序错误扣5分。 （2）电流线断开顺序错误扣5分		
11	重新上封	重新上封并记录封签编号	5	（1）未重新上封扣3分。 （2）漏上一颗封扣1分。 （3）未记录封签编号扣2分		

评分标准						
序号	作业名称	质量要求	分值	扣分标准	扣分原因	得分
12	安全文明生产	（1）填写第二种工作票。 （2）不发生安全或设备损坏事故。 （3）测试完毕后，清理现场	10	（1）未填写第二种工作票扣5分。 （2）工作票填写不规范扣2分。 （3）作业过程中发生安全或设备损坏事故本项考核不及格。 （4）未清理场地扣5分，清理不充分扣2分		
考试开始时间			考试结束时间		合计	
考生栏	编号：	姓名：	所在岗位：	单位：	日期：	
考评员栏	成绩：	考评员：		考评组长：		

JC402 附：低压电流互感器变比检查记录单

低压电流互感器变比检查记录单

考生信息				
编号	姓名	所在岗位	所在单位	工位号

电能表信息		
出厂编号	型号	标定电流

封签信息					
安装位置1	封签编号1	安装位置2	封签编号2	安装位置3	封签编号3
安装位置4	封签编号4	安装位置5	封签编号5	安装位置6	封签编号6

电流互感器信息					
U 相		V 相		W 相	
出厂编号	额定变比	出厂编号	额定变比	出厂编号	额定变比

实测数据					
U 相		V 相		W 相	
一次电流	二次电流	一次电流	二次电流	一次电流	二次电流
实测变比		实测变比		实测变比	

存在问题及异动记录

JC403 低压三相电能表现场误差测试

一、操作

(一) 工具、材料和设备

(1) 工具：万用表 1 块、数字钳形电流表 1 块、常用电工工具 1 套、5mm×1m×1m 绝缘垫 1 块。

(2) 材料：封签若干、低压三相电能表测试记录单（见 JC403 附）。

(3) 设备：WDX-5D 用电检查仪 1 套（自带三只 5A 电流钳），仪器配套 20、50A 电流钳各 1 套（三只），计时秒表，三相四线直接接入式计量装置（全透明表箱）1 组，模拟负载 1 套，安全遮栏 2 套，标示牌"从此进出"1 块，警示牌"止步，高压危险"4 块。

(二) 安全要求

(1) 现场设置安全遮栏、绝缘垫和警示牌。

(2) 全程使用劳动防护用品。

(3) 操作过程中，熟悉仪表的性能与使用，确保人身与设备安全。

(4) 室内施工，具备良好的照明、通风条件。

(三) 操作步骤

1. 准备工作

(1) 着装整齐。

(2) 选择工具，做外观检查。

(3) 选择材料，做外观检查。

(4) 检查仪器、仪表是否正常。

(5) 填写第二种工作票。

2. 工作过程

(1) 设置现场安全设施：在计量装置四周设置遮栏，在遮栏四周向外设置"止步，高压危险"警示牌，出入口悬挂"从此进出"标示牌。绝缘垫放在作业位置。

（2）检查计量箱、电能表大盖、小盖封印是否完好，无签或封签存在问题应记录，并用取证工具取证。

（3）打开电能表计量箱，检查计量装置接线有无松动，电能表有无报警信号，电流、电压数据显示是否正常，存在问题应记录，并用取证工具取证。

（4）用万用表和数字钳形电流表分相测量三相电压和负荷电流并记录。

（5）按下用电检查仪电源按钮，仪器首先进入开机画面，初始化程序完成后，自动进入系统设置中所选定（本仪器出厂时选定主菜单）画面。

（6）在主菜单下，选取综合测量，进入此功能，输入参数，如图 JC403-1 所示。

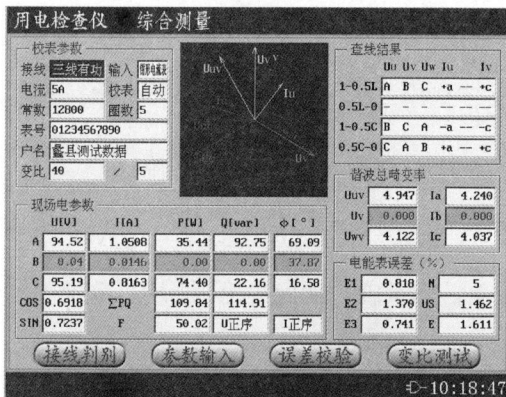

图 JC403-1　综合测量显示界面图

1）现场电参数符号含义。

P—有功功率；Q—无功功率；φ—电压和电流间相位差；I—电流；U—电压；F—频率；cosφ—有功功率因数；sinφ—无功功率因数。

2）校表参数设置。在此状态下，通过方向键（【↑】【↓】键）移动到需要修改的栏目上进行参数输入，校表参数定义如下。

a. 接线：指电能表接线方式，按【←】【→】键可选择四线有功、三线有功、四线无功和三线无功。

ⓐ 四线有功：校验三相四线有功电能表或单相电能表。

ⓑ 三线有功：校验三相三线有功电能表。

ⓒ 四线无功：校验三相四线无功电能表。

ⓓ 三线无功：校验三相三线无功电能表。

b. 输入：指电流接入仪器方式，按【←】【→】键可选择内接和钳形电流表。内接是指电流通过校验仪内置互感器输入，钳形电流表是指电流通过钳形互感器输入。

c. 校表：按【←】【→】键可选择手动、自动。手动是指校验电能表时用手动计数方式输入，自动是指校验电能表时用光电采样器输入或电子表低频脉冲输入。

d. 电流：指电流量程，按【←】【→】键可选择：如果电流输入选择内接，电流量程为 5A 不能选择；如果电流输入选择钳形电流表，可选择 5、10、20、50、

100、500、1000、1500、2000A。

e. 常数：指被校电能表电能常数，最大输入的位数为 10 位。

f. 表号：指电表编号，最大输入的位数为 31 位。

g. 圈数：指校验圈数，输入范围为 1～999。

h. 户名：指用户名称，可输入最大长度 47 字节，即 23 个汉字或 47 个字符。

i. 变比：指电流互感器变比，当被校表经过电流互感器输入，用钳形电流表测量一次电流时，输入电流互感器的变比。如果钳形电流表和被校表输入电流相同，变比输入 1/1。

（7）检查电流钳、电压连接导线及其相关附件是否完整，绝缘有无损坏。

（8）误差测试接线，用电检查仪面板布局如图 JC402‐2 所示。

1）用电检查仪 Uu、Uv、Uw 端子分别接 U、V、W 三相电压，Uo 接零线；

2）根据实测负荷电流大小，选择合适的测试电流钳。

3）将电流钳接线与测试仪钳表 A、B、C 端子分相进行连接，然后用 U 相电流钳卡住 U 相电流出线，V 相电流钳卡住 V 相电流出线，W 相电流钳卡住 W 相电流出线，注意极性（由极性端流入、非极性端流出）。三相电流钳所钳取的均为电能表出线端子的负荷侧电流。

4）电能表有功脉冲输出端子连接至用电检查仪脉冲输入端子，注意正负极性。

（9）按【误差校验】键，校验计量装置整组综合误差。此时屏幕下的【参数输入】键变为【数据存盘】键，效验完毕，按此按钮保存数据记录。如果要重新输入校表参数，按【取消校验】键。测试时应严密关注主要电参数的变化，如有异常应立即停止测试。

（10）拆除电压连线，取下电流钳，测量完成。

1）拆除三相电压及零线连接线。

2）先取下三相电流钳，然后断开电流钳与测试仪的连接导线。

（11）计量装置重新上封并记录封签编号。

二、考核

（一）考核场地

（1）考场设在具备良好照明、通风条件，比较开阔的室内，不少于 2 个工位，每个工位面积不小于 5m²。

（2）工位之间设置隔离围栏。全程带电作业。

（3）设置 2 套评判桌椅和计时秒表、计算器。

（二）考核时间

参考时间为 30min。在规定时间内完成，从报开工起到报完工止。

（三）考核要点

（1）考生就位，经许可后开始工作，规范穿戴工作服、工作鞋、安全帽、手套等。

（2）考生独立完成现场安全技术措施的设置。

（3）正确、规范使用用电检查仪，正确选取测试电流钳。

（4）正确使用数字钳形电流表。

（5）封签、电能表参数检查，现场取证。

（6）工器具及仪表满足工作需要，进行检查。正确、规范地使用安全工器具。

（7）安全文明生产，按规定时间完成，按所完成的内容计分，要求操作过程熟练连贯，施工有序，工具、材料放置整齐，设备排布合理，现场清理洁净。

（8）发生安全或设备损坏事故本项考核不及格。

三、评分参考标准

行业：电力工程　　　　　　工种：用电监察员　　　　　　等级：四

编号	JC403	行为领域	e	鉴定范围	
考核时间	30min	题型	B	含权题分	25
试题名称	低压三相电能表现场误差测试				
考核要点及其要求	（1）给定条件：室内考场具备良好照明、通风条件。不少于 2 个工位，每个工位面积不小于 5m²。 （2）工作环境：现场操作场地及设备材料已完备。工位之间设置有隔离围栏。全程带电作业。 （3）考生独立完成现场安全技术措施的设置。 （4）正确、规范使用用电检查仪，正确选取测试电流钳。 （5）正确使用数字钳形电流表。 （6）封签、电能表参数检查，现场取证。 （7）正确、规范地使用安全工器具。 （8）各项分值均扣完为止				
现场设备、工具、材料	（1）设备：WDX-5D 用电检查仪 1 套（自带三只 5A 电流钳），仪器配套 50A 电流钳 1套（三只），计时秒表 1 块，三相四线直通表计量装置（全透明表箱）1 组，模拟负载 1 套。 （2）工器具：万用表 1 块；数字钳形电流表 1 块；5mm×1m×1m 绝缘垫 1 块；安全遮栏 2 套；标示牌"从此进出"1 块；警示牌"止步，高压危险"4 块。 （3）材料：封签若干，低压三相电能表测试记录单 1 张				
备注	考生自带工作服、安全帽、线手套、电工常用个人工具；工作票由考生在考前独立填写，不计入考核时间。每个"分值"扣完为止				

		评分标准				
序号	作业名称	质量要求	分值	扣分标准	扣分原因	得分
1	着装	正确佩戴安全帽、穿工作服、穿绝缘鞋、戴手套	5	未按要求着装缺一项扣1.5分		
2	现场安全布置	在计量装置四周设置遮栏，在遮栏四周向外设置"止步，高压危险"警示牌，出入口悬挂"从此进出"标示牌	5	(1) 未设遮栏扣2分。 (2) 未挂标示牌扣2分。 (3) 警示牌漏挂每次扣1分		
3	封印检查	检查计量箱、电能表大盖、电能表小盖、封签是否完好，无封或封签存在问题应记录，并用取证工具取证	5	(1) 未检查扣5分。 (2) 漏检查每个扣2分。 (3) 未记录和取证扣5分。 (4) 漏记录和取证每处扣2分		
4	分相电压电流测量	用万用表和数字钳形电流表分别测量三相电压和负荷电流并记录	10	(1) 未测量扣10分。 (2) 测量时取错测量点或带电换挡每次扣5分。 (3) 钳口闭合不严每次扣2分。 (4) 挡位选择错误每次扣5分。 (5) 测试数据未记录或记录不全每项扣2分		
5	电表接线及参数检查	检查计量装置接线有无松动，电能表有无报警信号，电流、电压数据显示是否正常，存在问题应记录，并用取证工具取证	5	(1) 未检查扣5分。 (2) 漏检查每个扣1分。 (3) 未记录和取证扣5分。 (4) 漏记录和取证每处扣2分		
6	输入测量参数	在主菜单下，选取综合测量，进入此功能，输入测试所需参数	10	(1) 功能选择错误扣5分。 (2) 参数设置错误每项扣2分		
7	测试仪附件检查	检查电流钳、电压连接导线及其相关附件是否完整，绝缘有无损坏	5	(1) 未检查扣5分。 (2) 漏检查一个附件扣1分		

序号	作业名称	质量要求	分值	扣分标准	扣分原因	得分
8	接线	（1）用电检查仪 Uu、Uv、Uw 端子分别接 U、V、W 三相电压，Uo 接零线。 （2）根据实测负荷电流大小，选择合适的测试电流钳。 （3）将电流钳接线与测试仪钳表 A、B、C 端子分相进行连接，然后用 U 相电流钳卡住 U 相电流出线，V 相电流钳卡住 V 相电流出线，W 相电流钳卡住 W 相电流出线，注意极性（由极性端流入、非极性端流出）。三相电流钳所钳取的均为电能表出线端子的负荷侧电流。 （4）电能表有功脉冲输出端子连接至用电检查仪脉冲输入端子，注意正负极性	30	（1）电压回路漏接线或接线错误扣 10 分。 （2）电流钳选择错误扣 10 分。 （3）电流钳未先与测试仪进行连接，每次扣 10 分。 （4）电流钳钳入一次导线时极性反，每次（相）扣 5 分。 （5）电流钳钳口闭合不严，每次扣 5 分。 （6）电能表脉冲输出端子选择错误每次扣 5 分，极性接错每次扣 2 分。 （7）接线不牢固，扣 5 分以上。 （8）接线完毕不进行正确性和牢固性检查扣 10 分		
9	误差测试	按【误差校验】键，校验计量装置整组综合误差。测试时应严密关注主要电参数的变化，如有异常应立即停止测试	2	未进行测试数据观察，扣 2 分		
10	数据记录存储	（1）效验完毕，按【数据存盘】键保存数据记录。 （2）如果要重新输入校表参数，按【取消校验】键	5	（1）未储存数据扣 3 分。 （2）未记录测试结果扣 2 分		
11	拆除测试线	（1）拆除三相电压及零线连接线。 （2）首先取下三相电流钳，然后断开电流钳与测试仪的链接导线	5	（1）电压线与零线的断开顺序错误扣 5 分。 （2）电流线断开顺序错误扣 5 分		
12	重新上封	重新上封并记录封签编号	3	（1）未重新上封扣 3 分。 （2）漏上封签每处扣 1 分。 （3）未记录封签编号扣 2 分		

序号	作业名称	质量要求	分值	扣分标准	扣分原因	得分
				评分标准		
13	安全文明生产	(1)填写第二种工作票。 (2)不发生安全或设备损坏事故。 (3)测试完毕后,清理现场	10	(1)未填写第二种工作票扣5分。 (2)工作票填写不规范扣2分。 (3)作业过程中发生安全或设备损坏事故本项考核不及格。 (4)未清理场地扣5分,清理不充分扣2分		
考试开始时间			考试结束时间		合计	
考生栏	编号:	姓名:	所在岗位:	单位:	日期:	
考评员栏	成绩:	考评员:		考评组长:		

JC403 附：低压三相电能表测试记录单

低压三相电能表测试记录单

考生信息				
编号	姓名	所在岗位	所在单位	工位号
电能表信息				
出厂编号		型号		标定电流
封签信息				
安装位置 1	封签编号	安装位置 2	封签编号	安装位置 3	封签编号
安装位置 4	封签编号	安装位置 5	封签编号	安装位置 6	封签编号
实测数据					
U 相		V 相		W 相	
电压	电流	电压	电流	电压	电流
实测综合误差值					
存在问题及异动记录					

一、操作

（一）工具、材料和设备

（1）工具：万用表 1 块、数字钳形电流表 1 块、5mm×1m×1m 绝缘垫 1 块。

（2）材料：封签若干、低压单相电能表现场误差测试记录单（见 JC404 附）。

（3）设备：WDX－5F＋单相电能表现场校验仪（自带一只 5A 电流钳）1 套、仪器配套 10、20A 电流钳各 1 套、计时秒表 1 块、单相直通表计量装置（全透明表箱）1 套、模拟负载 1 套。安全遮栏；标示牌"从此进出"1 块；警示牌"止步，高压危险"4 块。

（二）安全要求

（1）现场设置安全遮栏、绝缘垫和警示牌。

（2）全程使用劳动防护用品。

（3）操作过程中，熟悉仪表的性能与使用，确保人身与设备安全。

（4）室内施工，具备良好的照明、通风条件。

（三）操作步骤

1. 准备工作

（1）着装整齐。

（2）选择工具，做外观检查。

（3）选择材料，做外观检查。

（4）检查仪器、仪表是否正常。

（5）填写第二种工作票。

2. 工作过程

（1）设置现场安全设施：装设安全遮栏，在施工人员出入口向外悬挂"从此进出"标示牌，在遮栏四周向外悬挂"止步，高压危险"警示牌。绝缘垫放在作业位置。

（2）检查计量箱、电能表大盖、小盖封签是否完好，无封或封签存在问题应记录，并用取证工具取证。

（3）打开电能表计量箱，检查计量装置接线有无松动，电能表有无报警信号，电流、电压数据显示是否正常，存在问题应记录，并用取证工具取证。

（4）用万用表测量电能表电压，用数字钳形电流表测量负荷电流并记录。

（5）检查电流钳、电压连接导线及其相关附件是否完整，绝缘有无损坏。

（6）误差测试接线，仪器外观如图 JC404-1 所示，接线面板布局如图 JC404-2 所示。校验仪处于关机状态，依次连接电压测试线、钳形电流互感器、负载测试线、光电/脉冲转换器插头与接口板相应插座。

1）校验仪"零线"端子（黑色）接电能表零线进线③端子；"火线"端子（红色）接电能表相线进线①端子。

2）根据实测负荷电流大小，选择合适的测试电流钳。

3）用钳形电流互感器钳口卡住电能表②端子出线电流线，令电流从钳口的极性端流入。

图 JC404-1　仪器外观图

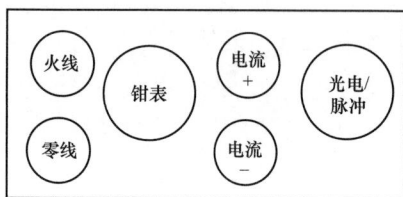

4）当被测电能表负载极小时，需要利用嵌入校验仪内的虚拟负载（内置虚拟负载）方可进行校验。

内置虚拟负载为电流源，嵌入机壳内，从"电流＋"端流出，从"电流－"端流入，可提供约 2.5A 的虚拟负载电流，功率因数约为 0.95。

接线方式为校验仪"电流＋"端接电能表①端子，"电流-"端接电能表②端子。

使用虚拟负载时，钳形电流互感器必须同时卡住电能表电流出线与虚拟负载线。

图 JC404-2　接线面板布局图

注意：当长时间使用内置负载时，校验仪内置虚拟负载安装处将会发热，但不会影响校验仪的使用及测量结果。

5）脉冲线插头与仪表的"光电/脉冲"输入口插接；脉冲线黄色夹，夹住电能表的脉冲输出高端子；脉冲线黑色夹，夹住电能表脉冲输出低端子。

（7）误差校验。设备开机，进入综合测量画面，如图 JC404-3 所示。

设置被检表常数、检验圈数、钳形电流互感器量程和校验方式，按［↑、↓、←、→］键可在各行之间循环，按 F4 启动负载，按 F1 开始检验单相电能表。

1）电流量程可选择 TA10、5、10、20、50、100、500、1000A，其中 TA10A 为内接电流互感器，其他为钳形电流互感器。

2）当校验误差稳定后，按【F2】键可进行数据存储，同时屏幕下方提示正在保存，存储数据包括电压、电流、有功、无功、功率因数、角度、频率、误差、校验时间、TA 变比值、温度。

注意：钳形电流互感器量程一定要与实际使用的钳形电流互感器一致，否则可能引起电流、功率和误差测量的不准确。

表号:210		停止校验
电表常数:3200	校验圈数:1	(F1)
电表等级:3	TA变比值:1	
校表方式: 自动	电流量程:CT20	数据存储
校验人:1	存储序号:4	(F2)
电压: 220.13	电流: 5.0006	
有功: +1100.4	无功: +7.6613	变比测量
相角: +0.393	频率: 50.00	(F3)
功率因数: +0.999		
温度:+20.3		
误差1:	误差2:	
误差3:	平均误差:	负载启动
圈数:	电能: 度	(F4)

图 JC404-3　综合测量显示图

（8）拆除电压和虚拟负载连线，取下电流钳，测量完成。

1）拆除相线及零线连接线，拆除虚拟负载连接线。

2）先取下电流钳，然后断开电流钳与测试仪的连接导线。

（9）计量装置重新上封并记录封签编号。

二、考核

（一）考核场地

（1）考场设在具备良好照明、通风条件，比较开阔的室内。不少于 4 个工位，每个工位面积不小于 $3m^2$。

（2）工位之间设置隔离围栏。全程带电作业。

（3）设置 2 套评判桌椅和计时秒表、计算器。

（二）考核时间

参考时间为 30min。在规定时间内完成，从报开工起到报完工止。

（三）考核要点

（1）考生就位，经许可后开始工作，规范穿戴工作服、工作鞋、安全帽、手套等。

（2）考生独立完成现场安全技术措施的设置。

（3）正确、规范使用单相校验仪，正确选取测试电流钳。

（4）正确使用数字钳形电流表。

（5）封签、电能表参数检查，现场取证。

（6）工器具及仪表满足工作需要，进行检查。正确、规范地使用安全工器具。

（7）安全文明生产，按规定时间完成，按所完成的内容计分，要求操作过程熟练连贯，施工有序，工具、材料放置整齐，设备排布合理，现场清理洁净。

（8）发生安全或设备损坏事故本项考核不及格。

三、评分参考标准

行业：电力工程　　　　　工种：用电监察员　　　　　等级：四

编号	JC404	行为领域	e	鉴定范围	
考核时间	30min	题型	A	含权题分	25
试题名称	低压单相电能表现场误差测试				
考核要点及其要求	（1）给定条件：室内考场具备良好照明、通风条件。不少于4个工位，每个工位面积不小于3m²。 （2）工作环境：现场操作场地及设备材料已完备。工位之间设置隔离围栏。全程带电作业。 （3）考生独立完成现场安全技术措施的设置。 （4）正确、规范使用单相校验仪，正确选取测试电流钳。 （5）正确使用数字钳形电流表。 （6）封签、电能表参数检查，现场取证。 （7）正确、规范地使用安全工器具。 （8）各项分值均扣完为止				
现场设备、工具、材料	（1）设备：WDX－5F＋单相电能表现场校验仪（自带一只5A电流钳）1套，仪器配套10、20A电流钳各1套，计时秒表1块，单相直通表计量装置（全透明表箱）1套，模拟负载1套。 （2）工器具：数字钳形电流表1块；5mm×1m×1m绝缘垫1块；安全遮栏2套；标示牌"从此进出"1块；警示牌"止步，高压危险"4块。 （3）材料：封签若干，低压单相电能表现场误差测试记录单1张				
备注	考生自带工作服、安全帽、线手套、电工常用个人工具；工作票由考生在考前独立填写，不计入考核时间。每个"分值"扣完为止				
评分标准					

序号	作业名称	质量要求	分值	扣分标准	扣分原因	得分
1	着装	正确佩戴安全帽、穿工作服、穿绝缘鞋、戴手套	5	未按要求着装缺一项扣1.5分		
2	现场安全布置	在工作地点设置遮栏，在遮栏四周向外设置"止步，高压危险"警示牌，出入口悬挂"从此进出"标示牌	5	（1）未设遮栏扣2分。 （2）未挂标示牌扣2分。 （3）警示牌漏挂每块扣1分		

		评分标准				
序号	作业名称	质量要求	分值	扣分标准	扣分原因	得分
3	封印检查	检查计量箱、电能表大盖、电能表小盖封签是否完好，无封或封签存在问题应记录，并用取证工具取证	5	（1）未检查扣5分。 （2）漏检查每个扣2分。 （3）未记录和取证5分。 （4）漏记录和取证每处扣2分		
4	电压电流测量	（1）用万用表测量电能表电压并记录。 （2）用数字钳形电流表测量负荷电流并记录	10	（1）未测量扣10分。 （2）测量时取错测量点或带电换挡每次扣5分。 （3）钳口闭合不严每次扣2分。 （4）挡位选择错误每次扣5分。 （5）测试数据未记录或记录不全每项扣2分		
5	电表接线及参数检查	检查计量装置接线有无松动，电能表有无报警信号，电流、电压数据显示是否正常，存在问题应记录，并用取证工具取证	5	（1）未检查扣5分。 （2）漏检查每个扣1分。 （3）未记录和取证5分。 （4）漏记录和取证每处扣2分		
6	输入测量参数	在主菜单下，选取综合测量，进入此功能，输入测试所需参数	10	（1）功能选择错误扣5分。 （2）参数设置错误每项扣2分		
7	测试仪附件检查	检查电流钳、电压连接导线及其相关附件是否完整，绝缘有无损坏	5	（1）未检查扣5分。 （2）漏检查一个附件扣1分		

		评分标准				
序号	作业名称	质量要求	分值	扣分标准	扣分原因	得分
8	接线	校验仪处于关机状态，依次连接电压测试线、钳形电流互感器、负载测试线、光电/脉冲转换器插头与接口板相应插座。 （1）校验仪"零线"端子（黑色）接电能表零线进线③端子；"火线"端子（红色）接电能表相线进线①端子。 （2）根据实测负荷电流大小，选择合适的测试电流钳。 （3）用钳形电流互感器钳口卡住电能表②端子出线电流线，令电流从钳口的极性端流入。 （4）当被测电能表负载极小时，需要利用嵌入校验仪内的虚拟负载（内置虚拟负载）方可进行校验。 接线方式为校验仪"电流＋"端接电能表①端子，"电流－"端接电能表②端子。 （5）使用虚拟负载时，钳形电流互感器必须同时卡住电能表电流出线与虚拟负载线。 （6）脉冲线插头与仪表的"光电/脉冲"输入口插接；脉冲线黄色夹，夹住电能表的脉冲输出高端子；脉冲线黑色夹，夹住电能表脉冲输出低端子	30	（1）接线错误每次扣10分。 （2）电流钳选择错误扣10分。 （3）电流钳未先与测试仪进行连接，每次扣10分。 （4）电流钳钳入一次导线时极性反，每次扣5分。 （5）电流钳钳口闭合不严，每次扣5分。 （6）电能表脉冲输出端子选择错误每次扣5分，极性接错每次扣2分。 （7）接线不牢固，扣5分。 （8）接线完毕不进行正确性和牢固性检查扣10分		
9	误差测试	按F1开始检验单相电能表，测试时应严密关注主要电参数的变化，如有异常应立即停止测试	2	未进行测试数据观察，扣2分		
10	数据记录存储	效验完毕，当校验误差稳定后，按【F2】键可进行数据存储，并手工记录校验结果	5	（1）未储存数据扣3分。 （2）未记录测试结果扣2分		
11	拆除测试线	（1）拆除相线及零线连接线。拆除虚拟负载连接线。 （2）首先取下电流钳，然后断开电流钳与测试仪的连接导线	5	（1）电压线与零线的断开顺序错误扣5分。 （2）电流线断开顺序错误扣5分		
12	重新上封	重新上封并记录封签编号	3	（1）未重新上封扣3分。 （2）漏上一颗封扣1分。 （3）未记录封签编号扣2分		

		评分标准				
序号	作业名称	质量要求	分值	扣分标准	扣分原因	得分
13	安全文明生产	(1) 填写第二种工作票。 (2) 不发生安全或设备损坏事故。 (3) 测试完毕后，清理现场	10	(1) 未填写第二种工作票扣5分。 (2) 工作票填写不规范扣2分。 (3) 作业过程中发生安全或设备损坏事故本项考核不及格。 (4) 未清理场地扣5分，清理不充分扣2分		
考试开始时间			考试结束时间		合计	
考生栏	编号：	姓名：	所在岗位：	单位：	日期：	
考评员栏	成绩：	考评员：		考评组长：		

JC404 附：低压单相电能表现场误差测试记录单

低压单相电能表现场误差测试记录单

考生信息					
编号	姓名	所在岗位	所在单位		工位号
电能表信息					
出厂编号		型号		标定电流	
封签信息					
安装位置 1	封签编号	安装位置 2	封签编号	安装位置 3	封签编号
安装位置 4	封签编号	安装位置 5	封签编号	安装位置 6	封签编号
实测数据					
电流		电压		误差值	
存在问题及异动记录					

一、检查

（一）工具和材料

（1）工具：碳素笔、手电筒。

（2）材料："用电检查工作单""用电检查结果通知书"。

（二）检查人员要求

（1）现场检查人员应身体健康、精神状态正常，着装符合要求，检查设备时应认真、细致，不得做与检查工作无关的事。

（2）具备必要的电气知识，熟悉安全工器具使用、维护要求，会检查，懂原理；持有相应岗位专业资格证。

（3）能熟练使用各种消防设备。

（三）变电站消防安全检查

（1）应按照国家颁布的消防法规，制订相应的消防措施并认真落实，检查消防安全管理制度是否健全。

（2）防火重点部位或场所应建立防火检查制度和防火岗位责任制，落实消防措施。即防火重点部位由专人负责，有灭火方案。有计划、有组织、有记录地进行防火检查，发现火险隐患应立案限期整改。

（3）防火重点部位应有明显标志，并在指定地点悬挂特定的标志牌，内容包括防火重点部位名称、场所负责人及防火责任人。

（4）变电站消防器具的设置应符合消防部门的规定，定期检查消防器具的放置、完好情况并清点数量，记入相关记录。

（5）检查各类灭火器是否备齐、完好（参考表 JC405 - 1～表 JC405 - 3 的配置）；设置地点是否方便、恰当，以及移动、遗失情况，使用及损坏情况等，使变电站保证足够数量而且有效期合格的消防器材，以防备火险的突然发生。凡需换药、填药、更换或增设消防器材的均要及时汇报，由安监部安排处理。有消防池、消防栓、消防水泵房的变电站要每月定期检查这些消防设施是否良好、水路是否畅通，检查水压，试验消防泵电源切换正常，试开阀门。

表 JC405－1　　　　　　　10kV 变电站消防设施配置表

灭火器材　　　数量　　　配置部位	CO₂灭火器7（kg）	干粉灭火器3（kg）	推车式干粉灭火器25（kg）	砂箱1（m³）	泡沫灭火器6（L）	消防铲	消防斧	消防铅桶	喷雾式水枪
高压开关柜	2								
低压开关柜	2								
高、低压开关柜	3								
室内变压器	3							6	

表 JC405－2　　　　　　　35kV 变电站消防设施配置表

灭火器材　　　数量　　　配置部位		CO₂灭火器7（kg）	干粉灭火器3（kg）	推车式干粉灭火器25（kg）	砂箱1（m³）	泡沫灭火器6（L）	消防铲	消防斧	消防铅桶	喷雾式水枪
控制室		4								
35kV 或10kV 开关室		4								
电缆	夹层	4								
	竖井	2								
电容器室	5MVA	2								
	5～10MVA	4								
	10～15MVA	6								
	15～20MVA	8								
酸性蓄电池室		3								
室外主变压器			1	1/台		3～5				
室内主变压器		3	1						6	
生活场所					2					
站内公用设施		6							3	1	6

注　1. 如果开关室（母线室）较长，则按每 4 个间隔（35kV）或 8 个间隔（10kV）配置一台灭火器计算，但总数不应小于 4 台。

　　2. 蓄电池室灭火器应放在门外。

　　3. 消防铅桶应装满细砂。

表 JC405－3　　　　　　　110kV 变电站消防设施配置表

配置部位	CO₂灭火器 7（kg）	干粉灭火器 3（kg）	推车式干粉灭火器 25（kg）	砂箱 1（m³）	泡沫灭火器 6（L）	消防铲	消防斧	消防铅桶	喷雾式水枪
控制室	6								
35kV 和 10kV 开关室	6								
电缆　夹层	4								
电缆　竖井	2								
电容器室　5MVA	2								
电容器室　5～10MVA	4								
电容器室　10～15MVA	6								
电容器室　15～20MVA	8								
酸性蓄电池室	4								
室外主变压器			2	1/台 主变压器		3～5			
室内主变压器	5		2					10	
生活场所					4				
站内公用设施	8	1				5	2	10	3

注　1. 如果控制屏数（继电器屏）并不多，面积较大，则可按每 8 个屏配置一台灭火器计算，但总数不应少于 6 台。

2. 如果开关（母线）室较长，则可以按每 2 个间隔（110kV）、4 个间隔（35kV）或 8 个间隔（10kV）配置一台灭火器计算，但灭火器总数不应少于 6 台。

3. 蓄电池室灭火器应放在门外。

4. 喷雾水枪应配相应的消防水带。

5. 消防铅桶应装满细砂。

（6）变电站的电缆隧道和夹层应有消防设施，控制屏、高压柜和开关场区的端子箱等电缆孔应用防火材料封堵。

（7）变电站设备室或设备区不得存放易燃、易爆物品，因施工需要放在设备区的易燃、易爆物品，应加强管理，并按规定要求使用，施工后立即运走。

（8）站内易燃、易爆区域禁止动火作业，特殊情况需要到主管部门办理动火手续，并采取安全可靠的措施。

（9）及时消除站内的杂草，及时对距离设备较近的杂草进行砍伐，确保设备安全运行。

（10）定期检查、试验火灾报警装置的完好性，存在故障的要及时处理。

（11）运行人员应学习消防知识和消防器具的使用方法，定期进行消防演习，应熟知火警电话及报警方法。

二、考核

（一）考核场地

（1）室内应配有应考者桌椅两套。

（2）室内应配有考评员桌椅三套，秒表三块。

（3）应该提供一个真实的客户变电站或仿真变电站，站内有完备的消防设施。

（二）考核时间

参考时间为 30min，从报检查起到报完工止。

（三）考核要点

（1）消防管理制度健全，消防设施定人、定责。

（2）消防设备应有合格证，未超过有效期使用。

三、评分参考标准

行业：电力工程　　　　　　　工种：用电监察工　　　　　　　等级：四

编号	JC405	行为领域	e	鉴定范围	
考核时间	30min	题型	c	含权题分	25
试题名称	客户变电站消防安全检查				
考核要点及其要求	（1）消防管理制度健全，消防设施定人、定责。 （2）消防设备应有合格证，未超过有效期使用				
现场设备、工具、材料	（1）室内应配有应考者桌椅两套。 （2）室内应配有考评员桌椅三套，秒表三块。 （3）一个真实的变电站或仿真变电站，站内有完备的消防设施				
备注	每个"分值"扣完为止				
评分标准					

序号	作业名称	质量要求	分值	扣分标准	扣分原因	得分
1	着装	正确佩戴安全帽、穿工作服、穿绝缘鞋、戴手套	5	未按要求着装缺一项扣1.5分		
2	证件出示	进客户配电室应首先出示"用电检查证"	5	未出示扣5分		

		评分标准				
序号	作业名称	质量要求	分值	扣分标准	扣分原因	得分
3	消防安全制度检查	（1）"消防责任制"。 （2）每月对各班消防工作进行一次检查，并按要求做好记录。 （3）经常进行消防宣传工作。 （4）对防火重点部位要重点做好规范工作，要经常保持防火重点部位整洁，物品存放要有序。 （5）各班室内照明、试验电源、插头插座等都要符合安全要求。 （6）消防器具应由专人负责。 （7）各班班长是本班消防工作的第一责任人，兼职安全员是具体负责人	10	缺一项或漏一项，扣5分		
4	消防设施检查	消防工具应该配置齐全	20	缺一项或漏一项，扣5分		
5	灭火器检查	（1）检查灭火器的铅封是否完好，灭火器一经开启即使喷射不多，也必须按规定要求再充装，充装后应作密封试验，并重新铅封。 （2）检查可见部位防腐层的完好程度。 （3）检查灭火器可见零部件是否完整，有无松动、变形、锈蚀损坏，装配是否合理。 （4）检查储存式灭火器的压力表指针是否在绿色区域，如指针在红色区域，应查明原因，检修后重新灌装。 （5）检查灭火器的喷嘴是否畅通，如有堵塞应及时疏通。检查干粉灭火器喷嘴的防潮堵是否完好，喷枪零部件是否完备	10	缺一项或漏一项，扣5分		

				评分标准			
序号	作业名称	质量要求	分值	扣分标准	扣分原因	得分
6	室外消防栓检查	（1）消火栓启闭杆端周围有无杂物。 （2）将专用消火栓钥匙套于杆头，检查是否合适。 （3）用纱布擦除出水口螺纹上的积锈，检查门盖内橡胶垫圈是否完好。 （4）打开消火栓，检查供水情况，要放净锈水后再关闭，并观察有无漏水现象，发现问题及时检修	10	缺一项或漏一项，扣5分		
7	安全疏散通道、疏散指示标志、应急和照明装置检查	安全出口、疏散通道应畅通，安全疏散标志、应急照明应完好，并记录检查情况	10	缺一项或漏一项，扣5分		
8	防毒面具检查	（1）合格标志。 （2）面具的完整性和气密性	5	缺一项或漏一项，扣5分		
9	其他检查	（1）变电站的电缆沟和夹层应有消防设施，控制屏、高压柜和开关场区的端子箱等电缆孔应用防火材料封堵。 （2）变电站设备室或设备区不得存放易燃、易爆物品，因施工需要放在设备区的易燃、易爆物品，应加强管理，并按规定要求使用，施工后立即运走。 （3）站内易燃、易爆区域禁止动火作业，特殊情况需要到主管部门办理动火手续，并采取安全可靠的措施。 （4）及时消除站内的杂草，及时对距离设备较近的杂草进行砍伐，确保设备安全运行。 （5）定期检查、试验火灾报警装置的完好性，存在故障的要及时处理。 （6）运行人员应学习消防知识和消防器具的使用方法，定期进行消防演习，并有记录	10	缺一项或漏一项，扣2分		

评分标准							
序号	作业名称	质量要求	分值	扣分标准		扣分原因	得分
10	"用电检查工作单""用电检查结果通知书"	检查内容相符，"用电检查结果通知书"正确，无错漏	15	（1）"用电检查结果通知书"错误扣15分。（2）遗漏项每项扣5分			
考试开始时间				考试结束时间		合计	
考生栏		编号：	姓名：	所在岗位：	单位：		日期：
考评员栏		成绩：	考评员：		考评组长：		

10kV配电室安全工器具的检查

一、检查

(一) 工具和材料

(1) 工具：碳素笔、手电筒

(2) 材料：工作证件、"用电检查工作单""用电检查结果通知书"。

(二) 检查人员要求

(1) 现场检查人员应身体健康、精神状态正常，着装符合要求，检查工器具时应认真、细致，不得做与检查工作无关的事。

(2) 具备必要的电气知识，熟悉安全工器具使用、维护要求，会检查，懂原理；持有相应岗位专业资格证。

(3) 熟悉《国家电网公司电力安全工器具管理规定》（试行）、《电力安全工器具预防性试验规程》（试行）。

(三) 10kV 配电室安全工器具检查重点和试验周期

10kV 配电室安全工器具检查重点和试验周期见表 JC406 - 1。

表 JC406 - 1　　　10kV 配电室安全工器具检查重点和试验周期

序号	器具	项目	周期	要求				说明
1	电容型验电器	启动电压试验	1年	启动电压值不高于额定电压的 40%，不低于额定电压的 15%				试验时候触电极应与试验电极相接触
		工频耐压试验	1年	额定电压（kV）	试验长度（m）	工频耐压（kV）		
						1min	5min	
				10	0.7	45	—	
				35	0.9	95	—	
				63	1.0	175	—	
				110	1.3	220	—	
				220	2.1	440	—	
				330	3.2	—	380	
				500	4.1	—	580	

序号	器具	项目	周期	要 求				说明
2	携带型短路接地线	成组直流电阻试验	不超过5年	在各接线鼻之间测量直流电阻，对于25、35、50、70、95、120mm²的各种截面，平均每米的电阻值应分别小于0.79、0.56、0.40、0.28、0.21、0.16mΩ				同一批次抽测不少于2条，接线鼻与软导线压接的应作该试验
		操作棒的工频耐压试验	4年	额定电压（kV）	试验长度（m）	工频耐压（kV）		试验电压加在护环与紧固头之间
						1min	5min	
				10		45	—	
				35		95	—	
				63		175	—	
				110		220	—	
				220		440	—	
				330		—	380	
				500		—	580	
3	个人保安线	成组直流电阻试验	不超过5年	在各接线鼻之间测量直流电阻，对于10、16、25mm²各种截面，平均每米的电阻值应小于1.98、1.24、0.79mΩ				同一批次抽测不少于两条
4	绝缘杆	工频耐压试验	1年	额定电压（kV）	试验长度（m）	工频耐压（kV）		
						1min	5min	
				10	0.7	45	—	
				35	0.9	95	—	
				63	1.0	175	—	
				110	1.3	220	—	
				220	2.1	440	—	
				330	3.2	—	380	
				500	4.1	—	580	
5	核相器	连接导线绝缘强度试验	必要时	额定电压（kV）	工频耐压（kV）	持续时间（min）		浸在电阻率小于100Ω·m的水中
				10	8	5		
				35	28	5		
		绝缘部分工频耐压试验	1年	额定电压（kV）	试验长度（m）	工频耐压（kV）	持续时间（min）	
				10	0.7	45	1	
				35	0.9	95	1	

序号	器具	项目	周期	要 求				说明
6	核相器	电阻管泄漏电流试验	半年	额定电压（kV）	工频耐压（kV）	持续时间（min）	泄漏电流（mA）	
				10	10	1	≤2	
				35	35	1	≤2	
		动作电压试验	1年	最低动作电压应达 0.25 倍额定电压				
7	绝缘罩	工频耐压试验	1年	额定电压（kV）	工频耐压（kV）	时间（min）		
				6~10	30	1		
				35	80	1		
8	绝缘隔板	表面工频耐压试验	1年	额定电压（kV）	工频耐压（kV）	持续时间（min）		电极间距离 300mm
				6~35	60	1		
				6~10	30	1		
				35	80	1		
9	绝缘胶垫	工频耐压试验	1年	电压等级	工频耐压（kV）	持续时间（min）		使用于带电设备区域
				高压	15	1		
				低压	3.5	1		
10	绝缘靴	工频耐压试验	半年	工频耐压（kV）	持续时间（min）	泄漏电流（mA）		
				15	1	≤7.5		
11	绝缘手套	工频耐压试验	半年	工频耐压（kV）	持续时间（min）	泄漏电流（mA）	工频耐压（kV）	
				高压	8	1	≤9	
				低压	2.5	1	≤2.5	
12	导电鞋	直流电阻测试	穿用不超过 200h	电阻值小于 100kΩ				

注 接地线如用于各电源侧和有可能倒送电的各侧均已停电、接地的线路时，其操作棒预防性试验的工频耐压可只做 10kV 级，且试验周期可延长到不超过 5 年一次。

二、考核

(一) 考核场地

(1) 室内应配有应考者桌椅两套。

(2) 室内应配有考评员桌椅三套，秒表三块。

(二) 考核时间

参考时间为 30min，从报检查起到报完工止。

(三) 考核要点

(1) 统一、规范、清晰的编号，并注明使用电压等级。

(2) 有完整的试验合格标签和试验记录，未超过有效期使用。

三、评分参考标准

行业：电力工程　　　　　　工种：用电监察工　　　　　　等级：四

编号	JC406	行为领域	e	鉴定范围	
考核时间	30min	题型	c	含权题分	25
试题名称	10kV 配电室安全工器具的检查				
考核要点及其要求	(1) 统一、规范、清晰的编号，并注明使用电压等级。 (2) 有完整的试验合格标签和试验记录，未超过有效期使用				
现场设备、工具、材料	(1) 室内应配有应考者桌椅两套。 (2) 室内应配有考评员桌椅三套，秒表三块。 (3) 工具房应有的设备包括验电器、绝缘杆、绝缘隔板、绝缘罩、携带型短路接地线、个人保安线、安全帽、安全带、梯子、安全绳、脚扣、临时接地线、遮栏和标示牌等				
备注	每个"分值"扣完为止				

评分标准

序号	作业名称	质量要求	分值	扣分标准	扣分原因	得分
1	着装	正确佩戴安全帽、穿工作服、穿绝缘鞋、戴手套	5	未按要求着装缺一项扣 1.5 分		
2	证件出示	进客户配电室应首先出示"用电检查证"	5	未出示扣 5 分		
3	制度	(1) 检查安全工器具管理制度。 (2) 检查安全工器具是否由专人管理。 (3) 检查是否设置绝缘工器具室。 (4) 检查安全工器具领用登记记录，记录、安全工器具不得缺失。 (5) 检查安全工器具领用登记记录，手续齐全	15	缺一项或漏一项，扣 5 分		

序号	作业名称	质量要求	分值	扣分标准	扣分原因	得分
		评分标准				
4	验电器	（1）验电器有统一、规范、清晰的编号，并注明使用电压等级。 （2）绝缘部分无划损、裂纹。 （3）验电器声光器按压试验良好，音量足够，备用电池配备充足。 （4）存放整齐、美观。 （5）有完整的试验合格标签和试验记录，未超过有效期使用	10	缺一项或漏一项，扣5分		
5	绝缘杆	（1）有统一、规范、清晰的编号，存放保管符合要求。 （2）绝缘部分的表面无裂纹、破损或损伤。 （3）金属端紧固、完整无断裂、无锈蚀。 （4）有完整的试验合格标签和试验记录，未超过有效期使用	5	缺一项或漏一项，扣5分		
6	绝缘隔板和绝缘罩、绝缘靴、核相器、个人保安线、绝缘胶垫、导电鞋	（1）有统一、规范、清晰的编号，存放保管符合要求。 （2）绝缘部分的表面无裂纹、破损或损伤。 （3）有完整的试验合格标签和试验记录，未超过有效期使用	15	缺一项或漏一项，扣5分		
7	携带型短路接地线	（1）接地线摆放整齐，对号存放。 （2）携带型短路接地线的编号应明显，并注明使用电压等级。 （3）接地线线夹紧固、可靠，转动灵活，无锈蚀。 （4）软裸铜线结构紧密，无断股、磨损；护套无破损、无老化、有规范标示。 （5）接地操作棒各端接头封固、组合连接完好。 （6）接地操作棒部分表面无裂纹、破损或污渍，无受潮等缺陷；手握部分和工作部分有护环或明显标志。 （7）有完整的试验合格标签和试验记录，未超过有效期使用	10	缺一项或漏一项，扣5分		
8	绝缘手套	（1）有统一规范、清晰的编号，存放保管符合要求。 （2）有完整试验合格标签和试验记录，在试验周期内。 （3）无外伤、裂纹、毛刺、划痕、污渍，卷曲试验不漏气，无机械损伤	5	缺一项或漏一项，扣5分		

评分标准						
序号	作业名称	质量要求	分值	扣分标准	扣分原因	得分
9	标示牌	尺寸、颜色、字样、悬挂处是否符合要求	10	缺一项或漏一项，扣5分		
10	安全帽	（1）帽壳完整无裂纹、损伤或老化，无明显变形。 （2）组件完好（包括帽箍、顶衬、后箍、下颚带等）齐全牢固。 （3）永久性标志清楚：①制造厂名称及商标、型号；②制造年、月；③许可证编号	5	缺一项或漏一项，扣5分		
11	"用电检查工作单""用电检查结果通知书"	检查内容相符，"用电检查结果通知书"正确，无错漏	15	（1）"用电检查结果通知书"错误扣15分。 （2）遗漏项扣5分		
考试开始时间			考试结束时间		合计	
考生栏	编号：　　　姓名：　　　　所在岗位：　　　　　单位：　　　　日期：					
考评员栏	成绩：　　　考评员：　　　　　　　　考评组长：					

JC407　三相配电变压器容量比对

一、操作

（一）工具、材料和设备

（1）工具：10kV 验电器 1 只、接地线 1 组，10kV 绝缘手套 1 副，5mm×1m×1m 绝缘垫 1 块，12 寸活动扳手 2 把，室温温度计 1 支、计时秒表 1 块。

（2）材料：WDX-9C 型变压器特性测试仪（含配套测量线、专用短接线）1 套、安全遮栏 2 套；标示牌"从此进出"1 块；警示牌"止步，高压危险"4 块，10/0.4kV 100kVA 三相配电变压器 1 台。

（二）安全要求

（1）现场设置安全遮栏、绝缘垫和警示牌；

（2）全程使用劳动防护用品；

（3）操作过程中，熟悉仪表的性能与使用，确保人身与设备安全；

（4）室内施工，具备照明、通风条件，设有接地桩。

（三）操作步骤

1. 准备工作

（1）着装整齐。

（2）选择工具，做外观检查。

（3）选择材料，做外观检查。

（4）检查仪器、仪表是否正常。

（5）填写第一种工作票。

2. 工作过程

（1）设置现场安全设施：安全遮栏设置，在施工人员出入口向外悬挂"从此进出"标示牌，在遮栏四周向外悬挂"止步，高压危险"警示牌。绝缘垫放在变压器低压侧地面作业区。

（2）对变压器高压侧桩头三相分别进行验电，装设接地线，拆除变压器高、低压桩头所有进出线。

（3）打开 WDX-9C 型变压器特性测试仪电源开关，仪器面板如图 JC407-1 所示，仪器进入初始化界面，3s 后进入参数设置及功能选择画面，用【←】【→】键移动蓝色色块至对应功能项，然后按【↑】【↓】键，光标移到屏幕中间常数项上，输入数字，关机，完成变压器特性测试仪的检查。

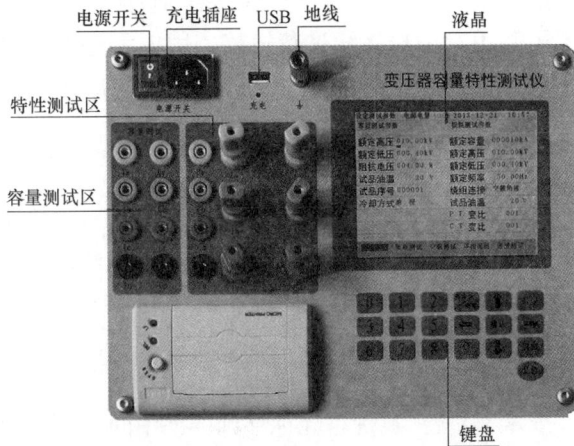

图 JC407-1　变压器特性测试仪面板图

（4）检查测试夹钳及连接导线、专用短接线及其相关附件是否完整，连接是否良好，绝缘有无损坏。

（5）将变压器特性测试仪平稳放置，按照变压器容量试验接线测量变压器容量，接线如图 JC407-2 所示。

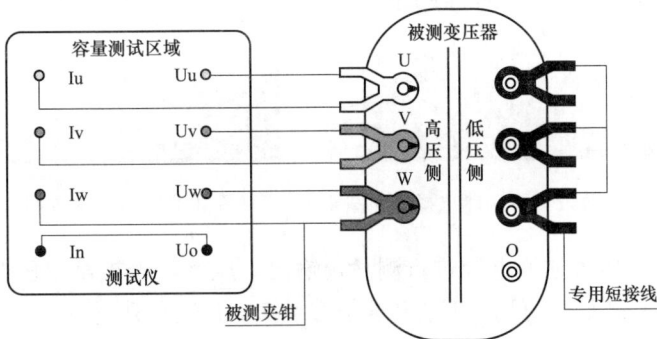

图 JC407-2　变压器容量试验接线图

1）测试仪配件箱中所配三只测试钳（含黄、绿、红各两根线及测试钳）每只分别引出两根测试线。测试线粗线接到仪器面板上的容量测试端子的电流输出端子 Iu、Iv、Iw，细线接到仪器面板上的容量测试端子的电压输入端子 Uu、Uv、Uw。

2）各色夹钳按相别夹住被试变压器的高压侧各相接线柱。

3）设备的随机配件中有一根小的黑色短接线，连接 In 和 Uo 端子。

4）变压器的低压侧用专用短接线进行短接，用扳手将短接线紧贴在变压器低压侧接线柱上并连接紧密，否则会给测量带来较大误差，甚至影响测试结果的正确性。

（6）检查变压器分接开关，使其处于额定挡位。

（7）临时拆除变压器高压侧三相接地线，试验完毕装设、还原。

（8）开机及设置参数定义。仪器及变压器接线完成后开机，仪器进入初始化界面，3s 后进入参数设置及功能选择画面，如图 JC407-3 所示。

1）试验项目设置：画面最下面一行为功能选择项，可用【←】【→】键移动蓝色色块至"测容量"功能项。

2）参数设置：按【↑】【↓】键，光标移到屏幕中间常数项上，在"容量测试参数"列下，按照被测配电变压器铭牌参数，分别输入被测变压器"额定高压、额定低压、阻抗电压、试验油温、试品序号、冷却方式"等参数。

（9）设置完成后按【确定】键进入相应测试界面，如图 JC407-4 所示。

图 JC407-3　参数设置及功能选择界面图　　　图 JC407-4　容量测试界面图

1）仪器利用内置逆变电源进行测量，输出电压将随着被试变压器参数自动发生调整，严密观察 U_{uv}、U_{vw}、U_{wu} 电压是否平衡，并逐渐升至 10V 左右。

2）进入容量测量界面后，三相逆变电源开始输出，测量完毕，逆变电源自动停止输出，按【确认】键重新测量。

（10）按【打印】键打印当前数据，按【保存、浏览】键存储当前数据，按【返回】键返回参数设置画面。测试完毕，仪器"判定容量"即为变压器测定容量。

(11) 关闭仪器电源开关，取下测试夹钳，装上变压器高压侧三相接地线。

(12) 拆除所有接线，恢复现场。

二、考核

(一) 考核场地

(1) 考场设在具备良好照明、通风条件，设有接地桩，比较开阔的室内，不少于 2 个工位，每个工位面积不小于 10m²。

(2) 工位之间设置隔离围栏。

(3) 设置评判桌椅和计时秒表、计算器。

(二) 考核时间

参考时间为 30min。在规定时间内完成，从报开工起到报完工止。

(三) 考核要点

(1) 考生就位，经许可后开始工作，规范穿戴工作服、工作鞋、安全帽、手套等。

(2) 变压器已经停电，考生独立完成现场安全技术措施的设置。

(3) 正确、规范使用变压器特性测试仪，正确选择变压器挡位。

(4) 工器具及仪表满足工作需要，正确、规范地使用安全工器具。

(5) 安全文明生产，按规定时间完成。按所完成的内容计分，要求操作过程熟练连贯，施工有序，工具、材料放置整齐，设备排布合理，现场清理洁净。

(6) 发生安全或设备损坏事故本项考核不及格。

三、评分参考标准

行业：电力工程　　　　　　工种：用电监察员　　　　　　等级：四

编号	JC407	行为领域	e	鉴定范围	
考核时间	30min	题型	A	含权题分	25
试题名称	三相配电变压器容量比对				
考核要点及其要求	(1) 给定条件：室内考场具备良好照明、通风条件，设有接地桩，不少于 2 个工位，每个工位面积不小于 10m²。 (2) 工作环境：现场操作场地及设备材料已完备。工位之间设置隔离围栏。 (3) 变压器已经停电，考生独立完成现场安全技术措施的设置。 (4) 正确、规范使用变压器特性测试仪。 (5) 正确选择变压器挡位。 (6) 正确、规范地使用安全工器具				

现场设备、工具、材料	（1）设备：WDX-9C型变压器特性测试仪1台（含配套测量线）、10/0.4kV 100kVA三相配电变压器1台。 （2）工器具：10kV验电器1只、10kV接地线1组；10kV绝缘手套1双；5mm×1m×1m绝缘垫1块；12寸活动扳手2把；室温温度计1只；安全遮栏2套；标示牌"从此进出"1块；警示牌"止步，高压危险"4块，计时秒表1块
备注	考生自带工作服、安全帽、线手套、电工常用个人工具；工作票由考生在考前独立填写，不计入考核时间。每个"分值"扣完为止

评分标准

序号	作业名称	质量要求	分值	扣分标准	扣分原因	得分
1	着装	正确佩戴安全帽、穿工作服、穿绝缘鞋、戴手套	5	未按要求着装缺一项扣1.5分		
2	现场安全布置	在变压器四周设置遮栏，在遮栏四周向外设置"止步，高压危险"警示牌，出入口悬挂"从此进出"标示牌	10	（1）未设遮栏扣2分。 （2）未挂标示牌扣2分。 （3）警示牌漏挂，每块扣1分		
3	安全工器具检查	检查绝缘手套、接地线是否完好	5	未检查每件扣1分		
4	验电	戴绝缘手套在变压器高压侧验电	5	（1）未戴绝缘手套扣2分。 （2）未验电扣5分		
5	接地线装拆	在变压器高压侧桩头装设接地线，测试时临时断开接地线，试验完毕装设、还原	5	（1）验电后或试验完毕未装设接地线或装设顺序错误扣5分。 （2）装设接地线未戴绝缘手套扣2分。 （3）测试时未临时断开接地线扣5分		
6	测试仪检查	打开测试仪电源开关，用【←】【→】键移动蓝色色块至对应功能项，然后按【↑】【↓】键，光标移到屏幕中间常数项上，输入数字，关机	5	（1）未检查扣5分。 （2）未进行光标移动和数字输入扣3分		
7	测试仪附件检查	检查测试夹钳及连接导线、专用短接线及其相关附件是否完整，连接是否良好，绝缘有无损坏	5	（1）未检查扣5分。 （2）漏检查一个附件扣1分		

		评分标准				
序号	作业名称	质量要求	分值	扣分标准	扣分原因	得分
8	接线	（1）测试仪配件箱中所配三只测试钳（含黄、绿、红各两根线及测试钳）每只分别引出两根测试线。测试线粗线接到仪器面板上的容量测试端子的电流输出端子 Iu、Iv、Iw；细线接到仪器面板上的容量测试端子的电压输入端子 Uu、Uv、Uw。（2）各色夹钳按相别夹住被试变压器的高压侧各相接线柱。（3）设备的随机配件中有一根小的黑色短接线，连接 In 和 Uo 端子。（4）变压器的低压侧用专用短接线进行短接，用扳手将短接线紧贴在变压器低压侧接线柱上并连接紧密	30	（1）在仪器开机状态下接线、带负荷接线、漏接线或接线错误扣30分。（2）接线完毕不进行正确性和牢固性检查扣10分。（3）接线不牢固，扣5分/处		
9	参数设置	在测试仪上选择为"测容量"功能；输入被测变压器"额定高压、额定低压、阻抗电压、试验油温、试品序号、冷却方式"等参数	15	（1）功能选择错误扣15分。（2）参数设置错误每项扣2分。（3）标准变压器首次输入阻抗电压参数扣2分。（4）非标准变压器未输入阻抗电压参数扣2分		
10	数据打印存储	（1）测试完毕，按【打印】键打印当前数据。（2）按【保存/浏览】键存储当前数据。（3）关闭仪器电源开关，取下测试夹钳	5	（1）未打印数据扣3分。（2）未储存数据扣2分。（3）取下测试夹钳前未关闭仪器电源扣3分		

			评分标准				
序号	作业名称	质量要求	分值	扣分标准		扣分原因	得分
11	安全文明生产	（1）填写第一种工作票。 （2）不发生安全或设备损坏事故。 （3）测试完毕后，清理现场	10	（1）未填写第一种工作票扣5分。 （2）工作票填写不规范扣2分。 （3）作业过程中发生安全或设备损坏事故本项考核不及格。 （4）未清理场地扣5分，清理不充分扣2分			
考试开始时间			考试结束时间			合计	
考生栏	编号：	姓名：	所在岗位：		单位：	日期：	
考评员栏	成绩：	考评员：		考评组长：			

JC408　三相配电变压器铁芯型号测定

一、操作

(一) 工具、材料和设备

（1）工具：10kV 验电器 1 只；10kV 接地线 1 组；10kV 绝缘手套 1 副；5mm×1m×1m 绝缘垫 1 块；计时秒表。

（2）材料：$3×2.5mm^2+1×1.5mm^2$ 橡胶 4 芯线若干。

（3）设备：WDX - 9C 型变压器特性测试仪（含配套测量线）1 套，380V 三相同步精密调压器 1 台，380V 检修电源箱 1 套，安全遮栏 2 套，标示牌"从此进出"1 块，警示牌"止步，高压危险"4 块。10/0.4kV　100kVA 三相配电变压器 1 台。

(二) 操作的安全要求

（1）现场设置安全遮栏、绝缘垫和警示牌。

（2）全程使用劳动防护用品。

（3）操作过程中，熟悉仪表的性能与使用，确保人身与设备安全。

（4）室内施工，具备照明、通风条件，设有接地桩。

(三) 操作步骤

1. 准备工作

（1）着装整齐。

（2）选择工具，做外观检查。

（3）选择材料，做外观检查。

（4）检查仪器、仪表是否正常。

（5）填写第一种工作票。

2. 工作过程

（1）设置现场安全设施：安全遮栏设置，在施工人员出入口向外悬挂"从此进出"标示牌，在遮栏四周向外悬挂"止步，高压危险"警示牌。绝缘垫放在变压器低压侧地面工作区。

（2）在变压器高压侧桩头三相分别进行验电，装设接地线，测试时临时断开接地线，试验完毕装设还原。

（3）检查 380V 三相同步精密调压器电源输入开关是否在关闭位置，逆时针缓慢旋转调压手柄至初始位置，检查指针是否指向刻度盘"0"位，顺时针缓慢均匀地旋转调压手柄至最大位置，检查是否有卡滞、异响等异常状况，再逆时针缓慢旋转调压手柄至初始位置，完成调压器的检查。

（4）打开 WDX - 9C 型变压器特性测试仪电源开关，仪器进入初始化界面，3s后进入参数设置及功能选择画面，用【←】【→】键移动蓝色色块至对应功能项，然后按【↑】【↓】键，光标移到屏幕中间常数项上，输入数字，关机，完成变压器特性测试仪的检查。

（5）检查测试夹钳及连接导线、地线连接线、电源测试线、橡皮 4 芯电源输入线及其相关附件是否完整，连接是否良好，绝缘有无损坏。

（6）将变压器特性测试仪和三相调压器平稳放置，按照变压器空载试验接线测量空载损耗，接线如图 JC408 - 1 所示。

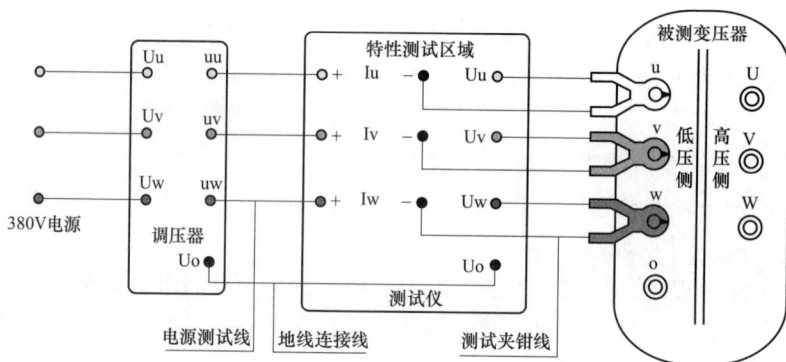

图 JC408 - 1　变压器空载试验接线图

1）断开 380V 检修电源开关，用橡皮 4 芯电源输入线，从检修电源箱接 380V电源到三相调压器的 U 、V、W 电压输入端。

2）用测试仪所配三条电源测试线（黄、绿、红各一根），从三相调压器的 u、v、w 电压输出端分别接入仪器特性测试端子的电流极性端子 Iu＋、Iv＋、Iw＋。

3）测试仪所配三只测试钳，每只分别引出两根测试线。粗线接到仪器面板上的仪器特性测试端子的电流非极性端子 Iu－、Iv－、Iw－，细线接到仪器面板上的仪器特性测试端子电压端子 Uu、Uv、Uw。

（7）如果施加电压的低压绕组是带有分接的，检查分接开关是否在额定挡的位置。

（8）临时拆除变压器高压侧三相接地线。

（9）开机及设置参数定义。

仪器及变压器接线完成后开机，仪器进入初始化界面，3s后进入参数设置及功能选择画面，如图JC407-3所示。

1）试验项目设置：画面最下面一行为功能选择项，可用【←】【→】键移动蓝色色块至"测空载"功能项。

2）参数设置：按【↑】【↓】键，光标移到屏幕中间常数项上，在"损耗测试参数"列下，按照被测配电变压器铭牌参数，分别输入被测变压器"额定容量、额定电压、额定频率、绕组联结组别、试品油温、TV/TA变比"等参数。

3）设置完成后按【确定】键进入相应测试界面，如图JC408-2所示。

（10）合上380V检修电源开关，再合上三相调压器电源输入开关，缓慢顺时针转动调压旋钮，至100V左右位置，检查三相电压Uuv、Uvw、Uwu，三相电流Iu、Iv、Iw是否基本平衡（若三相电压或电流出现较大差值，应立即停止测试，关闭电源，检查接线）。

三相空载		
电流（A）	电压（kV）	有功（W）
Iu = 0.9839	Uuv = 0.3772	Pu = 171.15
Iv = 0.9905	Uvw = 0.3786	Pv = 171.22
Iw = 0.9909	Uwu = 0.3793	Pw = 173.01
角度（o）	功率因数	其他
φu = 37.171	cosu = 0.7968	In = 0.9884 A
φv = 37.513	cosv = 0.7932	Un = 0.3784 kV
φw = 37.220	cosw = 0.7963	Σp = 515.38 W
铁芯类型 S9		f = 50.00 Hz
空载电流2.325 % 波形畸变 -0.06 %		
空载损耗135.34 W		

图 JC408-2　空载测试界面图

（11）缓慢升高测试电压至变压器低压侧额定电压的50%，停留约1min，仔细观察测试设备及被测变压器有无异常状况。

（12）缓慢升高测试电压至变压器低压侧额定电压，停留约1min，按【打印】键打印当前数据；按【保存/浏览】键存储当前数据；按【返回】键返回参数设置画面。测试所得"铁芯类型"即为变压器铁芯型号。

（13）快速逆时针转动调压旋钮，降低试验电压至"0"，断开三相调压器电源输入开关。

（14）取下测试夹钳，装上变压器高压侧三相接地线。

二、考核

（一）考核场地

（1）考场设在具备良好照明、通风条件，设有接地桩，比较开阔的室内，不少于2个工位，每个工位面积不小于10m²。

（2）按照工位数量配备工具、材料和设备。工位之间设置隔离围栏。

（3）设置2套评判桌椅和计时秒表、计算器。

（二）考核时间

参考时间为 45min。在规定时间内完成，从报开工起到报完工止。

（三）考核要点

（1）考生就位，经许可后开始工作，规范穿戴工作服、工作鞋、安全帽、手套等。

（2）变压器已经停电，考生独立完成现场安全技术措施的设置。

（3）正确、规范使用变压器特性测试仪和三相精密调压器，正确选择变压器挡位。

（4）工器具及仪表满足工作需要，进行检查。正确、规范地使用安全工器具。

（5）安全文明生产，按规定时间完成，按所完成的内容计分，要求操作过程熟练连贯，施工有序，工具、材料放置整齐，设备排布合理，现场清理洁净。

（6）发生安全或设备损坏事故本项考核不及格。

三、评分参考标准

行业：电力工程　　　　　　工种：用电监察员　　　　　　等级：四

编号	JC408	行为领域	e	鉴定范围	
考核时间	45min	题型	B	含权题分	25
试题名称	三相配电变压器铁芯型号测定				
考核要点及其要求	（1）给定条件：室内考场具备良好照明、通风条件，设有接地桩和检修电源箱，不少于2个工位，每个工位面积不小于10m²。 （2）工作环境：现场操作场地及设备材料已完备。工位之间设置隔离围栏。 （3）变压器已经停电，考生独立完成现场安全技术措施的设置。 （4）正确、规范使用变压器特性测试仪和三相精密调压器。 （5）正确选择变压器挡位。 （6）正确、规范的使用安全工器具				
现场设备、工具、材料	（1）设备：WDX-9C型变压器特性测试仪1台（含配套测量线）、380V三相同步精密调压器1台、计时秒表1块、380V检修电源箱1套。10/0.4kV　100kVA三相配电变压器1台。 （2）工器具：10kV验电器1只；10kV接地线1组；10kV绝缘手套1双；5mm×1m×1m绝缘垫1块；安全遮栏2套；标示牌"从此进出"1块；警示牌"止步，高压危险"4块。 （3）材料：3×2.5mm²+1×1.5mm²橡胶4芯线若干				
备注	考生自带工作服、安全帽、线手套、电工常用个人工具；工作票由考生在考前独立填写，不计入考核时间				

		评分标准				
序号	作业名称	质量要求	分值	扣分标准	扣分原因	得分
1	着装	正确佩戴安全帽、穿工作服、穿绝缘鞋、戴手套	5	未按要求着装缺一项扣1.5分		
2	现场安全布置	在变压器四周设置遮栏，在遮栏四周向外设置"止步，高压危险"警示牌，出入口悬挂"从此进出"标示牌	5	（1）未设遮栏扣2分。 （2）未挂标示牌扣2分。 （3）警示牌漏挂每块扣1分		
3	安全工器具检查	检查绝缘手套、接地线是否完好	2	未检查每件扣1分		
4	验电	戴绝缘手套在变压器高压侧验电	5	（1）未戴绝缘手套扣2分。 （2）未验电扣5分		
5	接地线装拆	在变压器高压侧桩头装设接地线，测试时临时断开接地线，试验完毕装设、还原	5	（1）验电后或试验完毕未装设接地线或装设顺序错误扣5分。 （2）装设接地线未戴绝缘手套扣2分。 （3）测试时未临时断开接地线本项考核不及格		
6	调压器检查	（1）检查电源输入开关是否在关闭位置；逆时针缓慢旋转调压手柄至初始位置，检查指针是否指向刻度盘"0"位。 （2）顺时针缓慢均匀地旋转调压手柄至最大位置，检查是否有卡滞、异响等异常状况。 （3）逆时针缓慢旋转调压手柄至初始位置	10	（1）未检查调压器扣10分。 （2）检查步骤不完整每项扣2.5分		
7	测试仪检查	打开测试仪电源开关，用【←】【→】键移动蓝色色块至对应功能项，然后按【↑】【↓】键，光标移到屏幕中间常数项上，输入数字，关机	2	（1）未检查扣2分。 （2）未进行光标移动和数字输入扣2分		
8	测试仪附件检查	检查测试夹钳及连接导线、地线连接线、电源测试线、橡皮4芯电源输入线及其相关附件是否完整，连接是否良好，绝缘有无损坏	3	（1）未检查扣3分。 （2）漏检查一个附件扣1分		

		评分标准				
序号	作业名称	质量要求	分值	扣分标准	扣分原因	得分
9	接线	（1）断开380V检修电源开关，用橡皮4芯电源输入线，从检修电源箱接380V电源到三相调压器的U、V、W电压输入端。 （2）用测试仪所配三条电源测试线（黄、绿、红各一根），从三相调压器的u、v、w电压输出端分别接入仪器特性测试端子的电流极性端子Iu+、Iv+、Iw+。 （3）用测试仪所配三只测试钳，每只分别引出两根测试线。粗线接到仪器面板上的仪器特性测试端子的电流非极性端子Iu-、Iv-、Iw-，细线接到仪器面板上的仪器特性测试端子电压端子Uu、Uv、Uw。 （4）用测试夹钳按相别夹住被试变压器的低压侧各接线柱；变压器的高压侧开路。 （5）用地线连接线连接三相调压器和测试仪的Uo端子	20	（1）带电接线、带负荷接线、漏接线或接线错误扣10分。 （2）接线完毕不进行正确性和牢固性检查扣10分。 （3）接线不牢固，扣5分		
10	参数设置	在测试仪上选择为"测空载"功能；输入被测变压器额定容量、额定电压、额定频率、绕组联结组别、试品油温等参数	10	（1）功能选择错误扣10分。 （2）参数设置错误每项扣2分		
11	调压器操作	（1）合上380V检修电源开关，再合上三相调压器电源输入开关；缓慢顺时针转动调压旋钮，至100V左右位置，检查三相电压U_{uv}、U_{vw}、U_{wu}，三相电流I_u、I_v、I_w是否基本平衡（若三相电压或电流出现较大差值，应立即停止测试，关闭电源，检查接线）。 （2）缓慢升高测试电压至变压器低压侧额定电压的50%，停留约1min，仔细观察测试设备及被测变压器有无异常状况。 （3）缓慢升高测试电压至变压器低压侧额定电压，停留约1min。 （4）数据打印储存完毕，快速逆时针转动调压旋钮，降低试验电压至"0"，断开三相调压器电源输入开关	20	（1）未合上电源输入开关就转动调压旋钮扣5分。 （2）未检查电压和电流的平衡扣10分。 （3）电流或电压差值较大，不做检查继续升压扣20分。 （4）升压过程无停顿每次扣5分。 （5）升压速度过快扣5分。 （6）试验完毕未断开电源开关扣10分。 （7）测试电压未升压变压器低压侧额定电压扣15分		

序号	作业名称	质量要求	分值	扣分标准	扣分原因	得分
12	数据打印存储	（1）按【打印】键打印当前数据。 （2）按【保存/浏览】键存储当前数据	3	（1）未打印数据扣2分。 （2）未储存数据扣1分		
13	安全文明生产	（1）填写第一种工作票。 （2）不发生安全或设备损坏事故。 （3）测试完毕后，清理现场	10	（1）未填写第一种工作票扣5分。 （2）工作票填写不规范扣2分。 （3）作业过程中发生安全或设备损坏事故本项考核不及格。 （4）未清理场地扣5分，清理不充分扣2分		

考试开始时间			考试结束时间		合计	
考生栏	编号：	姓名：	所在岗位：	单位：	日期：	
考评员栏	成绩：	考评员：		考评组长：		

6~10kV橡塑绝缘电力电缆绝缘电阻和吸收比试验

一、操作

（一）工具、材料和设备

（1）工具：验电器、高压操作杆、短路接地线一组、500V 绝缘电阻表一块、1000V 绝缘电阻表一块、2500V 绝缘电阻表一块、测试线三根、放电棒一支、屏蔽环二个、遮栏二套、安全警示牌二块、安全标示牌一块、温度计一支、湿度计一支、秒表一块。

（2）材料：干净的布或棉纱若干、电气设备试验报告单（见表 JC409 - 1）。

表 JC409 - 1 电气设备试验报告单

用户名称		试验性质		试验仪器	
运行编号		电压等级		试验时间	年 月 日
型号		制造厂家		环境温度	℃
规格		长度		空气湿度	%
电缆芯数		出厂日期		投运日期	
试验负责人		试验人员		审核人	
相位图					

绝缘电阻	相别	R_{15}	R_{60}	吸收比
	U			
	V			
	W			
不平衡系数				
结论				

（3）设备：25m YJV$_{22}$-3×95 交联聚乙烯绝缘电力电缆。

（二）安全要求

（1）正确填写并履行第一种工作票，工作服、安全帽、手套整洁完好符合安规要求；工器具绝缘良好，整齐、完备。

（2）户外试验应在良好的天气进行，且空气相对湿度一般不高于80%；室内还应具备充足照明和良好通风条件。

（3）现场设置必要的遮栏、安全标示牌。

（4）正确选择和使用绝缘电阻表，严防人身触电及损坏仪表。

（5）摇测中加强监护，严防人员窜入试验区域。

（6）在被试电缆另一端设置遮栏，专人看守，配合完成本项考核内容。

（三）操作步骤及绝缘电阻表使用注意事项

1. 操作步骤

（1）履行开工手续，口头交代危险点和防范措施。

（2）按给定的条件选取工器具，检查外观、绝缘良好。

（3）查看绝缘电阻表校准合格证，检查其合格完好。

（4）对被试电力电缆停电，在电缆头处验电并立即挂接地线，电缆两端设置安全遮栏，在作业人员出入口处挂"从此进出"标示牌，在遮栏四周向外挂"止步，高压危险"警示牌。

（5）对被试电力电缆进行充分放电接地（2～3min）后，从电气设备上拆下电缆，检查电缆头电缆外护套、绝缘层状况，将线芯与其他附件完全分开，擦拭干净电缆头。

（6）绝缘电阻表与被试电力电缆间接线正确，正确完成绝缘电阻测试项目。

（7）分别记录15、60s绝缘电阻表读数，计算吸收比，同时记录试验环境温度和湿度。

（8）测试完毕，对被试设备进行充分放电、接地，再拆除相关测试线。

（9）正确填写电气设备试验报告。

（10）清理工作现场，办理工作终结手续。

2. 绝缘电阻表使用注意事项

（1）绝缘电阻表俗称摇表，按工作电压分有 500、1000、2500、5000V 等规格。1kV 以下的电气设备选用 500V 或 1000V 绝缘电阻表，1kV 及以上的电气设备选用 2500V 及以上绝缘电阻表。

（2）绝缘电阻表有三个接线端子：标有 L 的端子，即线路端子也称相线，接于被试设备的导体上；标有 E 的端子，即地端子，接于被试设备的外壳上或接地；标有 G 的端子，即屏蔽端子，接于测量时需要屏蔽的电极上。

（3）将绝缘电阻表水平放置，指针应指向刻度盘正中附近。未接上被试设备前摇动手柄至 120r/min 额定转速，绝缘电阻表指针应指向∞位置。若指针达不到∞位置，说明测试线绝缘不良或绝缘电阻表本身受潮；可用干净的布或棉纱擦拭 L、E 两端子之间异物，必要时将绝缘电阻表放置在绝缘垫上，若空摇还达不到∞位置，则应更换测试线。

（4）将 L、E 端子短接，缓慢摇动手柄，绝缘电阻表指针应指向 0 位置。若不指向 0 位置，说明测试线未接好或绝缘电阻表本身有故障，应修理后再使用。

（5）测试线应选用绝缘良好的多股软铜线，L、E 两端子引出的测试线应独立分开、悬空，避免缠绕在一起，不要随意搁置在设备外壳上。

（6）测试前，先将 E 端子测试线与被试设备外壳及地连接，待转动摇柄至 120r/min 额定转速后，再将 L 端子测试线与被测设备的测试极碰接。读取并记录 15、60s 绝缘电阻表读数。摇测绝缘过程中，应使绝缘电阻表保持 120r/min 的均匀转速。

（7）测试读数结束后，应先将 L 端子测试线与被测设备的测试极分开，再停止转动摇柄，以防被试设备电容电压反击，损坏绝缘电阻表。

（8）摇测绝缘过程中若发现指针指零，说明被试设备存在短路故障，不能再继续摇测，以免损坏绝缘电阻表。

（9）进行绝缘试验时，被试品温度不应低于+5℃，户外试验应在良好的天气进行，且空气相对湿度一般不高于 80%。当被试设备表面污秽时，可将 G 端子测试线接于被试设备表面层上，以旁路因表面泄漏引起的测量误差。

（10）测试结束，绝缘电阻表停止转动，对被试设备放电并接地后，再拆除 G、E 端子测试线。

3. 电力电缆绝缘电阻测量

（1）电力电缆绝缘摇测接线图如图 JC409－1 所示。当测量一根芯的绝缘电阻时，应将其余二芯和电缆外皮一起接地。

（2）根据摇测结果，正确记录 15、60s 绝缘电阻表读数，以 60s 绝缘电阻表读数作为电力电缆的绝缘电阻；计算吸收比，即 R_{60}/R_{15} 的值，填写试验报告书，并记录试验环境温度和湿度，以便分析比较不同时期测量结果。

（3）电力电缆的绝缘电阻没有明确的标准数值，一般不小于表 JC409-2 所列数值，温度在 $10\sim30℃$ 时吸收比大于 1.2。吸收比值接近于 1，说明电缆绝缘受潮或存在局部缺陷。吸收比值通常随温度增加而减少，一般大于 1.2 即可判断被试电缆正常。

（4）还可用不平衡系数来分析判断多芯电缆绝缘情况，不平衡系数等于同一电缆各芯线的绝缘电阻中最大值与最小值之比，绝缘良好的电力电缆其不平衡系数一般不大于 2.5。

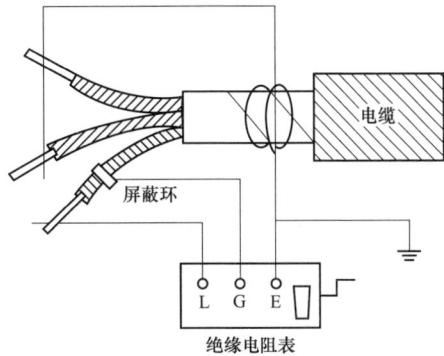

图 JC409-1　电力电缆绝缘电阻测量接线示意图

表 JC409-2　　　电缆长度为 500m、温度为 20℃ 时的绝缘电阻参考值

额定电压（kV）	1 及以下	3	6～10	20～35
绝缘电阻（MΩ）	10	200	400	600

二、考核

（一）考核场地
（1）场地面积应能同时容纳多个工位，并保证工位之间的距离合适，操作面积不小于 $1500\times1500\text{mm}^2$。

（2）每个工位备有桌椅、计算器。

（3）室内场地有照明、通风及空调设施。

（二）考核时间
参考时间为 30min，选用工器具限时 5min。

（三）考核要点
（1）正确选择摇测用工具、仪表。

（2）摇测方法正确，测试步骤完整。

（3）摇测前后对被试电缆放电的方法正确。

（4）记录完整，试验报告填写正确，判断正确。

（5）安全文明生产。

三、评分参考标准

行业：电力工程　　　　　　工种：用电监察员　　　　　　等级：四

编号	JC409	行为领域	e	鉴定范围	
考核时间	30min	题型	B	含权题分	25
任务描述	6～10kV 橡塑绝缘电力电缆绝缘电阻及吸收比试验				
考核要点及其要求	(1) 给定条件：现场摇测 10kV 电力电缆绝缘电阻及吸收比，试验环境满足规程要求。 (2) 正确选择摇测用工具、仪表。 (3) 摇测方法正确，测试步骤完整。 (4) 摇测前后对被试电缆放电的方法正确。 (5) 记录完整，试验报告填写正确，判断正确。 (6) 安全文明生产				
现场设备、工具、材料	(1) 工具：高低压验电器、高压操作杆、短路接地线一组、500V 绝缘电阻表一块、1000V 绝缘电阻表一块、2500V 绝缘电阻表一块、测试线三根、放电棒一支、屏蔽环二个、遮栏二套、安全警示牌二块、安全标示牌一块、温度计一支、湿度计一支、秒表一块。 (2) 材料：干净的布或棉纱若干、电气设备试验报告单。 (3) 设备：25m YJV$_{22}$-3×95 交联聚乙烯绝缘电力电缆或运行中的交联电力电缆				
备注	考生自备工作服、安全帽、绝缘鞋、常用电工工具、文具				

评分标准

序号	作业名称	质量要求	分值	扣分标准	扣分原因	得分
1	开工准备	(1) 正确佩戴安全帽、穿工作服、穿绝缘鞋、戴手套。 (2) 正确填写工作票，履行开工手续	5	(1) 未按要求着装缺一项扣 1.5 分。 (2) 未履行开工手续扣 2 分		
2	绝缘电阻表选用与检查	(1) 选用 2500V 绝缘电阻表。 (2) 检查绝缘电阻表外观、合格证。 (3) L、E 端子开路，缓慢摇动手柄，绝缘电阻表指针应指向∞位置；L、E 端子短接，缓慢摇动手柄，绝缘电阻表指针应指向 0 位置	10	(1) 选择错误扣 5 分。 (2) 未检查或检查方法错误扣 5 分		
3	停用被试设备	对被试电力电缆停电、验电、挂接地线，并充分放电	10	(1) 未履行停用步骤扣 5 分。 (2) 未进行放电或方法错误扣 5 分		

					评分标准			

序号	作业名称	质量要求	分值	扣分标准	扣分原因	得分
4	设置遮栏	被试电力电缆两端周围设置安全遮栏，在作业人员出入口处挂"从此进出"标示牌，在遮栏四周向外挂"止步，高压危险"警示牌	5	（1）未设置遮栏扣5分。 （2）缺少标示牌扣2分。 （3）缺少警示牌扣3分		
5	摇测前准备	（1）从电气设备上拆下电缆，检查电缆头外观状况，将线芯与其他附件完全分开，擦拭电缆头。 （2）确定每相线芯对另两相及地等摇测项目	10	（1）未检查、说明电缆头外观扣2分。 （2）电缆头未擦拭干净扣3分。 （3）被试线芯未完全分开扣3分。 （4）未说明摇测项目或不全扣2分		
6	正确接线	按图JC409-1所示电力电缆绝缘电阻摇测接线图，可靠连接	15	连接错误，每项扣5分		
7	摇测绝缘电阻	（1）摇测前，先将E、G端子测试线与被试设备可靠连接，待转动摇柄至120r/min额定转速后，再将L端子测试线与被测设备的测试极碰接。 （2）测试读数结束后，先将L端子测试线与被测设备的测试极分开，再停止转动摇柄。 （3）将被试电缆接地，放电1min以上，再拆除G、E端子测试线	20	（1）摇测绝缘电阻时搭接、拆除步骤错误扣10分。 （2）摇柄转速高低波动，扣5分。 （3）未进行放电或方法错误扣5分		
8	摇测记录	绝缘电阻表保持120r/min的均匀转速，分别读取并记录15、60s绝缘电阻表读数	10	（1）未达转速读数，扣5分。 （2）读数时间错误，扣2分。 （3）读数不全或错误，扣3分		
9	填写试验报告	试验报告填写完整，结论判断正确	10	（1）报告不整洁、完整，扣5分。 （2）结论错误，扣5分		

			评分标准				
序号	作业名称	质量要求	分值	扣分标准	扣分原因	得分
10	清理现场	清理现场，恢复原状，将记录上交考评员，退出考核场地	5	（1）未清理扣5分。 （2）清理不彻底扣2分		
考试开始时间				考试结束时间	合计	
考生栏	编号：	姓名：	所在岗位：	单位：	日期：	
考评员栏	成绩：	考评员：		考评组长：		

用绝缘电阻表摇测电力变压器绝缘电阻及吸收比

一、操作

（一）工具、材料和设备

（1）工具：验电器、高压操作杆、短路接地线一组、2500V 绝缘电阻表一块（如图 JC410 - 1 所示）、测试线三根、放电棒一支、屏蔽环二个、遮栏二套、安全警示牌二块、安全标示牌一块、温度计一支、湿度计一支、秒表一块。

（2）材料：干净的布或棉纱若干、电气设备试验报告单见表 JC410 - 1。

（3）设备：油浸式变压器或干式变压器。

图 JC410 - 1　2500V 绝缘电阻表

表 JC410 - 1　　　　　　　　　　电气设备试验报告单

用户名称		试验性质		间隔名称		
运行编号		电压等级		试验时间	年　月　日	
试验温度	℃		试验湿度		％	
铭牌参数	型号		出厂序号		总重	
	额定容量		生产日期		空载电流	
	额定电压		空载损耗		阻抗电压	
	额定电流		短路损耗		绝缘水平	
	接线组别		制造厂家			
绝缘电阻	项目	R_{15}		R_{60}		吸收比
	高对低及地					
	低对高及地					
	高低间					
	结论					

（二）安全要求

（1）正确填用履行第一种工作票（见 JC410 附），工作服、安全帽、手套整洁完好符合安规要求，工器具绝缘良好，整齐完备。

（2）户外试验应在良好的天气进行，且空气相对湿度一般不高于80％；室内应具备充足照明和良好通风条件。

（3）现场设置必要的遮栏、安全标示牌。

（4）正确选择和使用绝缘电阻表，严防人身触电及损坏仪表。

（5）摇测中加强监护，严防人员窜入试验区域。

（6）在一名配合人员协助下，完成本项考核内容。

（三）步骤及绝缘电阻表使用注意事项

1. 操作步骤

（1）履行开工手续，口头交代危险点和防范措施。

（2）按给定的条件选取工器具，检查外观、绝缘良好。

（3）查看绝缘电阻表校准合格证，检查其合格完好。

（4）将被试变压器停电，在高低压桩头处验电并挂接地线，设置安全遮栏，在作业人员出入口处挂"从此进出"标示牌，在遮栏四周向外挂"止步，高压危险"警示牌。

（5）将被试变压器充分放电接地（2～3min）后，拆除高低压侧引线，擦拭干净高低压瓷套管。

（6）绝缘电阻表与被试变压器间接线正确，正确完成绝缘电阻测试项目。

1）油浸式变压器绝缘电阻测试项目有高压侧对低压侧及地、低压侧对高压侧及地、高压侧与低压侧之间等。

2）干式变压器绝缘电阻测试项目有高压侧对低压侧及地、低压侧对高压侧及地、高压侧与低压侧之间、铁芯对地等。

变压器除分别进行以上绝缘电阻测试外，必要时还应分别进行高低压侧绕组通路测试。

（7）分别记录15、60s绝缘电阻表读数，计算吸收比，同时记录试验环境温度和湿度。

（8）测试完毕，对被试设备充分放电、接地，再拆除测试线。

（9）正确填写电气设备试验报告。

（10）清理工作现场，办理工作终结手续。

2. 绝缘电阻表使用注意事项

（1）绝缘电阻表俗称摇表，按工作电压分有500、1000、2500、5000V 等规格。1kV 以下的电气设备选用500V 或1000V 绝缘电阻表，1kV 及以上的电气设备选用 2500V 及以上绝缘电阻表。

（2）绝缘电阻表有三个接线端子：标有 L 的端子，即线路端子，也称相线，接于被试设备的导体上；标有 E 的端子，即地端子，接于被试设备的外壳上或接地；标有 G 的端子，即屏蔽端子，接于测量时需要屏蔽的电极上。

（3）将绝缘电阻表水平放置，指针应指向刻度盘正中附近。未接上被试设备前摇动手柄至 120r/min 额定转速，绝缘电阻表指针应指向∞位置。若指针达不到∞位置，说明测试线绝缘不良或绝缘电阻表本身受潮；可用干净的布或棉纱擦拭 L、E 两端子之间异物，必要时将绝缘电阻表放置在绝缘垫上，若空摇还达不到∞位置，则应更换测试线。

（4）将 L、E 端子短接，缓慢摇动手柄，绝缘电阻表指针应指向 0 位置。若不指向 0 位置，说明测试线未接好或绝缘电阻表本身有故障，应修理后再使用。

（5）测试线应选用绝缘良好的多股软铜线，L、E 两端子引出的测试线应独立分开、悬空，避免缠绕在一起，不要随意搁置在设备外壳上。

（6）测试前，先将 E 端子测试线与被试设备外壳及地连接，待转动摇柄至 120r/min 额定转速后，再将 L 端子测试线与被测设备的测试极碰接。注意，读取并记录 15、60s 绝缘电阻表读数。摇测绝缘过程中，应使绝缘电阻表保持120r/min 的均匀转速。

（7）测试读数结束后，应先将 L 端子测试线与被测设备的测试极分开，再停止转动摇柄，以防被试设备电容电压反击损坏绝缘电阻表。

（8）摇测绝缘过程中若发现指针指零，说明被试设备存在短路故障，不能再继续摇测，以免损坏绝缘电阻表。

（9）被试设备表面污秽，或环境湿度大于 80% 时，可将 G 端子测试线接于被试设备表面层（护环）上，以旁路因表面泄漏引起的测量误差。

（10）测试结束，绝缘电阻表停止转动，对被试设备放电并接地后，再拆除测试线。

（11）摇测变压器高压侧对低压侧及地、低压侧对高压侧及地、高压侧与低压侧之间绝缘摇测接线图，以及屏蔽线连接的示意图如图 JC410-2 所示。

（12）根据摇测结果，正确记录 15、60s 绝缘电阻表读数，以 60s 绝缘电阻表读数作为变压器的绝缘电阻；计算吸收比，即 R_{60}/R_{15} 的值，填写试验报告书，并记录试验环境温度和湿度，以便分析比较不同时期测量结果。

（13）油浸式电力变压器绝缘电阻允许值见表 JC410-2；温度在 10～30℃ 时，吸收比的标准为大于或等于 1.3，通常随温度增加而减少，一般大于 1.3 即可判断被试设备绝缘没有受潮。

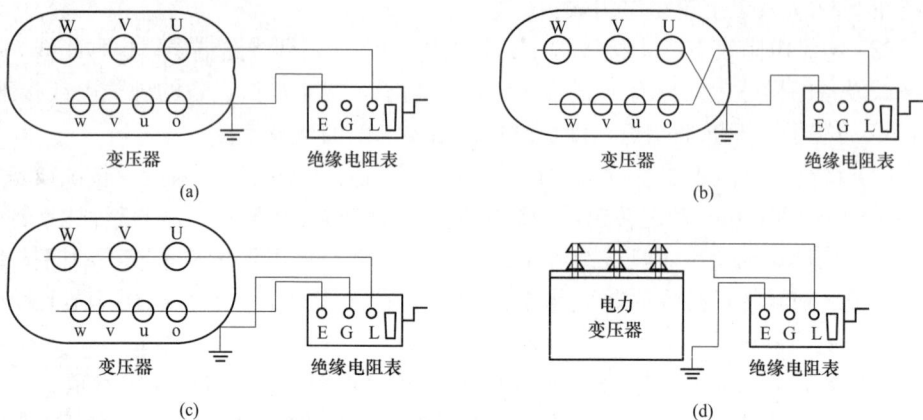

图 JC410‐2　变压器绝缘电阻摇测接线图

(a) 高压侧对低压侧及地绝缘摇测接线图；(b) 低压侧对高压侧及地绝缘摇测接线图；

(c) 高压侧与低压侧之间绝缘摇测接线图；(d) 屏蔽线连接示意图

表 JC410‐2　　　　　　油浸式电力变压器绝缘电阻允许值　　　　　MΩ

高压绕组电压等级 (kV)	温度（℃）							
	10	20	30	40	50	60	70	80
3～10	450	300	200	130	90	60	40	25

二、考核

（一）考核场地

（1）场地面积应能同时容纳多个工位，并保证工位之间的距离合适，操作面积不小于 1500×1500mm²。

（2）每个工位备有桌椅、计算器。

（3）室内场地有照明、通风及空调设施。

（二）考核时间

参考时间为 30min，选用工器具限时 5min。

（三）考核要点

（1）正确选择摇测用工具、仪表。

（2）摇测方法正确，测试步骤完整。

（3）摇测前后对变压器放电的方法正确。

（4）记录完整，试验报告填写正确，判断正确。

（5）安全文明生产。

三、评分参考标准

行业：电力工程　　　　　　工种：用电监察员　　　　　　等级：四

编号	JC410	行为领域	e	鉴定范围	
考核时间	30min	题型	B	含权题分	25
任务描述	用绝缘电阻表摇测电力变压器绝缘电阻及吸收比				
考核要点及其要求	(1) 给定条件：现场摇测油浸式变压器绝缘电阻及吸收比，试验环境满足规程要求。 (2) 正确选择摇测用工具、仪表。 (3) 摇测方法正确，测试步骤完整。 (4) 摇测前后对变压器放电的方法正确。 (5) 记录完整，试验报告填写正确，判断正确。 (6) 安全文明生产				
现场设备、工具、材料	(1) 工具：高低压验电器、高压操作杆、短路接地线一组、500V绝缘电阻表一块、1000V绝缘电阻表一块、2500V绝缘电阻表一块、测试线三根、放电棒一支、屏蔽环二个、遮栏二套、安全警示牌二块、安全标示牌一块、温度计一支、湿度计一支、秒表一块。 (2) 材料：干净的布或棉纱若干、电气设备试验报告单。 (3) 设备：油浸式变压器				
备注	考生自备工作服、安全帽、绝缘鞋、常用电工工具、文具				
评分标准					

序号	作业名称	质量要求	分值	扣分标准	扣分原因	得分
1	开工准备	(1) 正确佩戴安全帽、穿工作服、穿绝缘鞋、戴手套。 (2) 正确填写工作票，履行开工手续	5	(1) 未按要求着装缺一项扣1.5分。 (2) 未履行开工手续扣2分		
2	绝缘电阻表选用与检查	(1) 选用2500V绝缘电阻表。 (2) 检查绝缘电阻表外观、合格证。 (3) L、E端子开路，缓慢摇动手柄，绝缘电阻表指针应指向∞位置；L、E端子短接，缓慢摇动手柄，绝缘电阻表指针应指向0位置	10	(1) 选择错误扣5分。 (2) 未检查或检查方法错误扣5分		
3	停用被试设备	对被试变压器进行停电、验电、挂接地线，对变压器高低压绕组进行充分放电	10	(1) 未履行停用步骤扣5分。 (2) 未进行放电或方法错误扣5分		

序号	作业名称	质量要求	分值	扣分标准	扣分原因	得分
		评分标准				
4	设置遮栏	被试变压器周围设置安全遮栏，在作业人员出入口处挂"从此进出"标示牌，在遮栏四周向外挂"止步，高压危险"警示牌	5	（1）未设置遮栏扣5分。 （2）缺少标示牌扣2分。 （3）缺少警示牌扣3分		
5	摇测前准备	（1）拆除高低压侧引线，擦拭干净高低压瓷套管。 （2）确定高对低及地、地对高及地、高低之间等绝缘摇测项目	10	（1）瓷套管未擦拭干净扣5分。 （2）未确定摇测项目或不全扣5分		
6	正确接线	按图 JC410－2 所示变压器绝缘电阻摇测接线图，可靠连接	15	连接错误，每项扣5分		
7	摇测绝缘电阻	（1）摇测前，先将E端子测试线与被试设备可靠连接，待转动摇柄至120r/min额定转速后，再将L端子测试线与被测设备的测试极碰接。 （2）测试读数结束后，先将L端子测试线与被测设备的测试极分开，再停止转动摇柄。 （3）L端子测试线拆除后，将被试变压器接地，放电1min以上	20	（1）摇测绝缘电阻时搭接、拆除步骤错误扣10分。 （2）摇柄转速高低波动，扣5分。 （3）未进行放电或方法错误扣5分		
8	摇测记录	绝缘电阻表保持120r/min的均匀转速时，分别读取并记录15、60s绝缘电阻表读数	10	（1）未达转速读数，扣5分。 （2）读数时间错误，扣2分。 （3）读数不全或错误，扣3分		
9	填写试验报告	试验报告填写完整，结论判断正确	10	（1）报告不整洁、完整，扣5分。 （2）结论错误，扣5分		

评分标准							
序号	作业名称	质量要求	分值	扣分标准		扣分原因	得分
10	清理现场	清理现场，恢复原状，将记录上交裁判，退出考核场地	5	未清理或不完全扣5分			
考试开始时间			考试结束时间			合计	
考生栏	编号：	姓名：	所在岗位：		单位：	日期：	
考评员栏	成绩：	考评员：			考评组长：		

JC410 附：电力线路第一种工作票

电力线路第一种工作票

单位_____   编号_____

1. 工作负责人（监护人）_____   班组_____

2. 工作班人员（不包括工作负责人）：_____

_____共_____人。

3. 工作的线路或设备双重名称（多回路应注明双重称号）：

_____

4. 工作任务

工作地点或地段 （注明分、支线路名称、线路的起止杆号）	工作内容

5. 计划工作时间： 自___年___月___日___时___分

至___年___月___日___时___分

6. 安全措施（必要时可附页绘图说明）

6.1 应改为检修状态的线路间隔名称和应拉开的断路器（开关）、隔离开关（刀闸）、熔断器（包括分支线、用户线路和配合停电线路）：_____

_____

6.2 保留或邻近的带电线路、设备：

_____

_____

6.3 其他安全措施和注意事项：_____

_____

6.4 应挂的接地线：

线路名称及杆号					
接 地 线 编 号					

工作票签发人签名_____   ___年___月___日___时___分

工作负责人签名_____   ___年___月___日___时___分收到工作票

7. 确认本工作票1～6项，许可工作开始：

许可方式	许可人	工作负责人签名	许可工作的时间
			年　月　日　时　分
			年　月　日　时　分

8. 确认工作负责人布置的工作任务和安全措施。

　　　工作班组人员签名：

_____

_____

9. 工作负责人变动情况：原工作负责人_____离去，变更_____为工作负责人

　　　工作票签发人签名_____　　　___年___月___日___时___分

10. 工作人员变动情况（变动人员姓名、日期及时间）：

_____

_____

_____

　　　　　　　　　　　　　　　　　　　　　工作负责人签名_____

11. 工作票延期：有效期延长到___年___月___日___时___分。

　　　工作负责人签名_____　　　___年___月___日___时___分

　　　工作许可人签名_____　　　___年___月___日___时___分

12. 工作票终结：

12.1　现场所挂的接地线编号_____共_____组，已全部拆除、带回。

12.2　工作终结报告：

终结报告的方式	许可人	工作负责人签名	终结报告时间
			年　　月　　日　　时　分
			年　　月　　日　　时　分

13. 备注：

(1) 指定专责监护人_____负责监护_____

_____（人员、地点及具体工作）

(2) 其他事项：_____

_____

经电流互感器接入低压三相四线电能
计量装置接线检查

一、操作

（一）工具、材料和设备

（1）工具：电筒、电工个人工具、登高工具。

（2）材料：一次性封签、尼龙绑扎带、错误接线检查及分析记录单、用电检查
结果通知书。

（3）设备：用户运行中低压电能计量装置或电能表接线智能仿真装置、手持式
双钳数字相位伏安表。

（二）操作的安全要求

（1）正确填写并履行第二种工作票，工作服、安全帽、手套、护目镜整洁完
好，符合安规要求，工器具绝缘良好，整齐、完备。

（2）检查计量柜（箱）接地良好，对外壳验电，确认无电。

（3）带线手套，使用绝缘工具，防止触电及短路事故发生。

（4）正确选择相位伏安表挡位、量程，严禁带电切换。

（5）加强监护，严防接地、相间短路和电流互感器二次回路开路事故。

（6）登高 2m 以上应系好安全带，保持与带电设备的安全距离。

（7）查看周边环境，制订现场安全防护措施，严禁扩大工作范围。

（三）步骤及相位伏安表使用注意事项

1. 操作步骤

（1）口述派工单已发及相关内容。

（2）按给定的条件选取工器具，检查外观、绝缘良好。

（3）履行开工手续，口头交代危险点和防范措施。

（4）抄录待测计量装置信息（电能表型号、规格、准确度等级、电流及电压量
程、出厂编号、制造厂家、TA 变比等）。

（5）在计量柜柜门锁头处验电，确认无电后开启封签，使用相位伏安表在电能
表接线盒处进行测试。

（6）检查相位伏安表及电压测试线、电流钳表测试线，按照颜色和极性标志将两者正确连接，电压测试线、电流钳表测试线应分别接入相位伏安表第 1、2 路插孔，其中第 1 路测量值在相位上超前于第 2 路测量值；测量前正确设置表计量程，若不能确定测量值大小，应选择最大量程，严禁发生带电切换表计量程的行为；待表计显示测量值稳定后再读取并记录。

（7）如图 JC411 - 1 所示，将一只电压测试线接在电能表接线盒电压零线端子上，另一只分别接在电能表试验接线盒电压 U_1、U_2、U_3 端子上，测量电能表接线盒处 U_{10}、U_{20}、U_{30} 电压值，此时测得的是相电压；同样方法测出线电压 U_{12}、U_{23}、U_{31}；电压测量值取整数位，如实记录在工作单上。

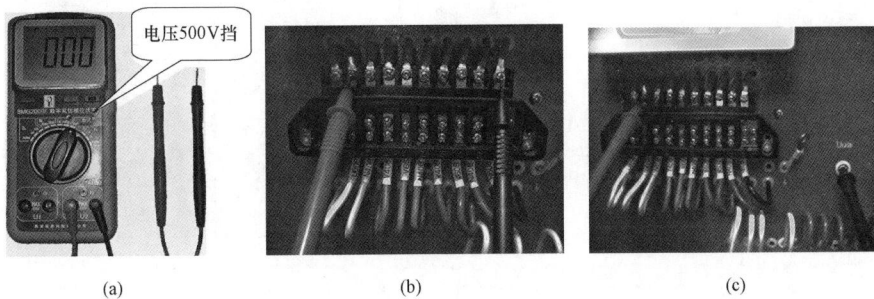

图 JC411 - 1　电能表接线盒处测相、线电压接线示意图
(a) 测量电压挡位；(b) 测量相电压；(c) 测量线电压并与 Uu 电压校对

（8）观察、确认模拟装置参考电压（电源电压）相别，一般设置为 Uu 相，如图 JC411 - 1（c）所示。

（9）如图 JC411 - 1（c）所示，用表笔式电压测试线，一支接入已知模拟装置参考电压（电源电压）端子上，另一支分别接在电能表接线盒处电压 U_1、U_2、U_3 端子上，测量已知模拟装置参考电压（电源电压）与电能表接线盒处电压 U_1、U_2、U_3 端子之间电压值；观察、比较三次测得的电压值，其中有两次为 380W，另一次为 0V，分别说明对应表计端电压有两相与模拟装置参考电压（电源电压）不是同一相别，有一相与模拟装置参考电压（电源电压）是同一相别；确定模拟装置参考电压（电源电压）与表计端某一相电压相别一致并记录。

（10）如图 JC411 - 2（b）所示，将电流钳表分别卡在电能表接线盒处电流端子所接导线 I_1、I_2、I_3 上，测量 I_1、I_2、I_3 电流值。电流测量值保留小数点后两位，如实记录在工作单上。

（11）如图 JC411 - 2（b）所示，将相位伏安表选择"Φ"挡，伏安表第 1、2 路电压插孔中分别插入表笔式和鳄鱼夹式电压测试线，一路接在电能表表尾（或试验接线盒）U_{12}电压端子上，另一路则接在电能表表尾（或试验接线盒）U_{23}电压端子上，测量表计 U_{12} 和 U_{23} 之间的相位角，若测出的角度 $\varPhi=120°$，则接入电能表的三相电压为正相序（正相序有 3 种排列方式：U-V-W，V-W-U，W-U-V）；若测出的角度 $\varPhi=240°$，则接入电能表的三相电压为逆相序（逆相序有 3 种排列方式：U-W-V，W-V-U，V-U-W）。如实记录在工作单上。注意相位伏安表红色电压测试线与黑色电压测试线位置（极性方向），即测 U_{12} 时，红色测试线接在 U_1 上，黑色测试线接在 U_2 上；同理测 U_{23} 时，红色测试线接在 U_2 上，黑色测试线接在 U_3 上。

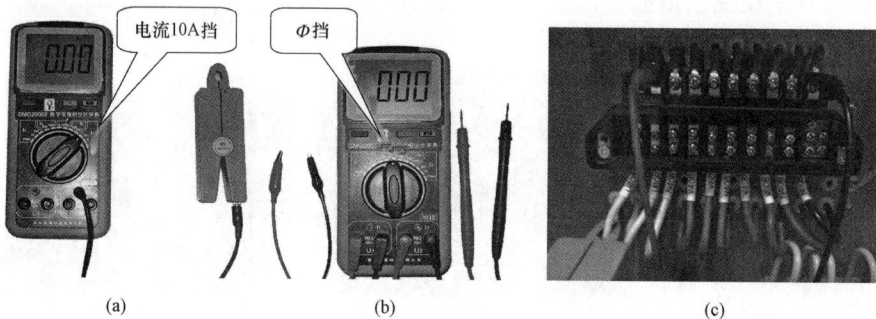

图 JC411-2　电能表接线盒处测电流、相序、相位角接线示意图
(a) 测量电流挡位；(b) 测量相位挡位；(c) 测量相电压 U_{10} 和相电流 I_1 间相位角

（12）根据步骤（10）和步骤（11），确定电源电压 Uu、Uv、Uw 与电能表接线盒处电压 U_1、U_2、U_3 端子对应关系，并如实记录。

（13）如图 JC411-2 (b)、图 JC411-2 (c) 所示，将相位伏安表选择"$\varPhi$"挡，伏安表第 1、2 路插孔中分别插入电压测试线和电流钳表测试线，分别测量确定电能表接线盒处 U_{10} 和 I_1、U_{20} 和 I_2、U_{30} 和 I_3 之间的相位角度并如实记录，要求数值取整数位；此时需注意电压红、黑测试线和电流钳表极性不可接错。

（14）测试完毕拆除测试线，先从电能表表尾（或试验接线盒上）拆下电压测试线、电流钳表，再将测试线等从相位伏安表上拆下，整理好装入箱中；注意严禁先将测试线等从伏安表上拆除后再从电能表表尾（或试验接线盒上）拆除。

（15）根据以上步骤测得的数据正确绘制相量图，分析并记录电能表错误接线形式；写出电能表第 1、2、3 元件分别对应接入电源哪一相电压和哪一相电流。

（16）根据相量图分析确定的错接线形式，写出表计错误接线时的功率表达式并化为最简式。

（17）根据规定公式（$K=Po/Px$）正确计算更正系数（化为最简式）。式中 K 为更正系数，Po 为表计正确接线时的有功功率表达式，Px 为表计错误接线时的有功功率表达式。

（18）向客户出具现场检查情况，按规定对计量装置加封，填写测试分析记录单，双方进行签字确认。

（19）整理工器具，清理工作现场。办理工作终结手续，工作人员撤离工作现场。

2. 相位伏安表使用注意事项

（1）在使用相位伏安表前，应先将转换开关切换到电池电压检测挡。若电池电压低于 7.5V，显示器右端出现电池符号，则此时仪表的读数误差较大，建议应更换电池后再继续使用。

（2）测量线路的不同参数时，应首先选择不同的量程和挡位，接线完成后，再按下相位表的电源开关。

（3）测量交流电压时，应选择交流电压挡，把黑色和红色的两个表笔分别插在"U_1"或"U_2"相应颜色的插孔内，表笔没有极性要求，然后根据被测线路的额定电压值，选择不同的量程。

（4）测量交流电流时，应选择交流电流挡，把钳形电流表插在"I_1"（或"I_2"）的插孔内，将转换开关切换到相应的量程和挡位上，使被测导线位于钳口中部，并且使钳口紧密闭合，应避免外界磁场的影响。测量前应对被测电流进行粗略的估计，选择适当的量程。如果被测电流无法估计，则应先将量程放在最大挡位，然后根据被测电流指示值，由小到大，转换到合适的挡位。转换挡位时，应在不带电的情况下进行，以免损坏仪表。

（5）如图 JC411 - 3 所示，测量交流量间的相位时，应先检查相位指示值是否为 360°；否则应通过调整器对 360°相位进行调整；然后将两表笔或钳表分别取需要测量的交流量，此时表笔有极性要求，将量程选择在"Φ"挡。根据显示窗口的读数，读取相应的数值。

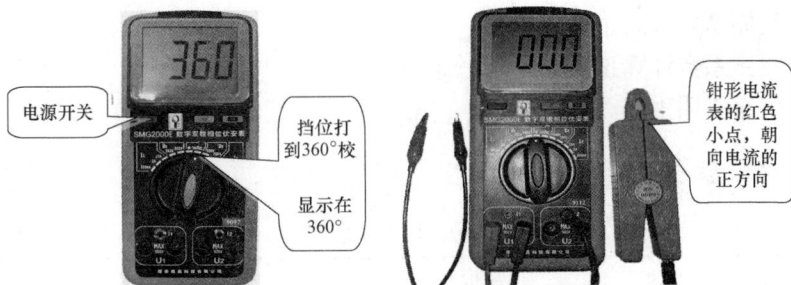

图 JC411 - 3　测量交流间的相位示意图

（6）在测量三相电压的相序时，应将两个测量电压用的表笔"U_1"和"U_2"

分别区分颜色取被测线路的第一和第二电压。此时表笔有极性要求,将量程选择在"Φ"挡。

(7) 在测量交流电流或交流电压时,严禁出现电流互感器二次回路开路和电压互感器二次回路短路情况。

(8) 在使用相位表期间,不能直接用手触碰表笔的裸露部分或带电部分。测量时应站在绝缘垫上,并且注意保持和带电体间的距离,以免发生触电危险。

(9) 在使用相位表测量交流电流或相位时,为保证测量准确,钳口在闭合时应紧密。合钳后若有杂音,可打开钳口重合一次。若杂音不能消除,则应检查并清除钳口处的尘污和锈蚀。钳臂弹簧损坏时应及时更换,以保证闭合良好。

(10) 相位表每一路只能接入一个信号,如果接入电压信号,应将电流插头拔去。相位表卡钳具有专用性,每台相位表的卡钳号只与本台相位表配用,不可与另一台相位表调用。

二、考核

(一) 考核场地

(1) 场地面积应能同时容纳多个工位(操作台),并保证工位之间的距离合适,操作面积不小于 $1500 \times 1500 \text{mm}^2$。

(2) 每个工位备有桌椅、计算器。

(二) 考核时间

参考时间为 30min,选用工器具限时 5min。

(三) 考核要点

(1) 工器具使用正确。

(2) 测试步骤正确。

(3) 相量图绘制、分析正确。

(4) 绘制实际接线正确。

(5) 更正系数计算正确。

(6) 安全文明生产。

三、评分参考标准

行业:电力工程   工种:用电监察员   等级:四

编号	JC411	行为领域	e	鉴定范围	
考核时间	30 min	题型	B	含权题分	25
试题名称	经电流互感器接入低压三相四线电能计量装置接线检查				

考核要点及其要求	（1）给定条件：在模拟柜上进行低压三相电能计量装置接线检查；负荷性质感性，功率因数角 $0°\sim30°$，测量前已经办理了第二种工作票，现场已布置好安全措施。 （2）正确、规范使用工具、仪器、仪表，带电检查三相四线有功电能表接线状况，并做相应记录。 （3）在电能表不同计量元件上分别设置电流、电压错误至少两个以上，如相序不对应、逆序、电流反接等错误接线。 （4）绘制实际接线相量图并推断错误接线类型，绘制实际接线图。 （5）写出实际功率表达式并化简正确。 （6）正确填写经电流互感器接入三相四线电能计量装置接线检查及分析记录单
现场设备、工具、材料	（1）实验装置使用电能表接线智能仿真装置。 （2）提供相位伏安表、一次性封签、扎带。 （3）考生自备工作服、安全帽、绝缘鞋、常用电工工具、文具
备注	每个"分值"扣完为止

评分标准

序号	作业名称	质量要求	分值	扣分标准	扣分原因	得分
1	开工准备	（1）正确佩戴安全帽、穿工作服、穿绝缘鞋、戴手套。 （2）所需仪表及配件准备齐全并检查完好。 （3）履行开工手续，对设备外壳进行验电	5	（1）未按要求着装缺一项扣1.5分。 （2）未准备、检查缺一项扣1分。 （3）现场未验电或验电方式不正确扣2分。 （4）未在开工前交代措施扣1分		
2	测量及记录	（1）填写基本信息。 （2）各电压值测量正确，保留整数位。 （3）各电流值测量正确，保留小数点后两位。 （4）测定相关相位角正确，保留整数位	15	（1）基本信息错误，每处扣1分。 （2）少测或测错一项扣2分。 （3）未填写电压相序，扣2分。 （4）数据未按保留位数记录，每处扣1分		
3	仪表使用	仪表使用应正确、规范	5	（1）仪表使用错误每次扣2分（如挡位使用错误、带电切换挡位等）。 （2）出现仪表掉落，一次扣1分。 （3）配件每掉落一次，扣1分		

		评分标准				
序号	作业名称	质量要求	分值	扣分标准	扣分原因	得分
4	绘错误接线相量图	（1）正确画出第一、二、三元件所用的电压、电流相量，且符号齐全。 （2）相量图清楚、整洁	20	（1）有一个相量画错扣20分。 （2）画的不准（如相位超过10°），扣3分。 （3）符号不全或不符合规程要求（下标用小写u、v、w）每处扣1分		
5	误接线判断	分别写出第一、二、三元件所取电压和电流，电压、电流相量规范注明	15	（1）误接线判断每错一套元件扣5分。 （2）电压、电流书写不规范每处扣1分		
6	绘实际接线图	画出经TA接入的低压三相四线有功电能表实际接线图	15	（1）接线方式与结论不符扣15分。 （2）符号不全、不规范每处扣1分		
7	计算更正系数	根据测得数据正确写出错误接线功率表达式，写出更正系数表达式，并化为最简式	15	（1）三元件功率表达式错每个扣2分；功率之和结果错扣3分。 （2）更正系数表达式错扣5分，未化为正确的最简式扣3分，化简步骤少于2步扣2分		
8	清理现场	清理现场，恢复原状，将记录上交裁判，退出比赛场地	5	（1）缺1个封签扣1分。 （2）现场清理不彻底扣2分，未清理扣3分		
9	卷面整洁	答卷填写应使用蓝黑色钢笔或签字笔，字迹清晰、卷面整洁，严禁随意涂改	5	（1）字迹潦草，难以分辨，不得分。 （2）涂改超过两处扣3分		
考试开始时间				考试结束时间		合计
考生栏	编号：		姓名：	所在岗位：	单位：	日期：
考评员栏	成绩：		考评员：		考评组长：	

JC301　高压用户三相三线计量装置检查及窃电查处

一、操作

（一）工具、材料和设备

（1）工具：梅花起子 1 把、斜口钳 1 把、试电笔 1 支、电筒 1 支、安全帽、绝缘手套。

（2）材料：封签、第二种工作票、用电检查工作单、白纸、"违约用电、窃电处理工作单"。

（3）设备：数字钳形电流表 1 块、伏安相位表 1 块、计量故障检测仪 1 台、装有单相／三相电能表的抄核收模拟培训装置。

（二）安全要求

（1）办理第二种工作票。

（2）着装符合安全规定。

（3）正确使用电工工具，不发生人身伤害和设备损坏事故。

（4）登高 2m 以上应系好安全带，保持与带电体的安全距离。

（三）操作步骤及注意事项

（1）检查选取工具和仪表。

（2）口述办理第二种工作票和用电检查工作单并交代危险点和防范措施，出示"用电检查证"。

（3）用试电笔检查计量箱外壳是否带电。

（4）检查计量箱封锁是否完好，固定是否牢靠。

（5）打开表箱，核对并记录计量装置信息（电能表型号、规格、准确度等级、出厂编号、制造厂家、电压／电流互感器编号、型号等）。

（6）检查电能表安装是否倾斜。

（7）检查电能表封印是否正常、完好，伪造或非法开启封印用电属窃电行为（打开表封后，可以改变表的内部接线或安装遥控窃电装置）。检查电能表是否有烧动的痕迹，闻是否有焦糊味。检查抄录电表失压、失流记录。检查表计时钟、时段设置是否正确。

（8）开启表尾盖封。

（9）检查电能表接线是否分色、接线是否正确、螺钉是否压紧。检查电流回路是否被短接，用钳形表测量电流回路进线电流和出线电流相等且不为零，如果都为零，可能被短接或开路。检查电能表电压线之间的电压是否在 100V 左右，防止串入电阻降压窃电和断开二次电压线窃电。用伏安相位仪检测两个元件的电压和电流值是否正常及其相位关系，必须符合两元件正常计量时的向量关系。检查是否利用电感器或电容器移相窃电，在两元件电能表中，如果在 U 相中接入电感负荷或在 W 相中接入电容负荷，可能会使电表倒转，在 V 相与大地（或其他零线）之间接入电阻负荷，V 相用电不计量。

（10）电流互感器检查。电流互感器外观是否炸裂、有无烧焦痕迹、是否被安装短路环。互感器柜室是否加封，互感器铭牌（有必要办票停电检查）是否与系统相符、是否是计量专用电流互感器。检查二次回路是否开路或短接，极性是否正确。

（11）电压互感器检查。电压互感器柜室是否加封，电压互感器接法和极性是否正确，二次侧是否串入了电阻或二次回路是否断线。

（12）检查接线盒接线正确，电压和电流连接片接好、接牢，螺钉压紧，连接线线径符合要求，没有断线，没有被短接。

（13）使用计量装置故障检测仪测量误差值，是否在合格范围内。

（14）加盖、加封，清理工具和仪表。

（15）检查过程中发现窃电嫌疑的，应向电力管理部门报告，协助电力管理部门当场取证，按照规定下达"违约用电、窃电处理通知书"，并请客户签字确认。计算窃电量及追补电费金额，下达"违约用电、窃电处理工作单"，请客户签字确认。窃电负荷和窃电时间确定时，以确定的窃电负荷和窃电时间计算窃电量。不能确定时，动力用户窃电数量按计费电能表标定电流值所指的容量乘以实际窃用的时间再乘以综合倍率计算确定，窃电时间无法查明时，窃电时间至少以180 天计算，每日窃电时间按 12h 计算。窃电金额按对应的分类电价现行销售电价（平段电价）乘以窃电量计算。供电企业对查获的窃电者，应予制止，经电力管理部门批准可当场中止供电，按窃电者所窃电量追补电费，窃电者按相关法律规定承担违约费用和行政处罚。用户拒绝接受处理的，报请电力管理部门，由电力管理部门责令停止违法行为，依法追缴电费。窃电数额较大或情节严重的，供电企业应提请司法机关依法追究刑事责任。

二、考核

(一) 考核场地

(1) 至少2个工位，工位要编号。

(2) 场地面积不小于20m²。

(二) 考核时间

考核时间为30min。

(三) 考核要点

(1) 安全规定。

(2) 数字钳形电流表和伏安相位仪的使用。

(3) 三相三线计量装置的检查与窃电行为的发现。

(4) 动力用户窃电行为的查处。

三、评分参考标准

行业：电力工程　　　　　　工种：用电监察员　　　　　　等级：三

编号	JC 301	行为领域	e	鉴定范围	
考核时间	45min	题型	A	含权题分	30
试题名称	高压用户三相三线计量装置检查及窃电查处				
考核要点及其要求	(1) 给定条件：装有单相/三相电能表的抄核收模拟培训装置，检查给定三相三线电能表是否有窃电行为。 (2) 安全规定。 (3) 数字钳形电流表和伏安相位仪的使用。 (4) 三相三线计量装置的检查与窃电行为的发现。 (5) 填写"违约用电、窃电处理工作单"				
现场设备、工具、材料	(1) 工器具、设备及材料：梅花起子、斜口钳、试电笔、电筒、安全帽、绝缘手套、封签、白纸、"违约用电、窃电处理工作单"、数字钳形电流表、伏安相位仪、计量故障检测仪、装有单相/三相电能表的抄核收模拟培训装置、桌椅。 (2) 考生自备：笔、尺、计算器、工作服、绝缘鞋				
备注					
评分标准					

序号	作业名称	质量要求	分值	扣分标准	扣分原因	得分
1	着装	测量过程中戴安全帽，穿工作服、绝缘鞋、戴绝缘手套	5	每少一项扣2分，扣完为止		

		评分标准				
序号	作业名称	质量要求	分值	扣分标准	扣分原因	得分
2	工器具、材料准备	梅花起子、斜口钳、试电笔、电筒、"违约用电、窃电处理工作单"、数字钳形电流表、伏安相位表、计量故障检测仪必须满足安全要求	5	(1) 每少一件扣1分。 (2) 工具不满足安全要求每件扣2分，扣完为止		
3	履行开工手续	口述办理第二种工作票和用电检查工作单，出示"用电检查证"	5	(1) 未口述办理第二种工作票和用电检查工作单5分。 (2) 未出示"用电检查证"扣3分，扣完为止		
4	三相三线电能表及其接线的检查	开箱前要验电、抄录电能表信息；检查计量箱的封锁，电能表的封印、外观、失压、失流记录，接线、螺栓；用伏安相位仪测量电压、电流值及其相位关系	15	(1) 开箱未验电扣3分。 (2) 未检查封印、封锁扣5分。 (3) 未检查外观扣5分。 (4) 未检查接线扣10分。 (5) 未检查失压、失流记录扣5分。 (6) 未用伏安相位仪测量电压、电流值及其相位关系扣10分，扣完为止		
5	口述电流互感器检查内容	封印检查、外观检查、铭牌核对、极性检查、二次回路是否开路或被短接	10	每项未检查（测量）扣5分		
6	口述电压互感器检查内容	封印检查、外观检查、极性检查、二次回路是否开路或被短接	10	每项未检查（测量）扣5分		
7	接线盒检查	封印检查，接线检查，电压、电流连接片检查，螺钉检查	10	每项未检查扣5分		
8	口述填写"违约用电、窃电通知书"并填制"违约用电、窃电处理工作单"	发现窃电嫌疑时，向电力管理部门报案，请求依法查处；配合电力管理部门依法取证。正确完整填写各项内容，窃电时间的确定、窃电数量的计算、窃电金额的计算、违约使用电费的计算	30	(1) 未向电力管理部门报案扣10分。 (2) 配合电力管理部门取证程序错误扣5分。 (3) 内容不完整或有涂改扣2~5分。 (4) 窃电电量计算错误扣5分。 (5) 窃电金额计算错误扣5分。 (6) 违约使用电费计算错误扣5分，扣完为止		

评分标准						
序号	作业名称	质量要求	分值	扣分标准	扣分原因	得分
9	安全文明生产	注意保持与带电体的安全距离，不损坏工器具，不发生安全生产事故	5	（1）损坏工器具扣5分。 （2）开箱前未用验电笔验电扣3分。 （3）工器具每掉落一次扣2分		
10	清理现场	清理干净	5	（1）未加表盖并加封扣3分。 （2）未清理工器具扣2分		
考试开始时间				考试结束时间		合计
考生栏		编号：　　姓名：		所在岗位：　　单位：		日期：
考评员栏		成绩：　　考评员：		考评组长：		

一、操作

（一）工具、材料和设备

（1）工具：10kV 绝缘手套一副。

（2）材料：10kV 单相高压电流互感器 1 台、高压一次导线约 2m、电流互感器二次端子专用短路线 1 根。

（3）设备：WDX-5K 型高压电流互感器变比测试仪、计时秒表 1 块、升流器 1 台。安全遮栏 2 套；标示牌"从此进出"1 块；警示牌"止步，高压危险"4 块。

（二）安全要求

（1）现场设置安全遮栏、绝缘垫和警示牌。

（2）全程使用劳动防护用品。

（3）操作过程中，熟悉仪表的性能与使用，确保人身与设备安全。

（4）室外或室内施工，如室内施工应具备良好的照明、通风条件。

（三）操作步骤及作业要求

1. 准备工作

（1）着装整齐。

（2）选择工具，做外观检查。

（3）选择材料，做外观检查。

（4）检查仪器、仪表是否正常。

（5）填写第二种工作票。

2. 工作过程

（1）设置现场安全设施：装设安全遮栏，在施工人员出、入口向外悬挂"从此进出"标示牌，在遮栏四周向外悬挂"止步，高压危险"警示牌。绝缘垫放在作业位置。

（2）高压电流互感器变比测试仪由手持终端、高压钳型电流互感器、低压钳型电流互感器三部分组成，适用于在线 10kV 及以下高压计量装置电流互感器的变比测量。

（3）工作原理。安装在高压绝缘杆顶部的高压钳型电流互感器所采集的一次电流信号，采用无线传输方式发送到手持式终端。

手持式终端则采用低压钳型电流互感器直接采集高压电流互感器的二次电流，并根据一次、二次电流信号，计算出高压电流互感器一次、二次电流值、变比及变比误差。

（4）测试仪主要技术指标。

1）高压钳表无障碍传输距离为 150m。

2）电流量程：

一次高压钳表：200、500、600A。

二次低压钳表：5A。

3）变比测量范围：1～300。

4）测量精度：高压电流 1%，低压电流 0.5%，变比 1%。

（5）测试前准备工作。

1）检查变比测试仪是否有电，若电量不足请充电后再进行测量。

2）进行高压变比测量务必带好绝缘手套。

3）手持终端与低压钳表的连接：将低压钳表插头插入"钳表"插座并顺时针旋转锁紧。

4）高压钳表连接：将高压钳表旋紧在绝缘杆的顶部。

5）无线通信测试：进入无线测试界面，确定高压钳表处于开机状态，按【F1】键，进行主、分机之间的无线通信测试，若屏幕显示"高压钳表准备好上传数据，通信正常"，则表明无线通信正常；若显示"通信失败"，则表明无线通信不正常，需检查仪器状况。

（6）与被测装置的连接：现场测试接线如图 JC302-1 所示。

1）将高压钳表电源开关按下，液晶显示当前电流值，把绝缘杆拉伸到适当长度，靠近被测导线，确定电流方向，调整高压钳表方向，

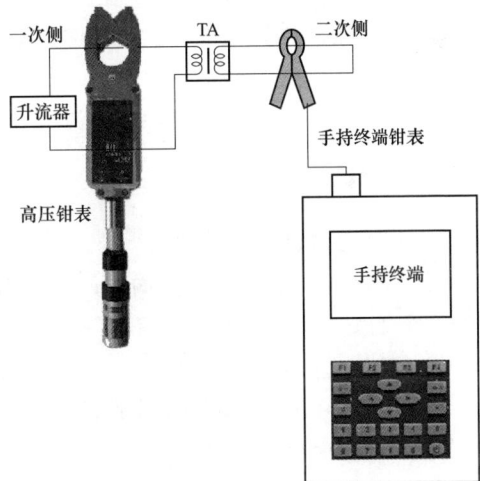

图 JC302-1　测试接线图

使电流从标有"极性端"的一端穿过钳表。然后将高压钳表钳口顶端对准电流互感器的一次线并向上用力推动，使高压线卡入钳表中孔，以轻轻向下拉不动为准。

2）用低压钳表卡住电流互感器的二次线，并注意极性，使电流从标有"极性端"的方向通过钳表。

（7）参数设置。开机进入变比测量界面，此时可根据实际情况设置编号、户名，标定变比值、额定电压、精度等级、校验人，存储序号；按【▲、▼】键可在各行之间循环，按【◄、►】键可以选择输入的某一位数值进行重新输入；存储序号用于确定数据存储的位置，每一次数据存储前要更换存储序号，以免覆盖原有记录；存储序号输入范围为0～999。

（8）测试。参数输入完成后，按【F1】键开始测量，高压钳表通过无线方式将一次电流传输给手持式终端；低压钳表测量二次电流；测试仪根据一次、二次电流及输入的标定变比值计算出实测变比、变比误差、一/二次电流间相角并显示，同时显示测得的电流值。

再次按【F1】键可切换到参数输入状态。

（9）注意事项。

1）终端侧须遵循先接线、后开机，先关机、后拆线的接线程序；严禁开机后插、拔钳表插头。

2）钳形互感器在夹电流导线时钳口张开要适度，钳口啮合时要自然松开按柄，遇到障碍时要重新夹好，应听到钳口清脆接触声"咔"为好，严禁卡线后钳口有间隙，否则会带来很大的测量误差。

3）钳形互感器要轻拿轻放，长途运输或剧烈振动后要检查钳口接触有无缝隙，如有，则调整好后再使用。

4）必须保持钳表铁芯接触面的清洁，否则会给测量带来误差。

二、考核

（一）考核场地

（1）考场设在室外或室内均可，如室内施工应具备良好的照明、通风条件。不少于2个工位，每个工位面积不小于$10m^2$。

（2）工位之间设置隔离围栏。全程带电作业。

（3）设置2套评判桌椅和计时秒表、计算器。

（二）考核时间

参考时间为30min。在规定时间内完成，从报开工起到报完工止。

(三) 考核要点

(1) 考生就位,经许可后开始工作,规范穿戴工作服、工作鞋、安全帽、手套等。

(2) 考生独立完成现场安全技术措施的设置。

(3) 正确、规范使用高压电流互感器变比测试仪。

(4) 工器具及仪表满足工作需要,进行检查。正确、规范地使用安全工器具。

(5) 安全文明生产,按规定时间完成,按所完成的内容计分,要求操作过程熟练连贯,施工有序,工具、材料放置整齐,设备排布合理,现场清理洁净。

(6) 发生安全或设备损坏事故本项考核不及格。

三、评分参考标准

行业:电力工程　　　　　　工种:用电监察员　　　　　　等级:三

编号	JC302	行为领域	e	鉴定范围	
考核时间	30min	题型	A	含权题分	25
试题名称	高压电流互感器变比检查				
考核要点及其要求	(1) 给定条件:考场设在室外或室内均可,如室内施工应具备好的照明、通风条件。不少于 2 个工位,每个工位面积不小于 10m²。10kV 单相高压电流互感器架空安装,用升流器对 10kV 单相高压电流互感器一次侧进行升流,并在高压电流互感器一次侧连接一段高压导线约 2m,以供测试仪高压钳表的挂接。高压电流互感器二次侧端子,用专用短路线予以短接,考核时考生在此处钳取互感器二次电流。 (2) 工作环境:现场操作场地及设备材料已完备。工位之间设置隔离围栏。全程带电作业。 (3) 考生独立完成现场安全技术措施的设置。 (4) 正确、规范使用高压电流互感器变比测试仪。 (5) 正确、规范地使用安全工器具				
现场设备、工具、材料	(1) 设备:WDX-5K 型高压电流互感器变比测试仪 1 套、升流器 1 台、计时秒表 1 块。 (2) 工器具:10kV 绝缘手套 1 双、安全遮栏 2 套、标示牌"从此进出" 1 块、警示牌"止步,高压危险" 4 块。 (3) 材料:10kV 单相高压电流互感器 1 台、高压一次导线 1 段、电流互感器二次端子专用短路线 1 根				
备注	考生自带工作服、安全帽、线手套、电工常用个人工具;工作票由考生在考前独立填写,不计入考核时间。每个"分值"扣完为止				

		评分标准				
序号	作业名称	质量要求	分值	扣分标准	扣分原因	得分
1	着装	正确佩戴安全帽、穿工作服、穿绝缘鞋、戴手套	5	未按要求着装缺一项扣1.5分		
2	现场安全布置	在变压器四周设置遮栏，在遮栏四周向外设置"止步，高压危险"警示牌，出、入口悬挂"从此进出"标示牌	5	(1)未设遮栏不得分。 (2)未挂标示牌扣2分。 (3)警示牌漏挂一块扣1分		
3	测试前准备工作	(1)检查变比测试仪是否有电，若电量不足请充电后再进行测量。 (2)进行高压变比测量务必带好绝缘手套。 (3)手持终端与低压钳表的连接：将低压钳表插头插入"钳表"插座并顺时针旋转锁紧。 (4)高压钳表连接：将高压钳表旋紧在绝缘杆的顶部。 (5)无线通信测试：进入无线测试界面，确定高压钳表处于开机状态，按【F1】键，进行主、分机之间的无线通信测试，若屏幕显示"高压钳表准备好上传数据，通信正常"，表明无线通信正常，若显示"通信失败"，表明无线通信不正常，需检查仪器状况	20	(1)未检查仪器电量扣5分。 (2)进行高压变比测量时不使用绝缘手套扣5分。 (3)连接线或高压钳表固定不牢一次扣5分。 (4)未进行无线通信测试扣5分		
4	与被测装置的连接	(1)将高压钳表电源开关按下，液晶显示当前电流值，把绝缘杆拉伸到适当长度，靠近被测导线，确定电流方向，调整高压钳表方向，使电流从标有"极性端"的一端穿过钳表。然后将高压钳表钳口顶端对准电流互感器的一次线并向上用力推动，使高压线卡入钳表中孔，以轻轻向下拉不动为准。 (2)用低压钳表卡住电流互感器的二次线，并注意极性，使电流从标有"极性端"的方向通过钳表	20	(1)绝缘杆拉伸长度不足扣5分。 (2)未确定电流方向扣5分。 (3)电流钳钳入导线时极性反一次扣5分。 (4)高压线未卡入钳表中孔扣5分。 (5)高压钳表掉落一次扣20分。 (6)电流钳钳口闭合不严一次扣5分		

142

			评分标准				
序号	作业名称	质量要求	分值	扣分标准	扣分原因	得分
5	参数设置	开机进入变比测量界面,此时可根据实际情况设置编号、户名、标定变比值、额定电压、精度等级、校验人及存储序号	10	(1) 功能选择错误扣5分。 (2) 参数设置错误一项扣2分		
6	误差测试	参数输入完成后,按【F1】键开始测量,记录测试结果	10	(1) 未进行测试数据观察,扣5分。 (2) 未记录扣5分		
7	装拆测试线	(1) 终端侧须遵循先接线、后开机,先关机、后拆线的接线程序。 (2) 严禁开机后插、拔钳表插头	20	(1) 操作顺序错误一次扣5分。 (2) 开机后插、拔钳表插头一次扣20分		
8	安全文明生产	(1) 填写第二种工作票。 (2) 不发生安全或设备损坏事故。 (3) 测试完毕后,清理现场	10	(1) 未填写第二种工作票扣5分。 (2) 工作票填写不规范扣2分。 (3) 作业过程中发生安全或设备损坏事故本项考核不及格。 (4) 未清理场地扣5分,清理不充分扣2分		
考试开始时间				考试结束时间		合计	
考生栏	编号: 姓名:		所在岗位:	单位:		日期:	
考评员栏	成绩: 考评员:			考评组长:			

一、操作

（一）工具、材料和设备

（1）工具：碳素笔、手电筒、电工个人工具、计算机、打印机、计算器等自动化办公用品、梯子。

（2）材料：工作证件、抄表册、抄表卡、抄表器、业务工作单、A4 白纸。

（3）设备：装有三相多功能电能表的抄表模拟装置两台，如图 JC303-1 所示。

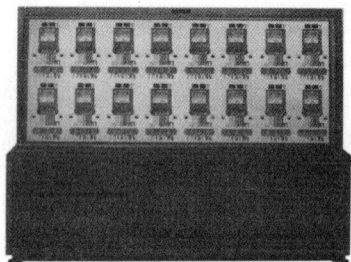

图 JC303-1　三相多功能电能表的
抄表模拟装置

（二）安全要求

（1）正确填用第二种工作票，工作服、安全帽、绝缘鞋完好，符合安规要求。

（2）上门抄表主动出示证件，遵守客户制度并请客户配合。

（3）进入配电室抄表过程中，分清高低压设备，始终与高压带电设备保持 0.7m 及以上安全距离；防止电缆沟盖板损坏、跌落。

（4）使用验电笔测试配电柜本体不带电，严禁头部进入配电柜抄读电表。

（5）登高 2m 以上应系好安全带，保持与带电设备的安全距离，在梯子上作业应有人扶持。

（6）发现客户违规用电应做好记录，及时通知相关负责人处理，不应与客户发生冲突。

（三）操作步骤及要求

1. 操作步骤

（1）出示证件后到模拟抄表装置指定电能表位处抄表。

（2）核对表计表号、互感器倍率，查看表计是否报警、自检信息是否正确、封签是否完好。

（3）核对变压器铭牌容量。

（4）按操作要求准确抄录电能表止码。

（5）按操作要求正确计算电费。

（6）发现电能表故障及客户违规用电应做好记录，现场确认，收集证据，填写业务工作单并要求用户签字，同时通知相关负责人。

（7）清理现场，请客户在检查工作单上签字，确认工作完毕。

2. 操作要求

（1）使用蓝色或黑色墨水笔抄录电能表止码，抄录止码时，上、下位数必须对齐。

（2）抄录电能表止码有效位数，靠前位数为零时以"0"填充，不得空缺，按表计显示抄读电能表小数位。

（3）核对电能表峰、平、谷时段电量之和等于总电量。

（4）抄录电能表最大需量，同客户核对并签字确认。

（5）与上月电量核对，及时核查电量波动原因。

（6）计算峰、平、谷各时段电费。

（7）计算功率因数及功率因数调整电费。

（8）计算代征款。

（9）以 Word 电子文档形式，完成电费计算。

二、考核

（一）考核场地

（1）场地面积应能同时容纳两个工位（操作台），并保证工位之间的距离合适，操作面积不小于 $1500 \times 2500 \text{mm}^2$。

（2）每个工位配有桌椅、计时器。

（3）室内备有通电试验用的三相电源（有接地保护）2 处以上。

（二）考核时间

参考时间为 40min，其中抄表限时 10min，从报开工起到报完工止。

（三）考核要点

（1）履行工作手续完备。

（2）抄表卡填写正确、规范。

（3）准确抄录电能表止码。

（4）判断报警原因，分析推算更正系数。

（5）按步骤列公式，正确计算电费。

（6）将发现的问题记录在业务工作单上。

（7）安全文明生产。

三、评分参考标准

行业：电力工程　　　　　　　　工种：用电监察员　　　　　　　　等级：三

编号	JC303	行为领域	e	鉴定范围	
考核时间	40min	题型	C	含权题分	25
试题名称	普通工业客户电能计量装置的抄读与电费计算				
考核要点及其要求	(1) 给定条件与要求：某10kV高压供电工业客户，变压器容量200kVA，高供高计，装设三相三线多功能电能表一只，电流互感器变比为15/5，运行中发现电流互感器W相二次电流接反已一个月，计量的有功总电量为-48kWh，峰段电量为-12kWh，谷段电量为-16kWh，无功电量为82.8kvarh。试计算该户本月电费。（电度电价为0.8944元/kWh） (2) 正确、规范抄录电能表止码。 (3) 判断说明报警原因，或在以上给定条件下分析推算更正系数。 (4) 列出相应的计算公式，然后代入数据，计算出结果。每步计算结果均保留两位小数。单位用文字或字母正确表示。 (5) 以Word电子文档形式呈现计算过程及结果，打印并正确陈述				
现场设备、工具、材料	(1) 设备：三相多功能电能表的模拟抄表装置。 (2) 材料：抄表册、抄表卡、业务工作单、A4白纸。 (3) 工具：计算机、打印机、计算器等自动化办公用品、梯子。 (4) 考生自备工作服、安全帽、线手套、绝缘鞋、电筒、验电笔				
备注	(1) 抄读与电费计算分开进行。抄读在模拟抄表装置上完成，限时10min；电费计算以给定条件为准，限时30min。 (2) 可提供现行电价表，增加本考核项目的考点。每个"分值"扣完为止				

		评分标准				
序号	作业名称	质量要求	分值	扣分标准	扣分原因	得分
1	开工准备	(1) 正确佩戴安全帽、穿工作服、穿绝缘鞋、戴手套。 (2) 正确填写工作票，履行开工手续	5	(1) 未按要求着装缺一项扣1.5分。 (2) 未填写工作票扣2分。 (3) 未履行开工手续扣2分		
2	工器具检查	(1) 熟练使用自动化办公系统。 (2) 电气安全器具的检查。检查低压测电笔外观质量和电气性能，并在有电的电源插座上验电，确认正常	3	(1) 指导后使用，每次扣1分。 (2) 工器具未进行检查扣1分。 (3) 借用工具、仪表每件扣1分		

评分标准

序号	作业名称	质量要求	分值	扣分标准	扣分原因	得分
3	核对现场信息	核对变压器容量、表计表号、互感器倍率，查看表计是否报警、自检信息是否正确、封签是否完好	5	（1）未检查一项扣1分。（2）发现问题未记录填写工作单扣5分		
4	抄读止码	准确抄录电能表止码	6	峰、平、谷总有功、总无功及需量缺一项扣1分		
5	判断报警	按给定条件绘制相量图	23	（1）相量图绘制错误，不得分。（2）符号标注不完整、线段长短及角度不准确共23项，每一项扣1分		
6	计算更正系数	（1）有功功率表达式为 $P_x = U_{uv}I_u\cos(30° + \varphi) + U_{wv}I_w\cos(150° + \varphi)$ （2）有功功率更正系数表达式为 $G_{xp} = \sqrt{3}UI\cos\varphi/P_x = -\sqrt{3}\,\mathrm{ctan}\varphi$ （3）无功功率表达式为 $Q_x = U_{uv}I_u\sin(30° + \varphi) + U_{wv}I_w\sin(150° + \varphi)$ （4）无功功率更正系数为 $G_{xq} = \sqrt{3}UI\sin\varphi/Q_x = \sqrt{3}\tan\varphi$	16	无推演过程或错误，每项扣4分		
7	计算故障期间功率因数	（1）功率因数正切值为 $\tan\varphi = W_q/W_p = G_{xq}W_{xq}/G_{xp}W_x = 0.5797$ （2）$\varphi = 30°$，功率因数 $\cos\varphi = 0.87$	8	无推演过程或错误，每项扣4分		
8	计算有功更正系数	更正系数为 $G_{xp} = \sqrt{3}UI\cos\varphi/P_x = -\sqrt{3}\,\mathrm{ctan}\varphi = -3$	4	无推演过程或错误，不得分		

		评分标准					
序号	作业名称	质量要求	分值	扣分标准	扣分原因	得分
9	电费计算	(1) 峰段电度电费＝17 387.14（元）。 (2) 平段电度电费＝16 099.20（元）。 (3) 谷段电度电费＝6182.09（元）。 (4) 该户功率因数考核标准为0.90，实际为0.87，调整率为1.5%。 (5) 功率因数调整电费＝595.03（元）。 (6) 本月应交电费＝电度电费＋力调电费＝40 263.46（元）	24	无推演过程或错误，每项扣4分		
10	结果呈现	以Word电子文档形式存入"我的文档"，打印	4	未完成，扣4分		
11	安全生产	(1) 规范填写工作单，清理现场。 (2) 操作符合规程和安全要求，无违章现象	2	(1) 未填写工作单，扣1分。 (2) 操作中发生违规或不安全现象扣1分		
考试开始时间				考试结束时间		合计	
考生栏		编号：　　姓名：　　　　所在岗位：　　　单位：　　　日期：					
考评员栏		成绩：　　考评员：　　　　　　　　　考评组长：					

JC303 附：××供电公司业务工作单

××供电公司业务工作单

申请书号　　　　　　　　　地址
传单编号

发单时间　　　　业务类别
发单单位

户名		地址	
线路名称		联系人	联系电话

总/分/监测		计量柜型号	装置等级	设备评级	计量点位置	用电性质
			规格　级别　型号　出厂编号　厂名	止码	机总　电总	峰　平　谷
电能表	原装 有功/无功	相线　倍率				
	新装 有功/无功	相线　倍率	规格　级别　型号　出厂编号　厂名	止码	代数：绝对：机总　代数：绝对：电总	峰　平　谷
互感器	原装 TV TV TV	变比　级别　型号　出厂编号　厂名	变比	厂名　出厂编号　型号	校对人：核对人：	变比
	原装 TA TA TA					
旧封号　新封号	被检常数　标准常数	电流　电压	相线	温度	力率　级别	误差（100%）二轮跳闸一轮跳闸　结论
负控装置	终端地址	厂名　编号	相线	型号　天线类型　手机号		
工作要点	客服分中心意见		客服分中心负责人签字		客户意见	
	计量中心意见		处理人　处理时间		客户签字	

一、操作

（一）工具、材料和设备

（1）工具：电筒、万用表、电工个人工具、登高工具。

（2）材料：一次性封签、错误接线检查及分析记录单、用电检查结果通知书。

（3）设备：用户运行中高压电能计量装置或电能表接线智能仿真装置、手持式双钳数字相位伏安表。

（二）安全要求

（1）正确填用、履行第二种工作票，工作服、安全帽、手套、护目镜整洁完好，符合安规要求，工器具绝缘良好、整齐完备。

（2）检查计量柜（箱）接地良好，对外壳验电，确认无电。

（3）带线手套，使用绝缘工具，防止触电及短路事故的发生。

（4）正确选择相位伏安表挡位、量程，严禁带电调换。

（5）加强监护，严防电流互感器二次回路开路和电压互感器二次回路短路事故。

（6）登高 2m 以上应系好安全带，保持与带电设备的安全距离。

（7）查看周边环境，制订现场安全防护措施，严禁扩大工作范围。

（三）操作步骤及相位伏安表使用注意事项

1. 操作步骤

（1）履行开工手续，口述危险点和防范措施。

（2）按给定的条件选取工器具，检查外观、绝缘良好。

（3）抄录待测计量装置信息（电能表型号、规格、准确度等级、电流及电压量程、出厂编号、制造厂家，TA、TV 变比等）。

（4）对计量柜体验电，确认无电后开启封签，使用相位伏安表在电能表接线盒处测试。

（5）检查相位伏安表及电压测试线、电流钳表测试线，按照颜色和极性标志将两者正确连接，电压测试线、电流钳表测试线应分别接入相位伏安表第 1、2 路插孔，其中第 1 路测量值在相位上超前于第 2 路测量值；测量前正确设置表计量程，若不能确定测量值大小，应选择最大量程，严禁发生带电切换表计量程的行为；待表计显示测量值稳定后再读取并记录。

（6）如图 JC304-1 所示，将两支电压测试线，一支接入仿真装置已知接地端子上，另一支分别接在电能表接线盒处电压 U_1、U_2、U_3 端子上，测量已知仿真装置接地端子与电能表接线盒处电压 U_1、U_2、U_3 端子之间电压值；观察、比较三次测得的电压值，其中有两次等于 100V，另一次等于 0V；等于 0V 时所接端子电压相别为 V 相，如实记录在工作单上。

（7）如图 JC304-1 所示，将两只电压测试线分别接在电能表试验接线盒电压 U_1、U_2、U_3 端子上，测量电能表接线盒处 U_{12}、U_{23}、U_{31} 电压；电压测量值取整数位，如实记录在工作单上。

（8）如图 JC304-2 所示，将电流钳表分别卡在电能表接线盒处电流端子所接导线 I_1、I_2 上，测量电能表接线盒处 I_1、I_2 电流值。电流测量值保留小数点后两位，如实记录在工作单上。

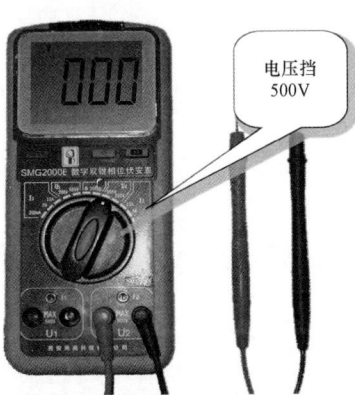

图 JC304-1　电压测试示意图　　　　　图 JC304-2　电流测试示意图

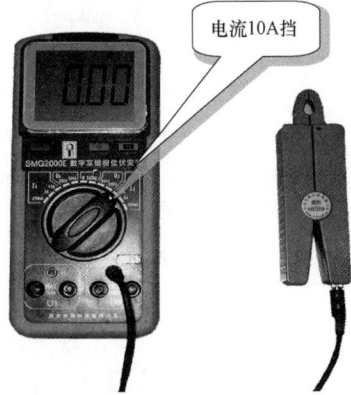

（9）如图 JC304-3 所示，选择"Φ"挡，相位伏安表第 1、2 路电压插孔中分别插入表笔式和鳄鱼夹式电压测试线，一路接在电能表接线盒 U_{12} 电压端子上，另一路则接在电能表接线盒 U_{32} 电压端子上，测量表计 U_{12} 和 U_{32} 之间的相位角，若测出的角度 $\Phi=300°$，则表计电压为正相序（正相序有 3 种排列方式：U-V-W，V-W-U，W-U-V）；若测出的角度 $\Phi=60°$，则表计三相电压为逆相序（逆相序有 3 种排列方式：U-W-V，W-V-U，V-U-W）。如实记录在工作单上。

（10）根据（6）、（7）、（9）项，确定电源电压 Uu、Uv、Uw 与电能接线盒处电

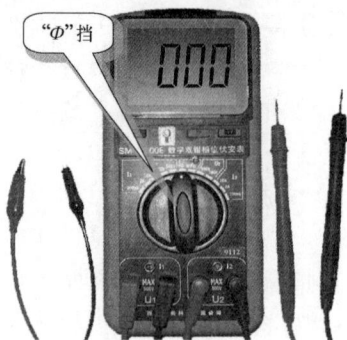

图 JC304 - 3　相序测试示意图

压 U_1、U_2、U_3 端子对应关系，并如实记录。

（11）选择"Φ"挡，相位伏安表第 1、2 路插孔中分别插入电压测试线和电流钳表，分别测量确定电能表接线盒处 U_{12} 和 I_1、U_{32} 和 I_3 之间的相位角度并如实记录，要求数值取整数位。

注意：电压红、黑测试线和电流钳表极性不可接错。

（12）测试完毕拆除测试线，先从电能表接线盒上拆下电压测试线、电流钳表，再将测试线等从相位伏安表上拆下，整理好装入箱中。

注意：严禁先将测试线等从伏安表上拆除后再从电能表接线盒上拆除。

（13）根据以上步骤测得的数据正确绘制相量图，分析并记录电能表错误接线形式；写出电能表第一、二元件分别对应接入电源哪一相电压和哪一相电流。

（14）根据相量图分析确定的错接线形式，写出表计错误接线时的功率表达式并化为最简式。

（15）根据规定公式正确计算更正系数（化为最简式），即

$$K = P_o/P_x$$

式中　K——更正系数；

　　P_o——表计正确接线时的功率表达式；

　　P_x——表计错误接线时的功率表达式。

（16）向客户出具现场检查情况，按规定对计量装置施加封印，填写测试分析记录单，双方签字确认。

（17）整理工器具，清理工作现场。办理工作终结手续，工作人员撤离工作现场。

2. 相位伏安表使用注意事项

（1）在使用相位伏安表前，应先将转换开关切换到电池电压检测挡。若电池电压低于 7.5V，显示器右端出现电池符号[+-]，则此时仪表的读数误差较大，建议应更换电池后再继续使用。

（2）测量线路的不同参数时，应首先选择不同的量程和挡位，接线完成后，再按下相位表的电源开关。

（3）测量交流电压时，应选择交流电压挡，把黑色和红色的两个表笔分别插在 U_1 或 U_2 相应颜色的插孔内，表笔没有极性要求，然后根据被测线路的额定电压值，选择不同的量程。

（4）测量交流电流时，应选择交流电流挡，把钳形表插在 I_1 或 I_2 的插孔内，将转换开关切换到相应的量程和挡位上，使被测导线位于钳口中部，并且使钳口紧密闭合，并应避免外界磁场的影响。测量前应对被测电流进行粗略的估计，选择适当的量程。如果被测电流无法估计，则应先将量程放在最大挡位，然后根据被测电流指示值，由小到大，转换到合适的挡位。转换挡位时，应在不带电的情况下进行，以免损坏仪表。

（5）如图 JC304-4 所示，测量交流量间的相位时，应先检查相位指示值是否为 360°；否则应通过调整器对 360° 相位进行调整。然后将两表笔或钳表分别取需要测量的交流量，此时表笔有极性要求，将量程选择在"Φ"挡。根据显示窗口的读数，读取相应的数值。

（6）如图 JC304-5 所示，在测量三相电压的相序时，应将两个测量电压用的表笔 U_1 和 U_2 分别区分颜色取被测线路的第一和第二电压。此时表笔有极性要求，将量程选择在"Φ"挡。

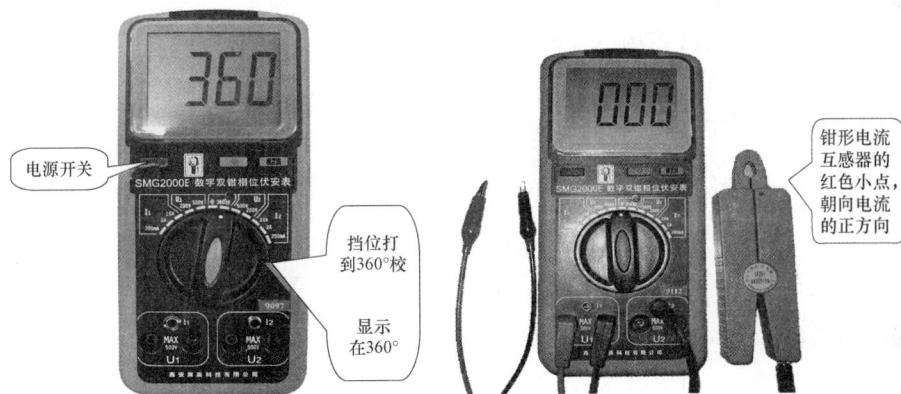

图 JC304-4　相位表校正示意图　　　　图 JC304-5　相位角测试示意图

（7）在测量交流电流或交流电压时，严禁出现电流互感器二次回路开路和电压互感器二次回路短路情况。

（8）在使用相位表期间，不能直接用手触碰表笔的裸露部分或带电部分。测量时应站在绝缘垫上，并且注意保持和带电体间的距离，以免发生触电危险。

（9）在使用相位表测量交流电流或相位时，为保证测量准确，钳口在闭合时应紧密。合钳后若有杂音，可打开钳口重合一次。若杂音不能消除，则应检查并清除钳口处的尘污和锈蚀。钳臂弹簧损坏时应及时更换，以保证闭合良好。

（10）相位表每一路只能接入一个信号，如果接入电压信号，应将电流插头拔去。相位表卡钳具有专用性，每台相位表的卡钳号只与本台相位表配用，不可与另一台相位表调用。

二、考核

(一) 考核场地

(1) 场地面积应能同时容纳多个工位（操作台），并保证工位之间的距离合适，操作面积不小于 $1500 \times 1500 mm^2$。

(2) 每个工位备有桌椅、计时器。

(二) 考核时间

参考时间为 30min，包括填写元器件基本信息、测试接线、绘制相量图、分析判断接线错误、工作完毕现场清理的所用时间，不包括选用工具、元器件时间。

(三) 考核要点

(1) 工器具使用正确。

(2) 测试步骤正确。

(3) 相量图绘制、分析正确。

(4) 绘制实际接线正确。

(5) 更正系数计算正确。

(6) 安全文明生产。

三、评分参考标准

行业：电力工程   工种：用电监察员   等级：三

编号	JC304	行为领域	e	鉴定范围	
考核时间	30min	题型	B	含权题分	25
试题名称	高压三相三线电能计量装置简单错误接线检查				
考核要点及其要求	(1) 给定条件：在模拟柜上进行 10kV 三相电能计量装置接线检查；负荷性质感性，功率因数角为 0°～30°，测量前已经办理了第二种工作票，现场已布置好安全措施。 (2) 正确、规范使用工具、仪器、仪表，带电检查 10kV 三相三线电能计量装置接线状况，并做相应记录。 (3) 在电能表不同计量元件上分别设置电流、电压错误至少两个以上，如相序不对应、逆序、电流反接等错误接线。 (4) 绘制实际接线相量图并推断错误接线类型，绘制实际接线图。 (5) 写出实际功率表达式及更正系数并化简正确。 (6) 正确填写经 TA、TV 接入三相三线电能计量装置接线检查及分析记录单				
现场设备、工具、材料	(1) 实验装置使用电能表接线智能仿真装置。 (2) 提供相位伏安表、铅封、一次性封签。 (3) 考生自备工作服、安全帽、绝缘鞋、常用电工工具、文具				
备注	每个"分值"扣完为止				

続表

<table>
<tr><td colspan="7" align="center">评分标准</td></tr>
<tr><td>序号</td><td>作业名称</td><td>质量要求</td><td>分值</td><td>扣分标准</td><td>扣分原因</td><td>得分</td></tr>
<tr>
<td>1</td><td>开工准备</td>
<td>（1）正确佩戴安全帽，穿工作服，穿绝缘鞋、戴手套、护目镜。
（2）所需仪表及配件准备齐全并检查完好。
（3）履行开工手续，设备外壳验电</td>
<td>5</td>
<td>（1）未按要求着装缺一项扣1.5分。
（2）未准备、检查缺一项扣1分。
（3）现场未验电或验电方式不正确扣2分。
（4）未在开工前交代措施扣1分</td>
<td></td><td></td>
</tr>
<tr>
<td>2</td><td>测量及记录</td>
<td>（1）填写基本信息。
（2）各电压值测量正确，保留整数位。
（3）各电流值测量正确，保留小数点后两位。
（4）测定相关相位角正确，保留整数位</td>
<td>15</td>
<td>（1）基本信息错误，每处扣1分。
（2）少测或测错一项扣2分。
（3）未填写电压相序，扣2分。
（4）数据未按保留位数记录，每处扣1分</td>
<td></td><td></td>
</tr>
<tr>
<td>3</td><td>仪表使用</td>
<td>仪表使用应正确、规范</td>
<td>5</td>
<td>（1）仪表使用错误每次扣2分（如挡位使用错误、带电切换挡位等）。
（2）出现仪表掉落，一次扣1分。
（3）配件每掉落一次，扣1分</td>
<td></td><td></td>
</tr>
<tr>
<td>4</td><td>绘错误接线相量图</td>
<td>（1）正确画出第一二元件所用的电压、电流相量，且符号齐全。
（2）相量图清楚、整洁</td>
<td>20</td>
<td>（1）有一个相量画错扣20分。
（2）画的不准如相位超过10°扣3分。
（3）符号不全或不符合规程要求（下标用小写u、v、w）每处扣1分</td>
<td></td><td></td>
</tr>
<tr>
<td>5</td><td>误接线判断</td>
<td>分别写出第一、二元件所取电压和电流，规范注明电压、电流相量</td>
<td>15</td>
<td>（1）误接线判断每错一套元件扣5分。
（2）电压、电流相量书写不规范每处扣2分</td>
<td></td><td></td>
</tr>
<tr>
<td>6</td><td>绘实际接线图</td>
<td>画出经TA、TV接入的三相三线电能计量装置实际接线图</td>
<td>15</td>
<td>（1）接线方式与结论不符扣15分。
（2）符号不全、不规范每处扣2分</td>
<td></td><td></td>
</tr>
</table>

155

			评分标准			
序号	作业名称	质量要求	分值	扣分标准	扣分原因	得分
7	计算更正系数	根据测得数据正确写出错误接线功率表达式，写出更正系数表达式，并化为最简式	15	（1）二元件功率表达式错一个扣5分。 （2）功率之和结果错扣3分。 （3）更正系数表达式错扣5分。 （4）未化为正确的最简式扣3分。 （5）化简步骤少于2步者扣2分		
8	清理现场	考核结束后，清理现场，恢复原状，将记录交考评员，退出比赛场地	5	（1）缺1个封印扣1分。 （2）现场清理不彻底扣2分，未清理扣3分		
9	卷面整洁	答卷填写应使用蓝黑色钢笔或签字笔，字迹清晰、卷面整洁，严禁随意涂改	5	（1）字迹潦草，难以分辨，不得分。 （2）涂改超过两处扣3分		
考试开始时间				考试结束时间		合计
考生栏	编号： 姓名：		所在岗位：	单位：	日期：	
考评员栏	成绩： 考评员：			考评组长：		

一、操作

（一）工具、材料和设备

（1）工具：相序表、数字钳形表、钳形电流表秒表、电工个人工具、登高工具。

（2）材料：一次性封签、尼龙绑扎带、错误接线检查及分析记录单。

（3）设备：用户运行中三相三线电能计量装置（感应式电能表）或电能表接线智能仿真装置（感应式电能表）。

（二）安全要求

（1）正确填用履行第二种工作票，工作服、安全帽、手套、护目镜整洁完好，符合安规要求，工器具绝缘良好，整齐、完备。

（2）检查计量柜（箱）接地良好，对外壳验电，确认无电。

（3）带电拆装导线时站在绝缘垫上，带线手套，使用绝缘工具，防止触电及短路事故的发生。

（4）正确选择使用相序表、钳形表挡位、量程，严禁带电调换。

（5）加强监护，严防电流互感器二次回路开路和电压互感器二次回路短路事故。

（6）登高 2m 以上应系好安全带，保持与带电设备的安全距离。

（7）查看周边环境，制订现场安全防护措施，严禁扩大工作范围。

（三）操作步骤及要求

1. 操作步骤

（1）履行开工手续，口述危险点和防范措施。

（2）按给定的条件选取工器具，检查外观，绝缘良好。

（3）抄录待测计量装置信息（电能表型号、规格、准确度等级、电流及电压量程、出厂编号、制造厂家，TA、TV 变比等），检查计量装置外观状况、封签完好性。

（4）对计量柜体验电，确认无电后开启封签，打开电能表接线盒，使用仪表在电能表接线盒处测试。

（5）检查相序表在使用有效期内，外观完好，三根测试线导电性能和外观良好。将三根（三种颜色）测试线顺序夹接在电能表 U_1、U_2、U_3 三个电压端子上，点按仪表接通按钮，相序表转盘顺时针转动时为正相序，反之为逆相序。

（6）检查数字钳形表在使用有效期内，外观完好，两根测试线导电性能和外观良好。旋至交流电压量程挡位，将两支测试线分别接在电能表接线盒处 U_1、U_2、U_3 三个电压端子上，测量记录，三次测得的电压值均应在 100V 左右为正确，以判断电压回路是否断线等故障，电压互感器 V/V 接线空载状态下一次或二次断线时二次电压值见表 JC305 - 1。

表 JC305 - 1　　电压互感器 V/V 接线空载状态下一次或二次断线时二次电压值　　　　V

断线相别	U_{uv}	U_{vw}	U_{wu}
U 相	0	100	100
V 相	50	50	100
W 相	100	0	100
u 相	0	100	0
v 相	0	0	100
w 相	100	0	0

若测得 173V 电压，则说明其中一台电压互感器一次或二次绕组极性反接，见表 JC305 - 2。

表 JC305 - 2　　　　V/V 接线下电压互感器极性反接时二次电压值　　　　　　V

反接相别	U_{uv}	U_{vw}	U_{wu}
U 或 u 相极性反接	100	100	173
W 或 w 相极性反接	100	100	173
U、W 相极性同时反接	100	100	100

（7）将一只测试线接地，另一只分别接在电能表接线盒 U_1、U_2、U_3 三个电压端子上，测量记录，三次测得的电压值应为二次 100V 左右、一次 0V，0V 对应的电压端子即为 V 点，以确定接入电能表的三相电压相别。

（8）将钳形表旋至交流电流挡，将钳头分别夹入电能表接线盒处两相电流线，将两相电流合并测试，三相负荷平衡时三次测得的电流值基本相等，以判断电流回路是否短路等故障。若合并测量数值为单根测量数值的 1.732 倍，则说明有一相电流互感器极性反接。

（9）力矩法之断中相电压法检查。三相负荷平衡且稳定前提下，计量装置接线正确时断开电能表中相（V 相）电压，有功电能表的转速将为原来的 1/2，以此判断接线是否正确。

（10）力矩法之电压交叉法检查。三相负荷平衡且稳定前提下，计量装置接线正确时将电能表两边相（u、w 相）电压交叉接入，有功电能表应停转，以此判断接线是否正确。

（11）转向法之错误接线检查。根据以上相序、电压、电流测量检查，纠正逆相序和反接错误，然后分别断开两个计量元件的电压，查看电能表转盘转向，对照表 JC305 - 3 转向法判断电能表接线中序号 1～4 情形，确定计量装置错误接线。

（12）根据以上步骤测得的数据正确绘制错误纠正前后电流、电压相量图，分析并记录电能表错误接线形式；写出电能表第一、二元件分别对应接入电源哪一相电压和哪一相电流。

（13）根据相量图分析确定的错接线形式，写出表计错误接线时的功率表达式并化为最简式。

（14）根据规定公式正确计算更正系数（化为最简式），即

$$K_P = P_o/P_x$$

式中　　K_P——更正系数；

　　　　P_o——表计正确接线时的功率表达式；

　　　　P_x——表计错误接线时的功率表达式。

（15）向客户出具现场检查情况，按规定对计量装置施加封印，填写测试分析记录单，双方签字确认。

（16）整理工器具，清理工作现场。办理工作终结手续，工作人员撤离工作现场。

表 JC305 - 3　　　　　　　　　　转向法判断电能表接线

序号	转动方向		对应接线方式			
	断开第一元件电压（u）	断开第二元件电压（w）	第一元件		第二元件	
1	正转	正转	Iu	Uuv	Iw	Uwv
2	反转	反转	−Iu	Uuv	−Iw	Uwv
3	正转	反转	Iw	Uuv	Iu	Uwv
4	反转	正转	−Iw	Uuv	−Iu	Uwv

2. 操作要求

（1）测量线路的不同参数时，应选择不同的仪表及其量程和挡位。

（2）根据测试线颜色对应接入仪表相应颜色的插孔内。

（3）测量前应对被测交流量进行粗略的估计，选择适当的量程。如果被测交流电流无法估计，则应先将量程放在最大挡位，然后根据被测指示值，由小到大，转换到合适的挡位。转换挡位时，应在不带电的情况下进行，以免损坏仪表。

（4）测量交流电流时，应选择钳形表交流电流挡，将被测导线置于钳口中部，并且使钳口紧密闭合，避免外界磁场的影响。

（5）测量时应站在绝缘垫上，并且注意保持和带电体间的距离，以免发生触电危险。

（6）带电拆装导线时使用绝缘工具，加强监护，防止触电及短路事故的发生。

（7）在测量交流电流或交流电压时，严禁出现电流互感器二次回路开路和电压互感器二次回路短路情况。

（8）不准破坏原绑扎好的导线束。

二、考核

（一）考核场地

（1）场地面积应能同时容纳多个工位（操作台），并保证工位之间的距离合适，操作面积不小于 $1500 \times 1500 mm^2$。

（2）每个工位备有桌椅、计时器。

（二）考核时间

参考时间为 40min，选用工器具限时 5min。

（三）考核要点

（1）工器具使用正确。

（2）测试步骤正确。

（3）相量图绘制、分析正确。

（4）绘制实际接线正确。

（5）更正系数计算正确。

（6）安全文明生产。

三、评分参考标准

行业：电力工程　　　　　　工种：用电监察员　　　　　　等级：三

编号	JC305	行为领域	e	鉴定范围	
考核时间	40min	题型	B	含权题分	25
试题名称	用力矩法、转向法检查三相三线电能计量装置接线及错误更正				

考核要点及其要求	(1) 给定条件：在模拟柜上进行10kV三相电能计量装置接线检查，三相电压对称，三相负荷平衡且稳定，电能表为感应式电能表，v相电压接入电能表第二个电压端子，电压互感器、电流互感器极性反接；负荷性质感性，功率因数角为0°～30°，测量前已经办理了第二种工作票，现场已布置好安全措施。 (2) 正确、规范使用工器具，带电检查10kV三相三线电能计量装置接线状况，并作相应记录。 (3) 出现电压互感器、电流互感器极性反接，测定后及时予以更正。 (4) 绘制实际接线相量图并推断错误接线类型，绘制实际接线图。 (5) 写出实际功率表达式并化简正确。 (6) 正确填写用力矩法、转向法检查三相三线电能计量装置错误接线及分析记录单（见JC305附）
现场设备、工具、材料	(1) 实验装置使用电能表接线智能仿真装置（感应式电能表）。 (2) 提供相序表、数字钳形表、秒表、登高工具、错误接线及分析记录单。 (3) 考生自备工作服、安全帽、绝缘鞋、常用电工工具、文具
备注	提示考生在仿真模拟柜上查出断线、极性反接错误后及时予以纠正。每个"分值"扣完为止

评分标准

序号	作业名称	质量要求	分值	扣分标准	扣分原因	得分
1	开工准备	(1) 正确佩戴安全帽，穿工作服，穿绝缘鞋、戴手套、护目镜。 (2) 正确填写工作票，履行开工手续。 (3) 所需仪表及配件齐全并检查完好。 (4) 检查设备接地良好，外壳验电无电	5	(1) 未按要求着装缺一项扣1.5分。 (2) 未履行开工手续扣1分。 (3) 未检查工器具扣1分。 (4) 未查看接地扣1分。 (5) 验电或方法错误扣1分		
2	外观检查及记录	(1) 计量装置外观正常，封印完好。 (2) 拆封开表盖，检查电能表电流、电压接线及计度器状况。 (3) 抄录填写计量装置基本信息	7	(1) 未检查说明外观、封印扣2分。 (2) 未检查说明接线盒内电流、电压，接线有无断线、短路扣2分。 (3) 未检查说明计度器扣1分。 (4) 信息填写不完整或错误扣2分		
3	测相序	用相序表正确测量电能表三相电压的相序	5	(1) 仪表使用错误扣2分。 (2) 判断错误扣3分		

			评分标准			
序号	作业名称	质量要求	分值	扣分标准	扣分原因	得分
4	测电压	（1）判断电压回路断路情况，记录并恢复正常。 （2）判断电压互感器极性反接情况，记录并恢复正常。 （3）绘制电压回路断路的原理接线图和极性反接的相量图	18	（1）仪表使用错误扣3分。 （2）电压回路断路判断错误扣3分。 （3）极性反接判断错误扣3分。 （4）提示后，未纠正断线、反接错误扣3分。 （5）绘制原理接线图错误扣3分。 （6）绘制极性反接的相量图扣3分		
5	测电流	（1）判断电流回路断路情况，记录并恢复正常。 （2）判断电流互感器极性反接情况，记录并恢复正常。 （3）绘制电流互感器极性反接的相量图	15	（1）仪表使用错误扣3分。 （2）电流回路断路判断错误扣3分。 （3）极性反接判断错误扣3分。 （4）未纠正断线、反接错误扣3分。 （5）绘制极性反接的相量图扣3分		
6	力矩法检查	（1）用断中相电压法检查，判断正确。 （2）用电压交叉法检查，判断正确	10	（1）断中相电压法判断错误扣5分。 （2）电压交叉法判断错误扣5分。 （3）检查中出现跳闸，停止考核		
7	转向法检查	在更正逆相序、反接后，分别断开两个计量元件的电压，查看电能表转盘转向，确定错误接线	10	（1）转向法判断错误扣10分。 （2）检查中出现跳闸，停止考核		
8	绘错误接线相量图	（1）正确画出第一、二元件所用的电压、电流相量，且符号齐全。 （2）相量图清楚、整洁	10	（1）相量绘制错误扣10分。 （2）画的不准如相位超过10°扣3分。 （3）符号不全或不符合规程要求（下标用小写 u、v、w）每处扣1分		

序号	作业名称	质量要求	分值	扣分标准	扣分原因	得分
		评分标准				
9	误接线判断	分别写出第一、二元件所取电压和电流,电压、电流相量规范注明	5	(1) 第一、二元件判断错误各扣2分。 (2) 相量书写不规范扣1分		
10	绘实际接线图	画出经 TA、TV 接入的三相三线电能计量装置实际接线图	5	(1) 接线方式与结论不符扣5分。 (2) 符号不全、不规范每处扣1分		
11	计算更正系数	根据测得数据正确写出错误接线功率表达式,写出更正系数表达式,并化为最简式	5	(1) 第一、二元件功率表达式错扣1分/个,功率之和结果错扣1分。 (2) 更正系数表达式错扣1分,未化为正确的最简式扣1分,化简步骤少于2步者扣1分		
12	清理现场	考核结束后,清理现场,恢复原状,将记录交考评员,退出比赛场地	3	(1) 未加封扣1分。 (2) 现场清理不彻底扣1分,未清理扣2分		
13	卷面整洁	答卷填写应使用蓝黑色钢笔或签字笔,字迹清晰、卷面整洁,严禁随意涂改	2	(1) 字迹潦草、难以分辨,扣2分。 (2) 涂改超过两处扣1分		

考试开始时间			考试结束时间		合计	
考生栏	编号:	姓名:	所在岗位:	单位:	日期:	
考评员栏	成绩:	考评员:		考评组长:		

JC305 附：用力矩法、转向法检查三相三线电能计量装置错误接线及分析记录单

用力矩法、转向法检查三相三线电能计量装置错误接线及分析记录单

日期　　　年　　　月　　　日

考生姓名		考生编号			工作单位		所在岗位	
一、基本信息								
用户名			表计型号			厂家		
规格	V；　　A		出厂编号			表示数	kWh	
所属供电所			接地情况			外观及封印		
二、测量数据								

电压相序				电压极性			
各元件电压	$U_{12}=$ ＿＿＿ V $U_{32}=$ ＿＿＿ V $U_{13}=$ ＿＿＿ V	各元件电压	$U_{10}=$ ＿＿＿ V $U_{20}=$ ＿＿＿ V $U_{30}=$ ＿＿＿ V	各元件电流	$I_1=$ ＿＿＿ A $I_2=$ ＿＿＿ A $I_1+I_2=$ ＿＿＿ A		
电压回路断线原理接线图		电压互感器极性反接相量图		电流互感器极性反接相量图			
断中相电压电能表转盘情况		电压交叉电能表转盘情况					
更正断路、反接后各元件电压	$U_{12}=$ ＿＿＿ V $U_{32}=$ ＿＿＿ V $U_{13}=$ ＿＿＿ V	更正断路、反接后各元件电压	$U_{10}=$ ＿＿＿ V $U_{20}=$ ＿＿＿ V $U_{30}=$ ＿＿＿ V	更正断路、反接后各元件电流	$I_1=$ ＿＿＿ A $I_2=$ ＿＿＿ A $I_1+I_2=$ ＿＿＿ A		
断第一元件电压电能表转盘情况		断第二元件电压电能表转盘情况					

三、绘制更正断线、反接后，错误接线相量图（电压和电流相量用1、2、3和u、v、w下标）

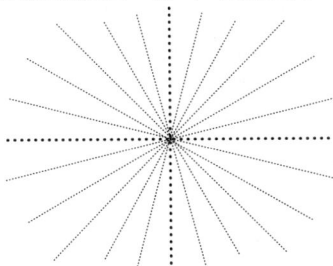

四、写出更正断线、反接后，错误接线形式（说明各元件所取电压与电流）
第一元件：

第二元件：

五、绘制更正断线、反接后，实际接线图

六、写出更正断线、反接后，错误接线形式下电能表所反映的功率（假设三相负荷平衡），求更正系数 K_p

一、操作

（一）工具、材料和设备

（1）工具：数字钳形电流表 1 块、万用表 1 块、手电筒 1 支。

（2）材料：模拟客户低压配电室一次主接线图，如图 JC306－1 所示，客户电气设备试验报告及电气设备运行记录。

（3）设备：模拟客户低压配电室，其低压配电室具有 1 台 10/0.4kV 容量为 315kVA 及以下电力变压器且有低压配电总柜、低压馈出分柜和低压无功补偿柜。

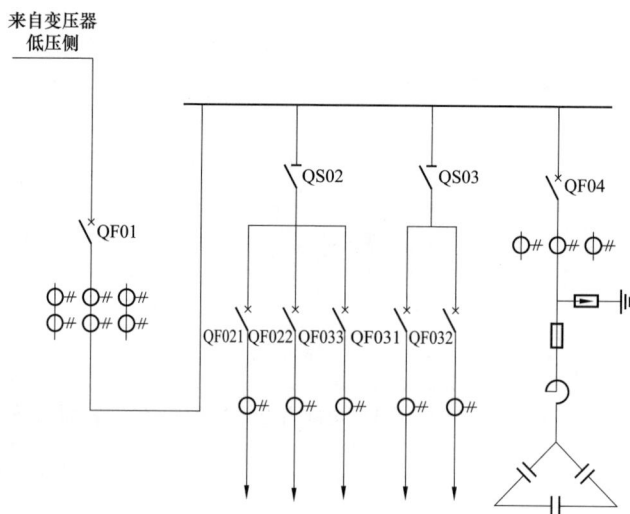

图 JC306－1　客户低压配电室一次主接线图

（二）运行要求

1. 低压线路运行要求

（1）架空线和电缆的型号、工作电压、使用环境等应符合要求。

（2）导线的允许载流量不应小于线路的负载计算电流。

（3）从变压器低压侧母线至用电设备受电端的线路电压损失，一般不超过用电设备额定电压的 5%。

（4）三相四线制中性线的允许载流量不应小于线路中最大的不平衡负载电流。用于接零保护的中性线，其导线不应小于中相导线的 50%。

（5）导线的允许载流量，应根据导体敷设处的环境温度、并列敷设根数进行校正。

2. 低压电气设备运行要求

（1）低压电气设备的电压、电流、容量、频率等各种运行参数符合要求。

（2）低压开关设备的灭弧装置应完好无缺。

（3）低压电气设备的外壳、操作手柄等应完好无损伤。

（4）低压电气设备正常不带电的金属部分接地（接零）应良好。配电屏两端应与接地线或中性线可靠连接。

（5）低压开关设备动作灵活、可靠，各接触部分接触良好，无发热现象。

（6）低压电气设备的绝缘电阻符合要求。

（7）低压电气设备的安装牢固、合理、操作方便，满足安全要求。

（三）用电档案和资料的管理

1. 客户应具备各类低压电气设备的技术资料档案

（1）设备台账。

（2）出厂试验报告及调试记录。

（3）出厂合格证明。

（4）设备的安装、使用说明书、安装图及构造图。

（5）设备现场开箱验收记录。

（6）安装、调试报告。

（7）安装验收记录。

（8）交接试验报告。

（9）设备预防性试验报告。

（10）设备评级的详细记录。

（11）事故记录及处理记录等。

2. 客户应具备安全用电档案资料

（1）缺陷记录，包括配电房缺陷记录、设备缺陷记录、安全工器具缺陷记录、安全防范措施缺陷记录、人员管理记录等。

（2）缺陷整改记录。

（3）人员培训记录。

（4）事故记录。

（四）检查方式和方法

1. 检查方式

供电企业一般通过正常的用电检查（周期性检查、非周期性检查）、营业普查、专项检查（春查、秋查）、专项的安全服务活动等方式对客户进行安全检查。

2. 检查方法

（1）档案资料检查。主要检查客户的运行制度、运行规程、设备台账、缺陷记录、典型操作票等资料是否规范、齐全。

（2）值班电工的资质检查。值班电工应取得相应等级的"电工进网作业许可证"。

（3）设备的运行状况检查。通过外观检查、红外测温法、在线监测等手段保证设备安全运行。

（4）安全工器具、安全预案检查。

（五）危险点分析及控制措施

（1）人身触电。

1）检查时应与带电设备保持足够的安全距离，10kV 及以下为 0.7m。

2）检查设备时应戴好安全帽，穿工作服、绝缘靴。

3）禁止接触运行设备的外壳。

（2）摔伤、碰伤。

1）注意行走安全，上下台阶、跨越沟道或配电室门口防鼠挡板时，防止摔、碰。

2）夜间或者光线较暗时检查设备应携带照明器具，并两人同时进行，注意行走安全。

（3）意外伤人。

1）禁止单人检查设备时进入设备内检查作业，以防因无人监护而造成意外事故。

2）进入检查现场应作好安全防护措施。

（4）高峰负荷期间，增加检查次数，监视设备温度，触头、引线接头有无过热现象，设备有无异常声音。

二、考核

（一）考核场地

（1）模拟客户低压配电室。具有低压总柜、低压馈出柜、低压无功补偿柜。

（2）室内应配有应考者桌椅两套。

（3）室内应配有应考评员者桌椅三套，秒表三块。

(二) 考核时间

参考时间为 45min，到时停止操作，按实际完成内容打分。

(三) 考核要点

(1) 履行工作手续完备。

(2) 检查导线敷设是否规范。

(3) 检查低压电气设备运行状况是否安全。

(4) 根据给定变压器容量，检查低压总柜的电流互感器配置是否合理。

(5) 检查客户用电资料档案是否齐全。

(6) "用电检查结果通知书" 填写正确、规范。

(7) 安全文明生产。

三、评分参考标准

行业：电力工程　　　　　工种：用电监察员　　　　　等级：三

编号	JC306	行为领域	e	鉴定范围	
考核时间	45min	题型	c	含权题分	30
试题名称	客户低压配电装置安全运行检查				
考核要点 及其要求	(1) 着装规范、劳动防护措施齐全。 (2) 履行工作手续完备。 (3) 正确、安全使用工器具、仪表。 (4) 检查导线敷设是否规范。 (5) 检查低压电气设备运行状况是否安全。 (6) 根据给定变压器容量，检查低压总柜的电流互感器配置是否合理。 (7) 检查客户用电资料档案是否齐全。 (8) "用电检查结果通知书" 填写正确、规范。 (9) 安全检查无漏项。 (10) 各项得分均扣完为止				
现场设备、 工具、材料	(1) 工作现场具备的设备：模拟低压配电室配电柜。 (2) 工作现场具备的工具、仪表：数字钳形电流表、万用表、手电筒。 (3) 考生自备工作服，安全帽，绝缘鞋				
备注	设定所计量的变压器容量如 400kVA，要求考生回答如何配置互感器，回答错误，扣除第八项得分——5分				

评分标准						

序号	作业名称	质量要求	分值	扣分标准	扣分原因	得分
1	着装	正确佩戴安全帽、穿工作服、穿绝缘鞋、戴手套	5	(1) 未按要求着装扣5分。 (2) 着装不规范扣3分		

		评分标准				
序号	作业名称	质量要求	分值	扣分标准	扣分原因	得分
2	证件出示	进客户配电室应首先出示"用电检查证"	5	未出示扣5分		
3	查看电气设备试验报告	低压配电柜电气试验报告查看,检查所试项目应合格	5	未检查扣5分		
4	查看低压线路运行情况	(1) 架空线和电缆的型号、工作电压、使用环境等应符合要求。 (2) 导线的允许载流量不应小于线路的负载计算电流。 (3) 从变压器低压侧母线至用电设备受电端的线路电压损失,一般不超过用电设备额定电压的5%。 (4) 三相四线制中性线的允许载流量不应小于线路中最大的不平衡负载电流。用于接零保护的中性线,其导线不应小于中相导线的50%	16	(1) 未检查说明、漏项或检查错误,每项扣4分。 (2) 书写不完整,每项扣2～3分		
5	低压电气设备运行检查	(1) 低压电气设备的电压、电流、容量、频率等各种运行参数符合要求。 (2) 低压开关设备的灭弧装置应完好无缺。 (3) 低压电气设备的外壳、操作手柄等应完好、无损伤。 (4) 低压电气设备正常不带电的金属部分接地(接零)应良好。配电屏两端应与接地线或中性线可靠连接。 (5) 低压开关设备动作灵活、可靠,各接触部分接触良好、无发热现象。 (6) 低压电气设备的绝缘电阻符合要求。 (7) 低压电气设备的安装牢固、合理、操作方便,满足安全要求	28	(1) 未检查说明、漏项或检查错误,每项扣4分。 (2) 书写不完整,每项扣2～3分		

		评分标准					
序号	作业名称	质量要求	分值	扣分标准		扣分原因	得分
6	查看客户安全用电档案资料	（1）缺陷记录包括配电房缺陷记录、设备缺陷记录、安全工器具缺陷记录、安全防范措施缺陷记录、人员管理记录等。 （2）缺陷整改记录。 （3）人员培训记录。 （4）事故记录	16	（1）未检查说明、漏项或检查错误，每项扣4分。 （2）书写不完整，每项扣2～3分			
7	查看客户配电室管理情况	（1）档案资料检查。主要检查客户的运行制度、运行规程、设备台账、缺陷记录、典型操作票等资料是否规范齐全。 （2）值班电工的资质检查。值班电工应取得相应等级的"电工进网作业许可证"。 （3）设备预防性试验报告。 （4）安全工器具、安全预案检查。 （5）配电室防鼠措施落实情况	20	（1）未检查说明、漏项或检查错误，每项扣4分。 （2）书写不完整，每项扣2～3分			
8	现场提问	设定变压器容量为400kVA，要求考生回答如何配置电流互感器	5	回答不正确，不得分			
考试开始时间			考试结束时间			合计	
考生栏		编号：　　姓名：		所在岗位：	单位：	日期：	
考评员栏		成绩：　　考评员：			考评组长：		

JC307 三相配电变压器特性及容量测定

一、操作

(一)工具、材料和设备

(1)工具：10kV 验电器 1 只、10kV 接地线 1 组、10kV 绝缘手套一副、5mm× 1m×1m 绝缘垫 1 块、12 寸活动扳手 2 把、室温温度计 1 只。

(2)材料：$3×2.5mm^2+1×1.5mm^2$ 橡皮 4 芯线若干。

(3)设备：10/0.4kV 100kVA 三相配电变压器 1 台、WDX－9C 型变压器特性测试仪(含配套测量线)1 套、380V 三相同步精密调压器 1 台、计时秒表 1 块、380V 检修电源箱 1 套。安全遮栏 2 套；标示牌"从此进出"1 块；警示牌"止步，高压危险"4 块。

(二)安全要求

(1)现场设置安全遮栏、绝缘垫和警示牌。

(2)全程使用劳动防护用品。

(3)操作过程中，熟悉仪表的性能与使用，确保人身与设备安全。

(4)室内施工，具备照明、通风条件，设有接地桩。

(三)操作步骤及作业要求

1. 准备工作

(1)着装整齐。

(2)选择工具，做外观检查。

(3)选择材料，做外观检查。

(4)检查仪器、仪表是否正常。

(5)填写第一种工作票。

2. 工作过程

(1)设置现场安全设施：装设安全遮栏，在施工人员出、入口向外悬挂"从此进出"标示牌，在遮栏四周向外悬挂"止步，高压危险"警示牌。绝缘垫放在变压器低压侧地面。

（2）对变压器高压侧桩头三相分别进行验电，装设接地线，测试时临时断开接地线，试验完毕，装设还原。

（3）检查 380V 三相同步精密调压器电源输入开关是否在关闭位置，逆时针缓慢旋转调压手柄至初始位置，检查指针是否指向刻度盘"0"位，顺时针缓慢均匀地旋转调压手柄至最大位置，检查是否有卡滞、异响等异常状况，再逆时针缓慢旋转调压手柄至初始位置，完成调压器的检查。

（4）打开 WDX-9C 型变压器特性测试仪电源开关，仪器面板如图 JC407-1 所示，仪器进入初始化界面，3s 后进入参数设置及功能选择画面，用【←】【→】键移动蓝色色块至对应功能项，然后按【↑】【↓】键，光标移到屏幕中间常数项上，输入数字，关机，完成变压器特性测试仪的检查。

（5）检查测试夹钳及连接导线、大电流短接钳、地线连接线、电源测试线、橡皮 4 芯电源输入线及其相关附件是否完整、连接是否良好、绝缘有无损坏。

（6）将变压器特性测试仪和三相调压器平稳放置，按照变压器空载试验接线测量空载损耗，接线如图 JC408-1 所示。

1）断开 380V 检修电源开关，用橡皮 4 芯电源输入线，从检修电源箱接 380V 电源到三相调压器的 U、V、W 电压输入端。

2）用测试仪所配三条电源测试线（黄、绿、红各一根），从三相调压器的 u、v、w 电压输出端分别接入仪器特性测试端子的电流极性端子 Iu+、Iv+、Iw+。

3）测试仪所配三只测试钳，每只分别引出两根测试线。粗线接到仪器面板上的仪器特性测试端子的电流非极性端子 Iu-、Iv-、Iw，细线接到仪器面板上的仪器特性测试端子电压端子 Uu、Uv、Uw。

4）用测试夹钳按相别夹住被试变压器的低压侧各相接线柱，变压器的高压侧开路。

5）用地线连接线连接三相调压器和测试仪的 U₀ 端子。

（7）如果施加电压的低压绕组是带有分接的，检查分接开关是否在额定挡的位置。

（8）临时拆除变压器高压侧三相接地线。

（9）仪器开机进入初始化界面，3s 后进入参数设置及功能选择画面。设置"测空载"参数，如图 JC407-3 所示。

1）试验项目设置：画面最下面一行为功能选择项，可用【←】【→】键移动蓝色色块至"测空载"功能项。

2）参数设置：按【↑】【↓】键，光标移到屏幕中间常数项上，在"损耗测试参数"列下，按照被测配电变压器铭牌参数，分别输入被测变压器"额定容量、额定电压、额定频率、绕组连接、试品油温、TV 变比、TA 变比"等参数。

    a. 额定容量：指被测变压器额定容量值。

    b. 额定电压：在负载损耗试验功能中，额定电压是指高压侧额定电压。

    c. 试品油温：当前被测变压器油温或本体温度。

    d. TV 变比：当进行特性试验使用外接电源并需要外接电压互感器时需要输入电压互感器的变比值。

    e. TA 变比：当进行特性试验使用外接电源并需要外接流压互感器时需要输入电流互感器的变比值。

    3）设置完成后按【确定】键进入相应测试界面，如图 JC408-2 所示。

    （10）合上 380V 检修电源开关，再合上三相调压器电源输入开关，缓慢顺时针转动调压旋钮，至 100V 左右位置，检查三相电压 U_{ab}、U_{bc}、U_{ca}，三相电流 I_a、I_b、I_c 是否基本平衡。（若三相电压或电流出现较大差值，应立即停止测试，关闭电源，检查接线。）

    （11）缓慢升高测试电压至变压器低压侧额定电压的 50%，停留约 1min，仔细观察测试设备及被测变压器有无异常状况。

    （12）缓慢升高测试电压至变压器低压侧额定电压，停留约 1min，按【打印】键打印当前数据；按【保存/浏览】键存储当前数据；按【返回】键返回参数设置画面。测试所得"铁芯类型"即为变压器铁芯型号。

    （13）快速逆时针转动调压旋钮，降低试验电压至"0"，断开三相调压器电源输入开关。

    （14）用接地线对变压器高压桩头三相分别进行放电。

    （15）拆除仪器接线，重新按照变压器容量试验接线测量变压器容量，接线如图 JC407-2 所示。

    1）测试仪配件箱中所配三只测试钳（含黄、绿、红各两根线及测试钳）每只分别引出两根测试线。测试线粗线接到仪器面板上的容量测试端子的电流输出端子 Iu、Iv、Iw；细线接到仪器面板上的容量测试端子的电压输入端子 Uu、Uv、Uw。

    2）各色夹钳按相别夹住被试变压器的高压侧各相接线柱。

    3）设备的随机配件中有一根小的黑色短接线，连接 In 和 U_0 端子。

    4）变压器的低压侧用专用短接线进行短接，用扳手将短接线紧贴在变压器低压侧接线柱上并连接紧密，否则会给测量带来较大误差，甚至影响测试结果的正确性。

    （16）设置"测容量"参数，如图 JC407-3 所示。

1）试验项目设置：画面最下面一行为功能选择项，可用【←】【→】键移动蓝色色块至"测容量"功能项。

2）参数设置：按【↑】【↓】键，光标移到屏幕中间常数项上，在"容量测试参数"列下，按照被测配电变压器铭牌参数，分别输入被测变压器"额定高压、额定低压、阻抗电压、试验油温、试品序号、冷却方式"等参数。

（17）设置完成后按【确定】键进入相应测试界面，如图 JC407-4 所示。

1）仪器利用内置逆变电源进行测量，输出电压将随着被试变压器参数自动发生调整。

2）进入容量测量界面后，三相逆变电源开始输出，测量完毕逆变电源自动停止输出，按【确认】键重新进行测量。

（18）按【打印】键打印当前数据；按【保存、浏览】键存储当前数据；按【返回】键返回参数设置画面。测试完毕，仪器"判定容量"即为变压器测定容量。

（19）取下测试夹钳，装上变压器高压侧三相接地线。

二、考核

（一）考核场地

（1）考场设在具备良好照明、通风条件，设有接地桩，比较开阔的室内。不少于 2 个工位，每个工位面积不小于 $10m^2$。

（2）工位之间设置隔离围栏。

（3）设置 2 套评判桌椅和计时秒表、计算器。

（二）考核时间

参考时间为 60min。在规定时间内完成，从报开工起到报完工止。

（三）考核要点

（1）考生就位，经许可后开始工作，规范穿戴工作服、工作鞋、安全帽、手套等。

（2）变压器已经停电，考生独立完成现场安全技术措施的设置。

（3）正确、规范使用变压器特性测试仪和三相精密调压器，正确选择变压器挡位。

（4）工器具及仪表满足工作需要，进行检查。正确、规范使用安全工器具。

（5）安全文明生产，按规定时间完成，按所完成的内容计分，要求操作过程熟练连贯，施工有序，工具、材料放置整齐，设备排布合理，现场清理洁净。

（6）发生安全或设备损坏事故本项考核不及格。

三、评分参考标准

行业：电力工程　　　　　　工种：用电监察员　　　　　　等级：三

编号	JC307	行为领域	e	鉴定范围	
考核时间	60min	题型	C	含权题分	35
试题名称	三相配电变压器特性及容量测定				
考核要点及其要求	(1) 给定条件：室内考场具备良好照明、通风条件，设有接地桩和检修电源箱。不少于2个工位，每个工位面积不小于10m²。 (2) 工作环境：现场操作场地及设备材料已完备，工位之间设置隔离围栏。 (3) 变压器已经停电，考生独立完成现场安全技术措施的设置。 (4) 正确、规范使用变压器特性测试仪和三相精密调压器。 (5) 正确选择变压器挡位。 (6) 正确、规范的使用安全工器具				
现场设备、工具、材料	(1) 设备：WDX-9C型变压器特性测试仪1台（含配套测量线），380V三相同步精密调压器1台，计时秒表1块，380V检修电源箱1套，10/0.4kV　100kVA三相配电变压器1台。 (2) 工器具：10kV验电器1只；10kV接地线1组；10kV绝缘手套1双；5mm×1m×1m绝缘垫1块；12寸活动扳手2把；室温温度计1只；安全遮栏2套；标示牌"从此进出"1块；警示牌"止步，高压危险"4块。 (3) 材料：3×2.5mm²+1×1.5mm² 橡皮4芯线若干				
备注	考生自带工作服、安全帽、线手套、电工常用个人工具；工作票由考生在考前独立填写，不计入考核时间。每个"分值"扣完为止				

评分标准

序号	作业名称	质量要求	分值	扣分标准	扣分原因	得分
1	着装	正确佩戴安全帽、穿工作服、穿绝缘鞋、戴手套	5	未按要求着装缺一项扣1.5分		
2	现场安全布置	在变压器四周设置遮栏，在遮栏四周向外设置"止步，高压危险"警示牌，出入口悬挂"从此进出"标示牌	5	(1) 未设遮栏扣5分。 (2) 未挂标示牌扣2分。 (3) 警示牌漏挂一块扣1分		
3	安全工器具检查	检查绝缘手套、接地线是否完好	2	未检查一件扣1分		
4	验电	戴绝缘手套在变压器高压侧验电	5	(1) 未戴绝缘手套扣2分。 (2) 未验电扣5分		

评分标准						
序号	作业名称	质量要求	分值	扣分标准	扣分原因	得分
5	接地线装拆	在变压器高压侧桩头装设接地线，测试时临时断开接地线，试验完毕装设、还原	5	（1）验电后或试验完毕未装设接地线或装设顺序错误扣5分。 （2）装设接地线未戴绝缘手套扣2分。 （3）测试时未临时断开接地线本项考核不及格		
6	调压器检查	（1）检查电源输入开关是否在关闭位置；逆时针缓慢旋转调压手柄至初始位置，检查指针是否指向刻度盘"0"位。 （2）顺时针缓慢均匀地旋转调压手柄至最大位置，检查是否有卡滞、异响等异常状况。 （3）逆时针缓慢旋转调压手柄至初始位置	5	（1）调压器未检查扣5分。 （2）检查步骤不完整每项扣2.5分		
7	测试仪检查	打开测试仪电源开关，用【←】【→】键移动蓝色色块至对应功能项，然后按【↑】【↓】键，光标移到屏幕中间常数项上，输入数字，关机	5	（1）未检查扣5分。 （2）未进行光标移动和数字输入扣3分		
8	测试仪附件检查	检查测试夹钳及连接导线、地线连接线、电源测试线、橡皮4芯电源输入线、专用短路线及其相关附件等是否完整、连接是否良好、绝缘有无损坏	5	（1）未检查扣5分。 （2）漏检查每处扣1分		
9	特性测试接线	（1）断开380V检修电源开关，用橡皮4芯电源输入线，从检修电源箱接380V电源到三相调压器的U、V、W电压输入端。 （2）用测试仪所配三条电源测试线（黄、绿、红各一根），从三相调压器的u、v、w电压输出端分别接入仪器特性测试端子的电流极性端子Iu＋、Iv＋、Iw＋。	15	（1）带电接线、带负荷接线、漏接线或接线错误扣15分。 （2）接线完毕不进行正确性和牢固性检查扣10分。 （3）接线不牢固，扣5分。		

		评分标准				
序号	作业名称	质量要求	分值	扣分标准	扣分原因	得分
9	特性测试接线	（3）用测试仪所配三只测试钳，每只分别引出两根测试线。粗线接到仪器面板上的仪器特性测试端子的电流非极性端子 Iu⁻、Iv⁻、Iw，细线接到仪器面板上的仪器特性测试端子电压端子 Uu、Uv、Uw。 （4）用测试夹钳分相夹住被试变压器的低压侧各相接线柱，变压器的高压侧开路。 （5）用地线连接线连接三相调压器和测试仪的 U₀端子	15	（1）带电接线、带负荷接线、漏接线或接线错误不得分。 （2）接线完毕不进行正确性和牢固性检查扣10分。 （3）接线不牢固，扣5分		
10	容量测试接线	（1）测试仪配件箱中所配三只测试钳（含黄、绿、红各两根线及测试钳）每只分别引出两根测试线。 （2）测试线粗线接到仪器面板上的容量测试端子的电流输出端子 Iu、Iv、Iw；细线接到仪器面板上的容量测试端子的电压输入端子 Uu、Uv、Uw。 （3）各色夹钳分相夹住被试变压器的高压侧各相接线柱。 （4）设备的随机配件中有一根小的黑色短接线，连接 In 和 U₀端子。 （5）变压器低压侧用专用短接线进行短接，用扳手将短路线紧贴在变压器低压侧接线柱上并连接紧密	15	（1）带电接线、带负荷接线、漏接线或接线错误扣15分。 （2）接线完毕不进行正确性和牢固性检查扣10分。 （3）接线不牢固，扣5分		
11	参数设置	（1）在测试仪上选择"测空载"功能；输入被测变压器"额定容量、额定电压、额定频率、绕组连接、试品油温"等参数； （2）在测试仪上选择"测容量"功能；输入被测变压器"额定高压、额定低压、阻抗电压、试验油温、试品序号、冷却方式"等参数	5	（1）功能选择错误扣5分。 （2）参数设置错误每项扣2分。 （3）标准变压器输入阻抗电压参数扣5分		

		评分标准				
序号	作业名称	质量要求	分值	扣分标准	扣分原因	得分
12	调压器操作	(1) 合上三相调压器电源输入开关；缓慢顺时针转动调压旋钮，至100V左右位置，检查三相电压U、U、U，三相电流I、I、I是否基本平衡。(若三相电压或电流出现较大差值，应立即停止测试，关闭电源，检查接线) (2) 缓慢升高测试电压至变压器低压侧额定电压的50%，停留约1min，仔细观察测试设备及被测变压器有无异常状况。 (3) 缓慢升高测试电压至变压器低压侧额定电压，停留约1min。 (4) 数据打印储存完毕，快速逆时针转动调压旋钮，降低试验电压至"0"，断开三相调压器电源输入开关	15	(1) 未合上电源输入开关就转动调压旋钮扣5分。 (2) 未检查电压和电流的平衡扣10分。 (3) 电流或电压差值较大，不做检查继续升压扣15分。 (4) 升压过程无停顿5分/次。 (5) 升压速度过快扣5分。 (6) 试验完毕未断开电源开关扣10分。 (7) 测试电压未升压变压器低压侧额定电压扣15分		
13	放电	特性测试完毕，用接地线对变压器高压桩头三相分别进行放电	5	(1) 未放电扣5分。 (2) 放电不完全扣1分/相		
14	数据打印存储	每项测试完毕，按【打印】键打印当前数据；按【保存/浏览】键存储当前数据	3	(1) 未打印数据扣2分。 (2) 未储存数据扣1分		
15	安全文明生产	(1) 填写第一种工作票。 (2) 不发生安全或设备损坏事故。 (3) 测试完毕后，清理现场	5	(1) 未填写第一种工作票扣2分。 (2) 工作票填写不规范扣1分。 (3) 作业过程中发生安全或设备损坏事故本项考核不及格。 (4) 未清理场地扣5分，清理不充分扣2分		
考试开始时间			考试结束时间		合计	
考生栏	编号：　姓名：		所在岗位：	单位：	日期：	
考评员栏	成绩：　考评员：			考评组长：		

一、操作

(一) 工具、材料和设备

(1) 工具：万用表 1 块、数字钳形电流表 1 块、常用电工工具 1 套、5mm×1m×1m 绝缘垫 1 块。

(2) 材料：封签若干、高供低计电能计量装置检测记录单（见 JC308 附）。

(3) 设备：WDX‐5D 用电检查仪（自带三只 5A 电流钳）1 套、仪器配套 20、50A 电流钳各 1 套（三只）、计时秒表 1 块、三相四线高供低计电能计量装置（全透明表箱及低压桩头罩）1 套、模拟负载 1 套。安全遮栏 2 套；标示牌"从此进出"1 块；警示牌"止步，高压危险"4 块。

(二) 安全要求

(1) 现场设置安全遮栏、绝缘垫和警示牌。

(2) 全程使用劳动防护用品。

(3) 操作过程中，熟悉仪表的性能与使用，确保人身与设备安全。

(4) 室内施工，具备良好的照明、通风条件。

(三) 操作步骤及作业要求

1. 准备工作

(1) 着装整齐。

(2) 选择工具，做外观检查。

(3) 选择材料，做外观检查。

(4) 检查仪器、仪表是否正常。

(5) 填写第二种工作票。

2. 工作过程

(1) 设置现场安全设施：装设安全遮栏，在施工人员出、入口向外悬挂"从此进出"标示牌，在遮栏四周向外悬挂"止步，高压危险"警示牌。绝缘垫放在作业位置。

（2）检查计量箱、电能表大盖、电能表小盖、联合接线盒、TA 二次端子封签是否完好，无封或封签存在问题应记录，并用取证工具取证。

（3）打开电能表计量箱，检查计量装置二次接线有无松动，电能表有无报警信号，电流、电压数据显示是否正常，存在问题应记录，并用取证工具取证。

（4）用万用表、数字钳形电流表分相测量变压器低压侧一次电压、电流并记录。

（5）按下用电检查仪电源按钮，仪器首先进入开机画面，初始化程序完成后，自动进入系统设置中所选定（本仪器出厂时选定主菜单）画面。

（6）在主菜单下，选取综合测量，进入此功能，输入参数，如图 JC403 - 1 所示。

1）现场电参数符号含义。

P：有功功率　　　Q：无功功率　　　φ：电压和电流间相位

I：电流　　　　　U：电压　　　　　F：频率

COS：有功功率因数　　SIN：无功功率因数

2）校表参数设置。在此状态下，通过方向键（【↑】【↓】键）移动到需要修改的栏目上进行参数输入，校表参数定义如下：

a. 接线：指电能表接线方式，按【←】【→】键可选择：四线有功、三线有功、四线无功和三线无功。

① 四线有功：校验三相四线有功电能表或单相电能表。

② 三线有功：校验三相三线有功电能表。

③ 四线无功：校验三相四线无功电能表。

④ 三线无功：校验三相三线无功电能表。

b. 输入：指电流接入仪器方式，按【←】【→】键可选择：内接和钳表。内接是指电流通过校验仪内置互感器输入；钳表是指电流通过钳形互感器输入。

c. 校表：按【←】【→】键可选择：手动、自动。手动是指校验电能表时用手动计数方式输入；自动是指校验电能表时用光电采样器输入或电子表低频脉冲输入。

d. 电流：指电流量程，按【←】【→】键可选择：如果电流输入选择内接，电流量程为 5A 不能选择；如果电流输入选择钳表，可选择 5、10、20、50、100、500、1000、1500、2000A。

e. 常数：指被校电能表电能常数。最大输入的位数 10 位。

f. 表号：指电能表编号，最大输入的位数 31 位数。

g. 圈数：指校验圈数，输入范围 1~999。

h. 户名：指用户名称，可输入最大长度 47 字节，即 23 个汉字或 47 个字符。

i. 变比：指电流互感器变比，当被校表经过电流互感器输入，用钳形表测量一次电流时在此输入电流互感器的变比。如果钳形表和被校表输入电流相同，变比输入 1/1。

（7）检查电流钳、电压连接导线及其相关附件是否完整，绝缘有无损坏。

（8）综合误差测试接线，用电检查仪面板布局如图 JC402-2 所示。

1）用电检查仪 Uu、Uv、Uw 端子分别接 U、V、W 三相电压，Uo 接零线。

2）根据实测变压器低压侧一次负荷电流大小，选择合适的测试电流钳。

3）将电流钳接线与测试仪钳表 A、B、C 端子分相进行连接，然后用 U 相电流钳卡住 U 相电流出线，V 相电流钳卡住 V 相电流出线，W 相电流钳卡住 W 相电流出线，注意极性（由极性端流入、非极性端流出）。三相电流钳所测量的均为变压器低压侧一次负荷电流。

4）电能表有功脉冲输出端子连接至用电检查仪脉冲输入端子，注意正负极性。

（9）按【误差校验】键，校验计量装置整组综合误差。此时屏幕下的【参数输入】键变为【数据存盘】键，效验完毕，按此按钮保存数据记录。如果要重新输入校表参数，按【取消校验】键。测试时应严密关注主要电参数的变化，如有异常应立即停止测试。

（10）拆除电压连线，取下电流钳，测量完成。

1）拆除三相电压及零线连接线。

2）先取下三相电流钳，然后断开电流钳与测试仪的连接导线。

（11）计量装置重新上封并记录封签编号。

二、考核

（一）考核场地

（1）考场设在具备良好照明、通风条件，比较开阔的室内。不少于 2 个工位，每个工位面积不小于 5m²。

（2）工位之间设置隔离围栏。全程带电作业，变压器高压桩头视为带电体。

（3）设置 2 套评判桌椅和计时秒表、计算器。

（二）考核时间

参考时间为 30min。在规定时间内完成，从报开工起到报完工止。

（三）考核要点

（1）考生就位，经许可后开始工作，规范穿戴工作服、工作鞋、安全帽、手套等。

（2）考生独立完成现场安全技术措施的设置。

（3）正确、规范地使用用电检查仪，正确选取测试电流钳。

（4）正确使用数字钳形电流表。

（5）封签、电能表参数检查，现场取证。

（6）工器具及仪表满足工作需要，进行检查。正确、规范地使用安全工器具。

（7）安全文明生产，按规定时间完成，按所完成的内容计分，要求操作过程熟练连贯，施工有序，工具、材料放置整齐，设备排布合理，现场清理洁净。

（8）发生安全或设备损坏事故本项考核不及格。

三、评分参考标准

行业：电力工程　　　　　　工种：用电监察员　　　　　　等级：三

编号	JC308	行为领域	e	鉴定范围	
考核时间	30min	题型	B	含权题分	25
试题名称	高供低量计电能计装置综合误差测试				
考核要点及其要求	（1）给定条件：室内考场具备良好照明、通风条件。不少于 2 个工位，每个工位面积不小于 5m²。 （2）工作环境：现场操作场地及设备材料已完备。工位之间设置隔离围栏。全程带电作业，变压器高压桩头视为带电体。 （3）考生独立完成现场安全技术措施的设置。 （4）正确、规范地使用用电检查仪，正确选取测试电流钳。 （5）正确使用数字钳形电流表。 （6）封签、电能表参数检查，现场取证。 （7）正确、规范的使用安全工器具				
现场设备、工具、材料	（1）设备：WDX-5D用电检查仪 1 套（自带三只 5A 电流钳）、仪器配套 50A 电流钳 1 套（三只）、计时秒表 1 块、三相四线高供低量计量装置（全透明表箱及低压桩头罩）1 组、模拟负载 1 套。 （2）工器具：万用表 1 块、数字钳形电流表 1 块、5mm×1m×1m 绝缘垫 1 块、安全遮栏 2 套、标示牌"从此进出" 1 块、警示牌"止步，高压危险" 4 块。 （3）材料：封签若干、高供低计电能计量装置检测记录单 1 张				
备注	考生自带工作服、安全帽、线手套、电工常用个人工具；工作票由考生在考前独立填写，不计入考核时间。每个"分值"扣完为止				

<table>
<tr><td colspan="7" align="center">评分标准</td></tr>
<tr><td>序号</td><td>作业名称</td><td>质量要求</td><td>分值</td><td>扣分标准</td><td>扣分原因</td><td>得分</td></tr>
<tr><td>1</td><td>着装</td><td>正确佩戴安全帽、穿工作服、穿绝缘鞋、戴手套</td><td>5</td><td>未按要求着装缺一项扣1.5分</td><td></td><td></td></tr>
</table>

序号	作业名称	质量要求	分值	扣分标准	扣分原因	得分
				评分标准		
2	现场安全布置	在变压器四周设置遮栏，在遮栏四周向外设置"止步，高压危险"警示牌，出、入口悬挂"从此进出"标示牌	5	(1) 未设遮栏不得分。 (2) 未挂标示牌扣2分。 (3) 警示牌漏挂一块扣1分		
3	封签检查	检查计量箱、电能表大盖、电能表小盖、联合接线盒、TA二次端子封签是否完好，无封或封签存在问题应记录，并用取证工具取证	5	(1) 未检查扣5分。 (2) 漏检查1个扣1分。 (3) 未记录和取证扣5分。 (4) 漏记录和取证每处扣2分		
4	分相电流测量	用万用表、数字钳形电流表分相测量变压器低压侧一次电压、电流并记录	10	(1) 未测量扣10分。 (2) 测量时取错测量点或带电换挡每次扣5分。 (3) 钳口闭合不严每次扣2分。 (4) 挡位选择错误每次扣5分。 (5) 测试数据未记录或记录不全每项扣2分		
5	电表接线及参数检查	检查计量装置二次接线有无松动，电能表有无报警信号，电流、电压数据显示是否正常，存在问题应记录，并用取证工具取证	5	(1) 未检查扣5分。 (2) 漏检查1分/个。 (3) 未记录和取证扣5分。 (4) 漏记录和取证每处扣每2分		
6	输入测量参数	在主菜单下，选取综合测量，进入此功能，输入测试所需参数	10	(1) 功能选择错误扣5分。 (2) 参数设置错误每项扣2分		
7	测试仪附件检查	检查电流钳、电压连接导线及其相关附件是否完整，绝缘有无损坏	5	(1) 未检查扣5分。 (2) 漏检查每项扣1分		

		评分标准				
序号	作业名称	质量要求	分值	扣分标准	扣分原因	得分
8	接线	（1）用电检查仪 Uu、Uv、Uw 端子分别接 U、V、W 三相电压，Uo 接零线； （2）根据实测变压器低压侧一次负荷电流大小，选择合适的测试电流钳。 （3）将电流钳接线与测试仪钳表 A、B、C 端子分相进行连接，然后用 U 相电流钳卡住 U 相电流出线，V 相电流钳卡住 V 相电流出线，W 相电流钳卡住 W 相电流出线，注意极性（由极性端流入非极性端流出）。三相电流钳所钳取的均为变压器低压侧一次负荷电流。 （4）电能表有功脉冲输出端子连接至用电检查仪脉冲输入端子，注意正、负极性	30	（1）电压回路漏接线或接线错扣 10 分。 （2）电流钳选择错误扣 10 分。 （3）电流钳未先与测试仪进行连接每次扣 10 分。 （4）电流钳钳入一次导线时极性反，每次（相）扣 5 分。 （5）电流钳钳口闭合不严每次（相）扣 5 分。 （6）电能表脉冲输出端子选择错误每次（相）扣 5 分，极性接错每次（相）扣 2 分。 （7）接线不牢固，扣 5 分/处。 （8）接线完毕不进行正确性和牢固性检查扣 10 分		
9	误差测试	按【误差校验】键，校验计量装置整组综合误差。测试时应严密关注主要电参数的变化，如有异常应立即停止测试	2	未进行测试数据观察扣 2 分		
10	数据记录存储	（1）效验完毕，按【数据存盘】键按钮保存数据记录。 （2）如果要重新输入校表参数，按【取消校验】键	5	（1）未储存数据扣 3 分。 （2）未记录测试结果扣 2 分		
11	拆除测试线	（1）拆除三相电压及零线连接线。 （2）首先取下三相电流钳，然后断开电流钳与测试仪的链接导线	5	（1）电压线与零线的断开顺序错误扣 5 分。 （2）电流线断开顺序错误扣 5 分		
12	重新上封	重新上封并记录封签编号	3	（1）未重新上封扣 3 分。 （2）漏上封签每处扣 1 分。 （3）未记录封签编号扣 2 分		

185

		评分标准				
序号	作业名称	质量要求	分值	扣分标准	扣分原因	得分
13	安全文明生产	（1）严格遵守人体与高压带电部位安全距离的规定。 （2）填写第二种工作票。 （3）不发生安全或设备损坏事故。 （4）测试完毕后，清理现场	10	（1）作业过程中发生安全或设备损坏事故本项考核不及格。 （2）作业时凡发生1次人体与高压带电部位的实际距离小于安规中最小安全距离规定的，本项考核不及格。 （3）未填写第二种工作票扣5分。 （4）工作票填写不规范扣2分。 （5）未清理场地扣5分，清理不充分扣2分		

考试开始时间			考试结束时间		合计	
考生栏	编号：	姓名：	所在岗位：	单位：	日期：	
考评员栏	成绩：	考评员：		考评组长：		

JC308 附：

高供低计电能计量装置检测记录单

考生信息				
编号	姓名	所在岗位	所在单位	工位号

电能表信息		
出厂编号	型号	标定电流

封签信息					
安装位置1	封签编号	安装位置2	封签编号	安装位置3	封签编号
安装位置4	封签编号	安装位置5	封签编号	安装位置6	封签编号

互感器信息					
U 相		V 相		W 相	
出厂编号	额定变比	出厂编号	额定变比	出厂编号	额定变比

实测数据					
U 相		V 相		W 相	
一次电流	二次电流	一次电流	二次电流	一次电流	二次电流
电压		电压		电压	

实测综合误差值

存在问题及异动记录

一、操作

(一) 工具、材料和设备

(1) 工具：5mm×1m×1m 绝缘垫 1 块。

(2) 材料：封签若干，高供低计电能计量装置电能表检测记录单（见 JC309 附）。

(3) 设备：WDX-5D 用电检查仪 1 套（自带三只 5A 电流钳）、计时秒表 1 块、三相四线高供低计电能计量装置（全透明表箱及低压桩头罩）1 套，模拟负载 1 套。安全遮栏 2 套；标示牌"从此进出"1 块；警示牌"止步，高压危险"4 块。

(二) 安全要求

(1) 现场设置安全遮栏、绝缘垫和警示牌。

(2) 全程使用劳动防护用品。

(3) 操作过程中，熟悉仪表的性能与使用，确保人身与设备安全。

(4) 室内施工，具备良好的照明、通风条件。

(三) 操作步骤及作业要求

1. 准备工作

(1) 着装整齐。

(2) 选择工具，做外观检查。

(3) 选择材料，做外观检查。

(4) 检查仪器、仪表是否正常。

(5) 填写第二种工作票。

2. 工作过程

(1) 设置现场安全设施：装设安全遮栏，在施工人员出、入口向外悬挂"从此进出"标示牌，在遮栏四周向外悬挂"止步，高压危险"警示牌。绝缘垫放在作业位置。

（2）检查计量箱、电能表大盖、电能表小盖、联合接线盒、TA 二次端子封签是否完好，无封或封签存在问题应记录，并用取证工具取证。

（3）打开电能表计量箱，检查计量装置二次接线有无松动，电能表有无报警信号，电流、电压数据显示并记录，存在问题用取证工具取证。

（4）按下用电检查仪电源按钮，仪器首先进入开机画面，初始化程序完成后，自动进入系统设置中所选定（本仪器出厂时选定主菜单）画面。

（5）在主菜单下，选取综合测量，进入此功能，输入参数，如图 JC403 - 1 所示。

1）现场电参数符号含义。

P：有功功率　　　　Q：无功功率　　　　φ：电压和电流间相位

I：电流　　　　　　U：电压　　　　　　F：频率

$COS\varphi$：有功功率因数　$SIN\varphi$：无功功率因数

2）校表参数设置。在此状态下，通过方向键（【↑】【↓】键）移动到需要修改的栏目上进行参数输入，校表参数定义如下：

a. 接线：指电能表接线方式，按【←】【→】键可选择：四线有功、三线有功、四线无功和三线无功。

① 四线有功：校验三相四线有功电能表或单相电能表。

② 三线有功：校验三相三线有功电能表。

③ 四线无功：校验三相四线无功电能表。

④ 三线无功：校验三相三线无功电能表。

b. 输入：指电流接入仪器方式，按【←】【→】键可选择：内接和钳表。内接是指电流通过校验仪内置互感器输入；钳表是指电流通过钳形互感器输入。

c. 校表：按【←】【→】键可选择：手动、自动。手动是指校验电能表时用手动计数方式输入；自动是指校验电能表时用光电采样器输入或电子表低频脉冲输入。

d. 电流：指电流量程，按【←】【→】键可选择：如果电流输入选择内接，电流量程为 5A 不能选择；如果电流输入选择钳表，可选择 5、10、20、50、100、500、1000、1500、2000A。

e. 常数：指被校电能表电能常数。最大输入的位数为 10 位。

f. 表号：指电表编号，最大输入的位数为 31 位数。

g. 圈数：指校验圈数，输入范围为 1～999。

h. 户名：指用户名称，可输入最大长度 47 字节，即 23 个汉字或 47 个字符。

i. 变比：指电流互感器变比，当被校表经过电流互感器输入，用钳形表测量一次电流时在此输入电流互感器的变比。如果钳形表和被校表输入电流相同，变比输入 1/1。

（6）检查电流钳、电压连接导线及其相关附件是否完整，绝缘有无损坏。

（7）表头误差测试接线，用电检查仪面板布局如图 JC402 - 2 所示。

1）用电检查仪 Uu、Uv、Uw 端子分别接 U、V、W 三相电压，Uo 接零线。

2）将三只 5A 电流钳的接线与测试仪钳表 A、B、C 端子分相进行连接，用 U 相电流钳卡住 U 相电流出线、V 相电流钳卡住 V 相电流出线、W 相电流钳卡住 W 相电流出线，注意极性（由极性端流入、非极性端流出）。三相电流钳所钳取的均为三相电能表出线端子电流。

3）电能表有功脉冲输出端子连接至用电检查仪脉冲输入端子，注意正、负极性。

（8）按【误差校验】键，校验计量装置表头误差。此时屏幕下的【参数输入】键变为【数据存盘】键，效验完毕，按此按钮保存数据记录。如果要重新输入校表参数，按【取消校验】键。测试时应严密关注主要电参数的变化，如有异常应立即停止测试。

（9）拆除电压连线，取下电流钳，测量完成。

1）拆除三相电压及零线连接线。

2）先取下三相电流钳，然后断开电流钳与测试仪的连接导线。

（10）计量装置重新上封并记录封签编号。

二、考核

（一）考核场地

（1）考场设在具备良好照明、通风条件，比较开阔的室内。不少于 2 个工位，每个工位面积不小于 5m²。

（2）工位之间设置隔离围栏。全程带电作业，变压器高压桩头视为带电体。

（3）设置 2 套评判桌椅和计时秒表、计算器。

（二）考核时间

参考时间为 30min。在规定时间内完成，从报开工起到报完工止。

（三）考核要点

（1）考生就位，经许可后开始工作，规范穿戴工作服、工作鞋、安全帽、手套等。

（2）考生独立完成现场安全技术措施的设置。

（3）正确、规范使用用电检查仪。

（4）封签、电能表参数检查，现场取证。

（5）工器具及仪表满足工作需要，进行检查。正确、规范地使用安全工器具。

（6）安全文明生产，按规定时间完成，按所完成的内容计分，要求操作过程熟练连贯，施工有序，工具、材料放置整齐，设备排布合理，现场清理洁净。

（7）发生安全或设备损坏事故本项考核不及格。

三、评分参考标准

行业：电力工程　　　　　工种：用电监察员　　　　等级：三

编号	JC309	行为领域	e	鉴定范围	
考核时间	30min	题型	A	含权题分	25
试题名称	高供低计电能计量装置电能表误差测试				
考核要点及其要求	（1）给定条件：室内考场具备好照明、通风条件。不少于2个工位，每个工位面积不小于5m²。 （2）工作环境：现场操作场地及设备材料已完备。工位之间设置隔离围栏。全程带电作业，变压器高压桩头视为带电体。 （3）考生独立完成现场安全技术措施的设置。 （4）正确、规范地使用用电检查仪。 （5）封签、电能表参数检查，现场取证。 （6）正确、规范地使用安全工器具				
现场设备、工具、材料	（1）设备：WDX－5D用电检查仪1套（自带三只5A电流钳）、计时秒表1块、三相四线高供低计量装置（全透明表箱及低压桩头罩）1组、模拟负载1套。 （2）工器具：5mm×1m×1m绝缘垫1块、安全遮栏2套、标示牌"从此进出"1块、警示牌"止步，高压危险"4块。 （3）材料：封签若干，高供低计电能计量装置电能表检测记录单1张				
备注	考生自带工作服、安全帽、线手套、电工常用个人工具；工作票由考生在考前独立填写，不计入考核时间。每个"分值"扣完为止				
评分标准					

序号	作业名称	质量要求	分值	扣分标准	扣分原因	得分
1	着装	正确佩戴安全帽、穿工作服、穿绝缘鞋、戴手套	5	未按要求着装缺一项扣1.5分		
2	现场安全布置	在工作地点设置遮栏，在遮栏四周向外设置"止步，高压危险"警示牌，出、入口悬挂"从此进出"标示牌	5	（1）未设遮栏不得分。 （2）未挂标示牌扣2分。 （3）警示牌漏挂扣1分		

		评分标准				
序号	作业名称	质量要求	分值	扣分标准	扣分原因	得分
3	封签检查	检查计量箱、电能表大盖、电能表小盖、联合接线盒、TA二次端子封签是否完好，无封或封签存在问题应记录，并用取证工具取证	5	（1）未检查扣5分。 （2）漏检查扣1分/个。 （3）未记录和取证扣5分。 （4）漏记录和取证扣2分/处		
4	电表接线及参数检查	检查计量装置二次接线有无松动，电能表有无报警信号，电流、电压数据显示并记录，存在问题用取证工具取证	10	（1）未检查扣5分。 （2）漏检查扣1分/处。 （3）漏记录、记录错误、取证不完全扣2分/处		
5	输入测量参数	在主菜单下，选取综合测量，进入此功能，输入测试所需参数	10	（1）功能选择错误扣5分。 （2）参数设置错误扣2分/项		
6	测试仪附件检查	检查电流钳、电压连接导线及其相关附件是否完整，绝缘有无损坏	5	（1）未检查扣5分。 （2）漏检查扣1分/附件		
7	接线	（1）用电检查仪 Uu、Uv、Uw 端子分别接 U、V、W 三相电压，Uo 接零线。 （2）将三只 5A 电流钳的接线与测试仪钳表 A、B、C 端子分相进行连接，然后用 U 相电流钳卡住 U 相电流出线、V 相电流钳卡住 V 相电流出线、W 相电流钳卡住 W 相电流出线，注意极性（由极性端流入、非极性端流出）。三相电流钳所钳取的均为三相电能表出线端子电流。 （3）电能表有功脉冲输出端子连接至用电检查仪脉冲输入端子，注意正、负极性	35	（1）电压回路漏接线或接线错扣10分。 （2）电流钳未先与测试仪进行连接，扣10分/次。 （3）电流钳钳入一次导线时极性反，扣5分/次（相）。 （4）电流钳钳口闭合不严，扣5分/次。 （5）电能表脉冲输出端子选择错误扣5分/次，极性接错扣2分/次。 （6）接线不牢固，扣5分/处。 （7）接线完毕不进行正确性和牢固性检查扣10分		
8	误差测试	（1）按【误差校验】键，校验计量装置表头误差。 （2）测试时应严密关注主要电参数的变化，如有异常应立即停止测试	2	未进行测试数据观察，扣2分		

			评分标准				
序号	作业名称	质量要求	分值	扣分标准	扣分原因	得分
9	数据记录存储	（1）校验完毕，按【数据存盘】键保存数据记录。 （2）如果要重新输入校表参数，按【取消校验】键	5	（1）未储存数据扣3分。 （2）未记录测试结果扣2分		
10	拆除测试线	（1）拆除三相电压及零线连接线。 （2）首先取下三相电流钳，然后断开电流钳与测试仪的连接导线	5	（1）电压线与零线的断开顺序错误扣5分。 （2）电流线断开顺序错误扣5分		
11	重新上封	重新上封并记录封签编号	3	（1）未重新上封扣3分。 （2）漏上封签扣1分/处。 （3）未记录封签编号扣2分		
12	安全文明生产	（1）严格遵守人体与高压带电部位安全距离的规定。 （2）填写第二种工作票。 （3）不发生安全或设备损坏事故。 （4）测试完毕后，清理现场	10	（1）作业过程中发生安全或设备损坏事故本项考核不及格。 （2）作业时凡发生1次人体与高压带电部位的实际距离小于安规中最小安全距离规定的，本项考核不及格。 （3）未填写第二种工作票扣5分。 （4）工作票填写不规范扣2分。 （5）未清理场地扣5分，清理不充分扣2分		

考试开始时间			考试结束时间		合计	
考生栏	编号：	姓名：	所在岗位：	单位：	日期：	
考评员栏	成绩：	考评员：		考评组长：		

JC309 附：

高供低计电能计量装置电能表检测记录单

考生信息				
编号	姓名	所在岗位	所在单位	工位号

电能表信息		
出厂编号	型号	标定电流

封签信息					
安装位置1	封签编号	安装位置2	封签编号	安装位置3	封签编号
安装位置4	封签编号	安装位置5	封签编号	安装位置6	封签编号

互感器信息					
U 相		V 相		W 相	
出厂编号	额定变比	出厂编号	额定变比	出厂编号	额定变比

实测数据					
电能表 U 相		电能表 V 相		电能表 W 相	
电压	电流	电压	电流	电压	电流

实测综合误差值

存在问题及异动记录

一、操作

(一) 工具、材料和设备

(1) 工具：数字钳形电流表、万用表、绝缘电阻表、接地电阻表、相位伏安表、电工个人工具、绝缘垫、登高工具、应急灯。

(2) 材料：低压电能计量控制柜电气原理图、安装接线图、一次性封签若干。

(3) 设备：低压电能计量柜（如 HYJK‑380/1 或 KJY‑2000 型计量柜或 YF‑PJ1）。

(二) 安全要求

(1) 正确填用履行工作票，工作服、安全帽、手套整洁、完好，符合安规要求，工器具绝缘良好，整齐完备。

(2) 读懂计量控制柜电气原理图和安装接线图。

(3) 查看计量控制柜出厂例行电气试验报告，所试项目合格。

(4) 查看柜体接地连接可靠，接地电阻合格。

(5) 用低压验电笔测试柜体无带电，应在计量控制柜锁头或在柜体无喷塑处验电。

(6) 使用仪表检测注意正确选择挡位和量程，加强监护，严防短路事故。

(7) 按厂家使用说明书要求，通电后检查电气指示正确性。

(8) 登高 2m 以上应系好安全带，保持与带电设备的安全距离，在梯子上作业应有人扶持。

(9) 根据带电设备及周边环境，制订现场安全防护措施。

(三) 操作步骤及要求

1. 操作步骤

(1) 查看现场，工作人明确工作任务，履行开工许可手续，交代危险点和现场措施。

（2）采用先看主回路、再看计量监测回路和控制回路，从上到下、从左到右逐行查看的方法通读讲解电气原理图。

（3）运用相对标号法、回路编号法或对侧设备标号法通读讲解安装接线图，逐一说明计量控制柜的多种功能和使用方法。

（4）通电，柜体验电，逐一检查计量控制柜功能使用状况。

2. 操作要求

（1）低压电能计量控制柜所处位置如图 JC310 - 1 所示，一般就近装于配电变压器附近。

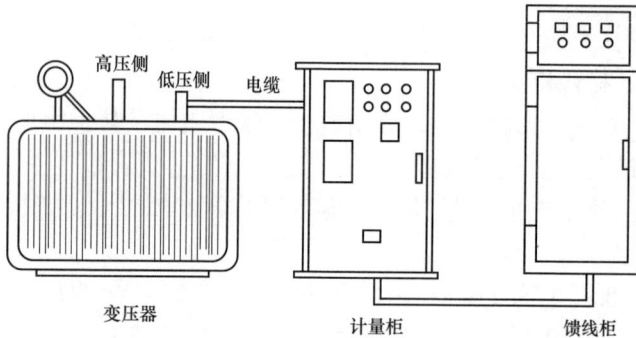

图 JC310 - 1　低压电能计量控制柜所处位置示意图

（2）计量控制柜电气原理图如图 JC310 - 2 所示，一、二次安装接线图如图 JC310 - 3 所示。

（3）检查低压电缆截面满足负荷要求，电缆接线鼻子选择正确，与电缆压接牢固，所有导电部位涂抹导电膏，绝缘良好。

（4）在变压器低压侧连接电缆处，应用防窃电保护箱将变压器低压桩头和电缆头封闭并加封。

（5）计量控制柜垂直安装牢固，倾斜度小于 3°，箱体接地良好，接地电阻应小于 3Ω。

（6）各紧固件连接紧密，电缆进出箱体加装防护层，保证其绝缘良好，并用电缆防火泥将电缆孔封堵。

（7）对照电气原理图和安装接线图，检查一、二次接线正确，检查各回路使用导线规格正确。

（8）关上柜门，接通电源，此时门上白色指示灯亮、绿色指示灯亮，断路器处于分闸状态。

低压电能计量控制柜电气原理图

序号	代码	名称	型号规格	数量	备注
11	FU1、FU2	熔断器	JF5-2.5/RD 10A	2	
10	FS	避雷器	YH1.5W-0.28/1.3	3	
9	DFY	接线盒	FJ6/DFY1	2	
8	YK	行程开关	YBLX-19/001	1	
7	HA	蜂鸣器	AD38-22MD AC220V	1	黄
6	BD	工作灯	平头螺口25W AC220V	1	
5	SB1、SB2	按钮	LA23-10	2	绿、红
4	SA	旋转按钮	NP2-BD21	1	
3	HG、HR、HW	指示灯	ND16-22 AC220V	3	绿红白
2	2TAu、TAv、TAw	电流互感器	BH-0.66 300/5	3	
1	QF	断路器	TYM1-SP/3360	1	AC220V

HYJK-380/1

图 JC310-2 计量控制柜电气原理图

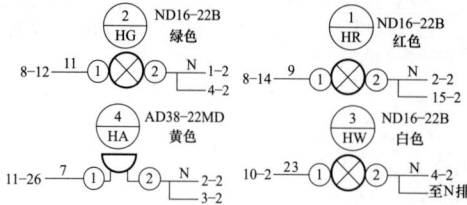

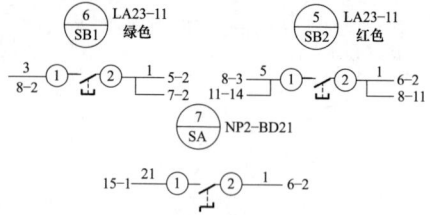

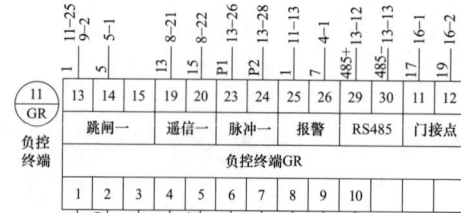

(a)

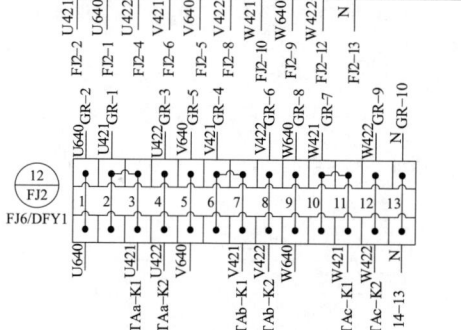

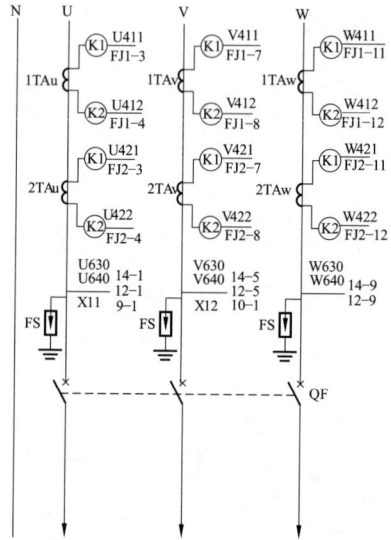

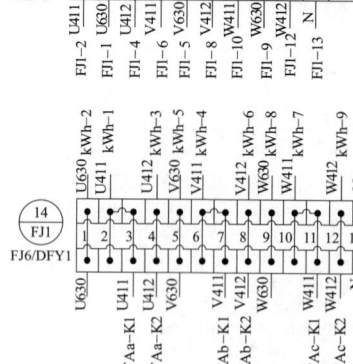

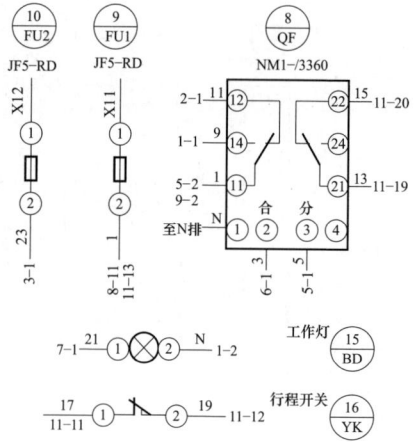

(b)

图 JC310-3　计量控制柜一、二次安装接线图

（a）柜内侧安装图；（b）柜内元件正视图

（9）用专用钥匙打开操作按钮小门，按动绿色按钮，断路器合闸，绿色指示灯熄灭，红色指示灯亮，合闸完成；按动红色按钮断路器分闸，红灯灭、绿灯亮，分闸完成；旋转工作灯开关，柜内工作灯亮。

（10）若断路器在合闸状态，打开柜门则门禁行程开关复位，此时黄色蜂鸣器响起，同时灯亮报警；若负控终端设有跳闸功能，此时断路器跳闸，即非法开柜门报警并断电，达到防窃电功能。

（11）加封，正确填写工作单，供用双方在工作单上签字确认。

（12）清理工位，工具、材料摆放整齐，无不安全现象发生，做到安全文明生产。

二、考核

（一）考核场地

（1）场地面积应能同时容纳 2 个工位（操作台），并保证工位之间的距离合适，操作面积不小于 $1500 \times 1500 \text{mm}^2$。

（2）每个工位配有桌椅、计时器。

（3）室内备有通电试验用的三相电源（有接地保护）2 处以上。

（二）考核时间

参考时间为 45min，从报开工起到报完工止。

（三）考核要点

（1）履行工作手续完备。

（2）安装质量检查无漏项。

（3）对照电气原理图描述计量柜的电能计量、负荷控制、开箱断电、防窃电等功能的实现。

（4）对照安装接线图描述计量柜的电能计量、负荷控制、开箱断电、防窃电等功能的实现。

（5）根据柜面指示灯指示，说明计量柜运行状态。

（6）工作单填写正确、规范。

（7）安全文明生产。

三、评分参考标准

行业：电力工程　　　　　　工种：用电监察员　　　　　　等级：三

编号	JC310	行为领域	e	鉴定范围	
考核时间	45min	题型	c	含权题分	25
试题名称	低压电能计量控制柜电气识图与竣工验收检查				

考核要点及其要求	(1) 给定条件：低压电能计量控制柜的额定电流为 630A 及以下，外观、机械、接地、绝缘及耐压等例行试验合格，制造标准符合国家标准规定，质量合格。 (2) 着装规范、劳动防护措施齐全。 (3) 履行工作手续完备。 (4) 正确、安全使用工器具、仪表。 (5) 安装质量检查无漏项。 (6) 对照图纸正确描述计量柜的电能计量、负荷控制、开箱断电、防窃电等功能。 (7) 根据柜面指示灯指示，说明计量柜运行状态	
现场设备、工具、材料	(1) 工作现场具备设备：低压电能计量控制柜（如 HYJK - 380/1 或 KJY - 2000 型或 YFPJ1 计量柜）。 (2) 工作现场具备的材料：低压电能计量柜电气原理图、安装接线图、一次性封签若干。 (3) 工作现场具备的工具、仪表：数字钳形电流表、万用表、绝缘电阻表、接地电阻表、相位伏安表、绝缘垫、登高工具、应急灯。 (4) 考生自备工作服、安全帽、线手套、绝缘鞋、电工个人工具	
备注	(1) 设定所计量的变压器容量如 200kVA，要求考生回答如何配置互感器，以及避雷器连线和互感器二次回路线径的选择。回答错误，扣除第六项得分 ——9 分。 (2) 考核时间限定 45min，重点考核电气识图和柜体指示灯、仪表功能描述的能力。对具体工器具操作项目，考评员可要求考生口述。报开工开始计时，工具仪表试验检查开工前完成，不计入考核时间内。每个"分值"扣完为止	

评分标准							

序号	作业名称	质量要求	分值	扣分标准	扣分原因	得分
1	开工准备	(1) 正确佩戴安全帽、穿工作服、穿绝缘鞋、戴手套。 (2) 正确填写工作票，履行开工许可手续	4	(1) 未按要求着装缺一项扣 1.5 分。 (2) 未填写工作票扣 2 分。 (3) 未履行开工手续扣 2 分		
2	工具、仪表检查和试验	正确选择工具、仪表，不漏选。 (1) 常用工具检查。检查其规格、外观质量及机械性能。 (2) 电气安全器具的检查。检查低压验电笔外观质量和电气性能，并在有电的电源插座上验电，确认正常。 (3) 检查测量仪表外观和电气性能	3	(1) 借用工具、仪表扣 1 分/件。 (2) 工器具未进行检查扣 1 分。 (3) 仪表未进行相关试验、检查扣 1 分/台		

序号	作业名称	质量要求	分值	扣分标准	扣分原因	得分
				评分标准		
3	读懂计量控制柜电气原理图	（1）采用先主回路、后量测和控制回路，先上后下、从左到右的方法通读讲解电气原理图。 （2）讲解主回路电气结构。 （3）讲解电流回路构成及其与终端、电能表间的电气连接。 （4）讲解电压回路构成及其与终端、电能表间的电气连接。 （5）讲解控制回路构成，与其他元件间的电气连接及其功能的实现	14	（1）未说明看图的方法扣2分/件。 （2）主回路24个讲解点，未讲解或作用及对应关系讲解错误，扣0.125分/点。 （3）电流回路26个讲解点，未讲解或作用及对应关系讲解错误，扣0.125分/点。 （4）电压回路16个讲解点，未讲解或作用及对应关系讲解错误，扣0.125分/点。 （5）控制回路32个讲解点，未讲解或作用及对应关系讲解错误，扣0.125分/点		
4	读懂计量控制柜安装接线图	（1）运用相对标号法、回路编号法或对侧设备标号法讲解安装接线图。 （2）讲解柜门内侧安装图电气构成，与其他元件的电气连接。 （3）讲解柜内元件正视安装图电气构成、与其他元件的电气连接	48	（1）未说明看图的方法扣2分/件。 （2）柜门内侧安装图83个讲解点，未讲解或作用及对应关系讲解错误，扣0.125分/点。 （3）柜内元件正视安装图中主回路66个讲解点，未讲解或作用及对应关系讲解错误，扣0.125分/点。 （4）第8安装单元30个讲解点，未讲解或作用及对应关系讲解错误，扣0.125分/点。 （5）第9、10安装单元17个讲解点，未讲解或作用及对应关系讲解错误，扣0.125分/点。 （6）第11、12安装单元88个讲解点，未讲解或作用及对应关系讲解错误，扣0.125分/点。 （7）第13、14安装单元72个讲解点，未讲解或作用及对应关系讲解错误，扣0.125分/点。 （8）第15、16安装单元18个讲解点，未讲解或作用及对应关系讲解错误，扣0.125分/点		

		评分标准				
序号	作业名称	质量要求	分值	扣分标准	扣分原因	得分
5	查看出厂电气报告	计量柜出厂例行电气试验报告查看，检查所试项目应合格	5	未检查扣5分		
6	检查设备安装情况	（1）计量柜垂直安装牢固，倾斜度小于3°。 （2）箱体接地良好，接地电阻应小于3Ω。 （3）电流回路使用BV-4mm²，电压回路使用BV-2.5mm²，控制回路使用BVR-1.5mm²，避雷器使用BV-6mm²，接线正确。 （4）低压电缆截面满足负荷要求，电缆接线鼻子选择正确，与电缆压接牢固，所有导电部位涂抹导电膏，绝缘良好。 （5）变压器低压侧连接电缆处，用防窃电保护箱将变压器低压桩头和电缆头封闭并加封。 （6）各紧固件连接紧密，安全距离足够，电缆进、出箱体处加装防护层并封堵	9	（1）未检查说明或检查错误，扣1分/项。 （2）仅看试验报告，未摇测验证接地电阻值，扣5分		
7	通电检查	（1）检查无误后关上柜门通电，加强监护，在计量柜锁头处验电应无电，严防事故发生。 （2）检查电气指示正确性，说明计量柜的多种功能和使用方法	15	（1）未验电扣1分。 （2）白色指示灯亮，指示电源接通，未说明或说明错误，扣2分。 （3）绿色指示灯亮，指示断路器未合闸，未说明或说明错误，扣2分。 （4）旋转工作灯开关，柜内工作灯亮，未演示说明扣2分。 （5）打开操作按钮小门，按动绿色按钮，断路器合闸，绿色指示灯熄灭，红色指示灯亮，合闸完成；按动红色按钮断路器分闸，红灯灭绿灯亮，分闸完成。未演示说明扣4分。 （6）若断路器在合闸状态，打开柜门则黄色蜂鸣器响起并灯亮报警；若负控终端设有跳闸功能，此时断路器跳闸，即非法开柜门报警并断电，达到防窃电功能。未演示说明扣4分		

评分标准						
序号	作业名称	质量要求	分值	扣分标准	扣分原因	得分
8	安全生产	（1）规范填写工作单，柜体加封，清理现场。 （2）操作符合规程和安全要求，无违章现象	2	（1）未填写工作单及加封扣2分。 （2）操作中发生违规或不安全现象扣2分。 （3）引发跳闸事故的立即停止操作，本次考核项目不及格		
考试开始时间			考试结束时间		合计	
考生栏	编号：	姓名：	所在岗位：	单位：	日期：	
考评员栏	成绩：	考评员：		考评组长：		

一、操作

（一）工具、材料和设备

（1）工具与材料：计算机、打印机、计算器等自动化办公用品，A4 白纸。

（2）设备：某客户 10kV 双电源供电的成套配电设施或如图 JC311-1 所示某客户 35kV 配电系统。

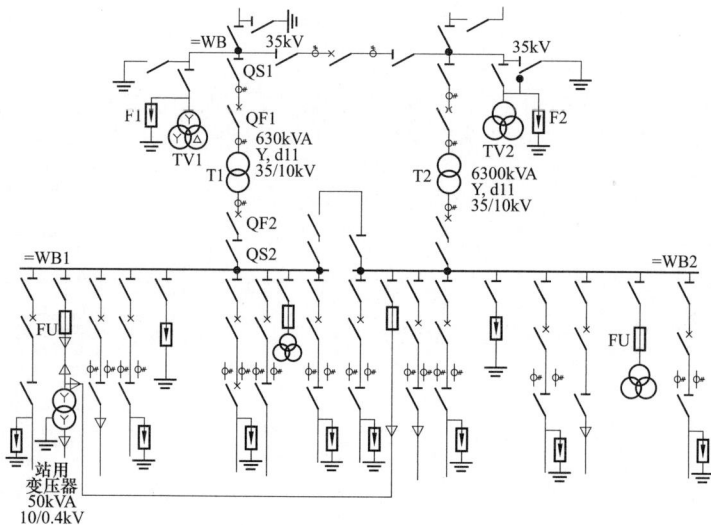

图 JC311-1　某客户 35kV 配电系统

（二）安全要求

（1）着装规范，穿戴整齐。

（2）经许可方可进入配电设施现场查勘。

（3）遵守安全生产工作规定，不触摸设备，不擅自扩大活动范围。

（4）明确许可人交代内容，清楚现场危险点和带电部位，与带电设备保持

0.7m 安全距离。

（5）操作自动化办公设备时注意安全用电。

（6）作业完毕，清理现场，恢复原状。

（三）操作步骤及要求

1. 操作步骤

（1）进入现场，许可人交代危险点和带电部位。

（2）工作人明确工作任务，履行开工手续。

（3）了解客户用电需求，查看用电设备，接受考核人员的提问。

（4）按程序启动办公设备，制作客户计量方案的电子文档，以考号命名存入我的文档。

2. 操作要求

（1）以如图 JC311-1 所示某客户 35kV 配电系统为对象进行考核，或以现场 10kV 双电源供电的成套配电设施为对象进行考核。

（2）讲解图 JC311-1 或现场客户 10kV 双电源供电的成套配电设施，说明客户需求。

（3）依据供电营业规则，确定计量方式和计量点设置。

（4）依据电能计量装置技术管理规程，确定计量装置接线方式、计量装置分类及配置要求。

（5）以 Word、Excel 形式，完成计量方案编制。

（6）清理工位，工具、材料摆放整齐，无不安全现象发生，做到安全文明生产。

二、考核

（一）考核场地

（1）10kV 或 35kV 双电源供电的成套配电设施实操室。

（2）考核工位配有桌椅、计时器。

（二）考核时间

参考时间为 30min，从报开工起到报完工止。

（三）考核要点

（1）履行工作许可手续完备。

（2）讲解客户负荷性质、柜内设备、容量大小等需求。

（3）计量方式的确定和计量点的设置。

（4）计量装置接线方式、分类及配置要求。

（5）计量方案以文字和表格形式存入"我的文档"。

三、评分参考标准

行业：电力工程   工种：用电监察员   等级：三

编号	JC311	行为领域	e	鉴定范围	
考核时间	30min	题型	C	含权题分	25
试题名称	编制高压供电客户的计量方案				
考核要点及其要求	（1）给定条件：某用户10kV双电源供电的成套配电设施实操室或如图JC311-1所示某用户35kV配电系统。 （2）着装规范、劳动防护措施齐全。 （3）履行工作许可手续完备。 （4）讲解客户负荷性质、装见设备、容量大小等需求。 （5）计量方式的确定和计量点的设置。 （6）计量装置接线方式、分类及配置要求。 （7）计量方案以文字和表格形式存入"我的文档"				
现场设备、工具、材料	（1）设备：10kV双电源供电的成套配电设施实操室。 （2）材料、工具：计算机、打印机、计算器等自动化办公用品，A4白纸。 （3）考生自备工作服、安全帽、线手套、绝缘鞋				
备注	每个"分值"扣完为止				

评分标准

序号	作业名称	质量要求	分值	扣分标准	扣分原因	得分
1	开工准备	（1）正确佩戴安全帽、穿工作服、穿绝缘鞋、戴手套。 （2）正确填写工作票，履行开工手续	5	（1）未按要求着装缺一项扣1.5分。 （2）未填写工作票扣2分。 （3）未履行开工手续扣2分		
2	工器具检查	熟练使用自动化办公系统	3	指导后使用，扣1分/次		
3	用电需求讲解	对照现场配电设施或图纸： （1）介绍双电源供电对于负荷性质的意义。 （2）介绍一次接线图。 （3）配电设备的作用、各标号的意义。 （4）装见设备及其容量大小	20	未说明或错误扣5分/项		
4	计量方式的确定	按供电营业规则要求： （1）讲解采用高供高计方式。 （2）讲解不同供电点、不同电价类别应分别装设计量装置	10	未说明或错误扣5分/项		

		评分标准					
序号	作业名称	质量要求	分值	扣分标准	扣分原因	得分	
5	计量点设置	（1）按供电营业规则要求，讲解计量点设置原则。 （2）指出计量点位置	10	未说明或错误扣5分/项			
6	确定接线方式	（1）讲解不同系统采用不同接线方式的技术要求。 （2）应采用三相三线接线方式，讲解三相三线接线方式的组成	15	（1）对第一项，未说明或错误扣5分。 （2）对第二项，未说明或讲解错误扣10分			
7	分类及配置要求	（1）计量装置分五类，说明对应类别。 （2）讲解五类计量装置准确度等级、对应配置说明	10	未说明或错误扣5分/项			
8	计量装置选择	（1）计量柜的选择。 （2）电能表的选择。 （3）互感器的选择。 （4）二次回路的选择	20	未说明或错误扣5分/项			
9	计量方案编写	以文字和表格形式存入"我的文档"	5	（1）电子文档中未画配置电能表、互感器准确度等级表格，扣2分。 （2）未存入"我的文档"，扣3分			
10	安全生产	操作符合规程和安全要求，无违章现象	2	操作中发生违规或不安全现象扣2分			
考试开始时间			考试结束时间			合计	
考生栏	编号：	姓名：	所在岗位：		单位：		日期：
考评员栏	成绩：	考评员：			考评组长：		

一、操作

（一）工具和材料

（1）工具：计算器、水性笔、草稿纸。

（2）材料：低压动力用户供电方案及受电工程设计图纸。

（二）审查的依据要求

对低压受电工程设计进行审查，应依据国家和电力行业的有关设计标准、规程进行，同时应按照当地供电部门确定的供电方案要求进行设计。如果确实需要修改供电方案的，必须经过供电方案批复部门同意。设计时倡导采用节能环保的先进技术和产品，禁止使用国家明令淘汰的产品。设计、审查依据的主要标准、规程如下：

GB/T 5006—2008《电力装置的电测量仪表装置设计规范（附条文说明）》

GB 14549—1993《电能质量　公用电网谐波》

GB 50034—2013《建筑照明设计规范》

GB 50038—2005《人民防空地下室设计规范》

GB 50045《高层民用建筑设计防火规范（2005 版）》

GB 50052—2009《供配电系统设计规范》

GB 50053—2013《20kV 及以下变电所设计规范》

GB 50054—2011《低压配电设计规范》

GB 50057—2010《建筑物防雷设计规范》

GB 50058—1992《爆炸和火灾危险环境电力装置设计规范》

GB 50096—2011《住宅设计规范》

GB 50217—2007《电力工程电缆设计规范》

GB 50227—2008《并联电容器装置设计规范》

DL/T 448—2000《电能计量装置技术管理规程》

DL/T 601《架空绝缘配电线路设计技术规程》

DL/T 620—1997《交流电气装置的过电压保护和绝缘配合》

DL/T 621—1997《交流电气装置的接地》

DL/T 5219—2005《架空送电线路基础设计技术规定》

DL/T 5220—2005《10kV 及以下架空配电线路设计技术规程》

DL/T 5222—2005《导体和电器选择设计技术规定》

Q/GDW 161—2007《线路保护及辅助装置标准化设计规范》

JGJ 16—2008《民用建筑电气设计规范（附条文说明［另册]）》

（三）审查的步骤及要点

1. 审查的步骤

（1）审查应提供的资料。低压动力用户受电工程设计审查资料，应包括以下内容：

1）受电工程设计及说明书；

2）负荷组成、保安负荷及用电设备清单；

3）影响电能质量的用电设备清单；

4）主要电气设备一览表；

5）受电装置接线图及平面布置图；

6）继电保护及电能计量的方式；

7）隐蔽工程设计资料；

8）自备电源及接线方式；

9）设计单位资质审查材料；

10）供电企业认为必要提供的其他资料。

（2）审查设计单位的资质。低压受电工程设计单位必须取得相应的设计资质。根据中华人民共和国建设部 2007 年修订的《工程设计资质标准》规定，只要取得工程设计综合资质、电力行业工程设计丙级（变电工程、送电工程）以上资质、电力专业工程设计丙级（变电工程、送电工程）以上资质的企业就可进行客户低压受电工程的设计。

（3）审查设计图纸。低压受电工程设计图纸包括以下内容：

1）配电专业电气主接线图、电气总平面布置图、主配电装置配置图、平断面图、防雷接地布置图、照明系统图、电气设备安装图、电缆敷设图、动力箱接线图、各卷册设备材料汇总表、电气施工图设计主要设备材料清册、照明施工图、电缆支架图、电缆清册、零部件图；

2）送电专业的线路路径图、全线基础一览图、全线杆塔一览图、施工图设计材料总表、全线导线换位图、导线和地线力学特性曲线、线路平断面定位图、杆塔明细表、与电信线路平行接近位置图、各类杆塔单线图（含组装图）、导线和地线放线曲线、导线和地线和绝缘子及金具组装图、防震措施和接地装置安装图、防雷保护接地及安装图、杆塔间隙原图、各种直线杆塔摇摆角临界曲线、基础施工图、杆塔加工及施工详图、屏蔽地线接地和放电管接地装置安装图、部件组装图和零件图等。

2. 审查的要点

(1) 设备选择、配置合理，无淘汰和高耗能设备。

(2) 低压各出线回路是否合理，大负荷设备尽量单独出线。

(3) 审查是否装有无功补偿设备，补偿容量是否合理。

(4) 有冲击、不对称和谐波负载的客户应有谐波治理措施。

(5) 执行力率调整电费的客户是否安装无功电能表、电能计量装置准确度等级是否符合规程、电流互感器的变比是否适当。

(6) 双（多）电源的锁装置是否合理，是否能确保客户和电网双重安全要求。

(7) 线路路径是否符合规程要求，选择的导线截面积载流量能否满足负荷要求。

(8) 应根据有关规定时限进行审核，低压供电客户的审核时间最长不超过10天。

(9) 将审核结果填写在"客户受电工程图纸审核结果通知单"中，以书面形式答复客户。

(10) 当地供电部门对客户要求的其他注意事项。

二、考核

(一) 考核场地

(1) 场地面积应能同时容纳多个工位（办公桌），并保证工位之间的距离合适，操作面积不小于 $1500 \times 1500 \text{mm}^2$。

(2) 每个工位配有桌椅、计时器。

(二) 考核时间

参考时间为 30min，从报审查开始到报审查完毕止。

(三) 考核要点

低压动力用户受电工程图如图 JC312－1 所示。

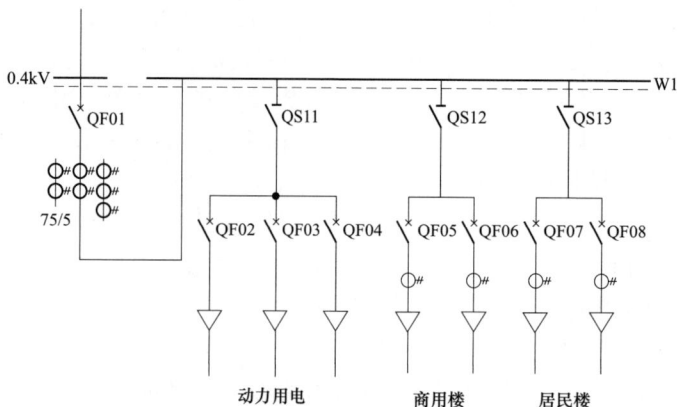

图 JC312－1　低压动力用户受电工程图

（1）审查客户提交的设计审查资料是否齐全。

（2）审查设计单位的资质是否符合规定要求。

（3）审查设计图纸的内容是否全面。

（4）审查要点是否考虑周全并符合技术、标准及规定要求。

三、评分参考标准

行业：电力工程　　　　　工种：用电监察员　　　　　等级：三

编号	JC312	行为领域	e	鉴定范围	
考核时间	30min	题型	c	含权题分	25
试题名称	低压动力用户受电工程图纸审查				
考核要点及其要求	（1）给定条件：用户洪顺物业管理有限责任公司申请50kW用电容量，新建低压配电室一座，负荷性质为非工业用电。 （2）电源方案：由公用低压线路T接，新建架空线路150m，至用户新建低压配电室。 （3）总表电价类别为一般工商业及其他电价，计量装置安装于低压计量柜内，其他类别用电采用分表计量。 （4）根据以上给定条件审查用户受电工程设计图纸中的错误				
现场设备、工具、材料	（1）工作现场具备的材料：用户供电方案、受电工程设计图纸。 （2）工作现场具备的工具：计算器、水性笔、草稿纸				
备注	考评员根据评分标准中3、4、5、6点的要求自行设置设计图纸中的错误点，考生找出并改正错误即得分，否则扣分。每个"分值"扣完为止				
评分标准					

序号	作业名称	质量要求	分值	扣分标准	扣分原因	得分
1	审查提供的资料	（1）受电工程设计及说明书。 （2）负荷组成、保安负荷及用电设备清单。 （3）影响电能质量的用电设备清单。 （4）主要电气设备一览表。 （5）受电装置接线图及平面布置图。 （6）继电保护及电能计量的方式。 （7）隐蔽工程设计资料。 （8）自备电源及接线方式。 （9）设计单位资质审查材料。 （10）供电企业认为必需提供的其他资料	20	考生口述审查需提供的资料： （1）回答不全面的，每项内容扣2分。 （2）回答错误的，每项内容扣2分		

続表

		评分标准				
序号	作业名称	质量要求	分值	扣分标准	扣分原因	得分
2	审查设计单位资质	低压受电工程设计单位必须取得相应的设计资质。根据中华人民共和国建设部 2007 年修订的《工程设计资质标准》规定，只要取得工程设计综合资质、电力行业工程设计丙级（变电工程、送电工程）以上资质、电力专业工程设计丙级（变电工程、送电工程）以上资质的企业就可进行客户低压受电工程的设计	10	考生口述设计单位所需资质水平： （1）回答不全面的，扣5分。 （2）回答错误的，扣10分		
3	读懂电气主接线图	（1）采用先上后下、从左到右的方法通读讲解电气主接线图中各数据的意义。 （2）讲解电气主接线图结构。 （3）找出并更正接线图结构错误	25	（1）考评员抽取图中数据进行提问，考生未讲解或讲解错误的，扣5分。 （2）未讲解或电气图结构讲解错误的，扣10分。 （3）考评员可通过更改接线方式、电气元件安装等设置错误点，考生未找出并更正的，扣10分		
4	正确配置电能计量装置、电压及电流互感器	（1）电能计量装置的安装及准确度等级是否符合要求。 （2）电流互感器、电压互感器的变比是否正确。 （3）电流互感器、电压互感器准确度等级是否满足规程规定	15	考评员可通过更改电能计量装置的安装位置、准确度等级、互感器变比等设置错误点，考生未找出并更正的，扣15分		
5	核对供电方案与电气主接线图的一致性	核对客户供电方案中供电容量、电源方案、电压等级、运行方式、继电保护要求、重要客户等级、应急电源配置等内容与电气主接线图中是否一致，找出不相符的地方	15	考评员可根据客户供电方案与电气主接线图设置不相符的错误点，考生未找出并更正的，扣15分		

		评分标准				
序号	作业名称	质量要求	分值	扣分标准	扣分原因	得分
6	有关技术规定的掌握程度	（1）设备选择、配置合理，无淘汰和高耗能设备。 （2）低压各出线回路是否合理，大负荷设备尽量单独出线。 （3）审查是否装有无功补偿设备，补偿容量是否合理。 （4）有冲击、不对称和谐波负载的客户应有谐波治理措施。 （5）执行力率调整电费的客户是否安装无功电能表，电能计量装置准确度等级是否符合规程规定，电流互感器的变比是否适当。 （6）双（多）电源的连锁装置是否合理，是否能确保客户和电网双重安全要求。 （7）线路路径是否符合规程要求，选择的导线截面积载流量能否满足负荷要求	15	考评员可根据用户供电方案，从设备选择、无功补偿、导线选型等方面提问来考查考生对有关技术规定的掌握程度，考生回答不全面的，扣5分；回答错误的，扣15分		
考试开始时间			考试结束时间		合计	
考生栏		编号：　　姓名：		所在岗位：　　单位：		日期：
考评员栏		成绩：　　考评员：		考评组长：		

一、操作

(一) 工具、材料和设备

（1）工具：碳素笔、手电筒。

（2）材料：业务工作单。

（3）设备：模拟双电源客户配电室，按 10kV 双电源供电方式配置 10kV 高压开关柜，其 10kV 双电源客户一次主接线图如图 JC313-1 所示。

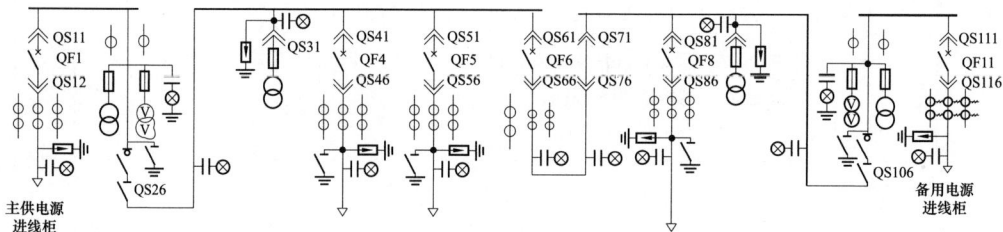

图 JC313-1　10kV 双电源客户一次主接线图

(二) 运行要求

1. 双电源客户检查内容

为防止双电源违规并列，规范双电源客户的正常用电，用电检查人员定期（每季至少一次）对双电源客户的连锁装置和其他安全措施进行检查。检查内容包括：

（1）双电源用电客户投入运行前，必须作核相检查，以防非同相并列。

（2）高、低双电源用电客户凡不允许并列电源运行者，须装设可靠的连锁装置，防止向电网反送电。

（3）双电源用电客户其主、备电源均不得擅自向其他用电客户转供电，也不得将主、备电源自行变更。用电客户不得超过批准的备用用电容量用电。

（4）无连锁装置的高压双电源用电客户需同供电企业调度部门签订调度协议，

其倒闸操作必须按照调度协议执行。高、低压双电源用电客户的运行方式和倒闸方式应同供电部门在供用电合同中予以明确。

（5）双电源用电客户的电气值班人员，必须熟悉"双电源管理办法"的要求及调度协议内容、设备调度权限的划分及运行方式的有关规定。

（6）双电源用电客户必须向供电企业的调度部门和用电检查部门报送值班人员名单。如值班人员有变动时，必须书面通知供电企业的调度和用电检查部门。

（7）高压双电源用电客户的变电值班室，必须装设专用电话并保障其通畅。

（8）低压双电源用电客户不允许并列，用电客户有自备发电机、自备电源与电网连接处必须装设双投接地开关，不得使用电气闭锁。

（9）用户应明确主备电源，正常情况下使用主电源，主、备电源应采用手动切换，如采用自投，应取得供电部门批准。

2. 备用电源切换装置检查

备用电源切换装置是指当工作电源消失或当工作电压降低过多时，能将备用电源断路器快速合闸向负载恢复供电的自动切换装置。

备用电源切换装置应具有以下基本功能：

（1）当工作电源消失时，快速启动自动切换装置，投入备用电源。

（2）当工作电源母线电压降低时，由接在母线上的低电压继电器动作进行切换。

（3）备用电源切换装置只能动作一次。

（4）工作电源母线故障时，备用电源切换装置不允许动作。

3. 双电源客户的管理防范措施

（1）双电源供电的客户，未经供电公司许可两个电源不得并列运行，并且必须加装连锁装置或采取其他可靠的安全措施，以防因误操作而造成误并列。对连锁装置应定期进行检查，保证安全可靠。

（2）双电源供电的客户，双电源并列必须按协议执行。每次并列时，应先取得供电公司的许可，按规定程序联系，进行操作，并列时间不得超过规定时间，并应考虑有关继电保护及其定值的可靠性。

（3）供电公司和客户，如需在双电源线路上（包括联络线）或其他设备上进行检修，应确保相位与原来的相位一致。

（4）客户有自备发电机者，在电力系统停电时，应将和电力系统相连的断路器断开，加锁并挂警告牌，各断开处应有明显断开点，停电期间不得向电力系统倒送电。

（5）允许并列的双电源供电客户，在进行并列和解并操作时，必须填写操作票，并严格执行监护制度。

（6）凡经批准双电源供电的客户，其两路电源不得自行转供其他客户用电。

（7）凡两路电源均由供电公司变电站供电的 10kV 或 10kV 以上的双电源客户，与供电公司签订调度协议，纳入供电公司调度管理。

（8）城镇个体户、小企业的备用小型发电机，使用前必须经供电公司审批，并对连锁装置、安全措施等检查合格后方可使用。在启动发电机前，客户必须切断原与电力系统相连的断路器，并应有明显的断开点，以确保不会向供电线路倒送电。

（9）客户必须制定符合实际情况的管理办法和操作规程，并在设备操作现场张贴。设备操作人员必须具有进网作业资格，而且熟悉设备性能和操作。

4. 客户应具备安全用电档案资料

（1）缺陷记录。包括配电房缺陷记录、设备缺陷记录、安全工器具缺陷记录、安全防范措施缺陷记录、人员管理记录等。

（2）缺陷整改记录。

（3）人员培训记录。

（4）事故记录。

二、考核

（一）考核场地

（1）提供一个双电源供电且为单母线分段运行并带有 3 台变压器的 10kV 配电室。

（2）室内应配有应考者桌椅两套。

（3）室内应配有考评员桌椅 3 套、秒表 3 块。

（二）考核时间

参考时间为 45min，到时停止操作，按实际完成内容打分。

（三）考核要点

（1）履行工作手续完备。

（2）检查备用电源切换装置的基本功能是否正常。

（3）检查双电源客户的管理防范措施的落实。

（4）双电源客户检查主要内容。

（5）检查客户用电资料档案是否齐全。

（6）"用电检查结果通知书"填写正确、规范。

（7）安全文明生产。

三、评分参考标准

行业：电力工程　　　　　　工种：用电监察员　　　　　　等级：三

编号	JC313	行为领域	e	鉴定范围	
考核时间	45min	题型	c	含权题分	30
试题名称	双电源供电客户安全检查重点内容				

考核要点及其要求	（1）给定条件：高压开关柜外观、机械、接地、绝缘及耐压等例行试验合格，制造标准符合国家标准规定，质量合格。 （2）着装规范、劳动防护措施齐全。 （3）履行工作手续完备。 （4）正确、安全使用工器具、仪表。 （5）安全检查无漏项。 （6）"用电检查结果通知书"填写正确、规范。 （7）各项得分均扣完为止
现场设备、工具、材料	（1）工作现场具备设备：模拟高压配电室。 （2）工作现场具备的工具、仪表、手电筒。 （3）考生自备工作服、安全帽、绝缘鞋
备注	

评分标准

序号	作业名称	质量要求	分值	扣分标准	扣分原因	得分
1	着装	正确佩戴安全帽、穿工作服、穿绝缘鞋、戴手套	5	（1）未按要求着装扣5分。 （2）着装不规范扣3分		
2	证件出示	进客户配电室应首先出示"用电检查证"	5	未出示扣5分		
3	检查备用电源切换装置的基本功能	（1）当工作电源消失时，快速启动自动切换装置，投入备用电源。 （2）当工作电源母线电压降低，由接在母线上的低电压继电器动作，进行切换。 （3）备用电源切换装置只能动作一次。 （4）工作电源母线故障时，备用电源切换装置不允许动作	12	（1）缺一项或漏一项扣3分。 （2）书写不完整，每项扣1～2分		

		评分标准				
序号	作业名称	质量要求	分值	扣分标准	扣分原因	得分
4	检查双电源客户的管理防范措施	（1）双电源供电的客户，未经供电公司许可两个电源不得并列运行，并且必须加装连锁装置或采取其他可靠的安全措施，以防因误操作而造成误并列。对连锁装置应定期进行检查，保证安全可靠。 （2）双电源供电的客户，双电源并列必须按协议执行。每次并列时，应先取得供电公司的许可，按规定程序进行联系操作，并列时间不得超过规定时间，并应考虑有关继电保护及其定值的可靠性。 （3）供电公司和客户，如需在双电源线路上（包括联络线）或其他设备上进行检修，应确保相位与原来的相位一致。 （4）客户有自备发电机者，在电力系统停电时，应将和电力系统相连的断路器断开，加锁并挂警告牌，各断开处应有明显断开点，停电期间不得向电力系统倒送电。 （5）允许并列的双电源供电的客户，在进行并列和解并操作时，必须填写操作票，并严格执行监护制度。 （6）凡经批准双电源供电的客户，其两路电源不得自行转供其他客户用电。 （7）凡两路电源均由供电公司变电站供电的 10kV 或 10kV 以上的双电源客户，与供电公司签订调度协议，纳入供电公司调度管理。 （8）城镇个体户、小企业的备用小型发电机，使用前必须经供电公司审批，并对连锁装置、安全措施等检查合格后方可使用。在启动发电机前，客户必须切断原与电力系统相连的断路器，并应有明显的断开点，以确保不会向供电线路倒送电。 （9）客户必须制定符合实际情况的管理办法和操作规程，并在设备操作现场张贴。设备操作人员必须具有进网作业资格，而且熟悉设备性能和操作	27	（1）缺一项或漏一项扣 3 分。 （2）书写不完整，每项扣 1~2 分		

		评分标准				
序号	作业名称	质量要求	分值	扣分标准	扣分原因	得分
5	双电源客户检查内容	（1）双电源用电客户投入运行前，必须作核相检查，以防非同相并列。 （2）高、低双电源用电客户凡不允许并列电源运行者，须装设可靠的连锁装置，防止向电网反送电。 （3）双电源用电客户其主、各电源均不得擅自向其他用电客户转供电，也不得将主、备电源自行变更。用电客户不得超过批准的备用用电容量用电。 （4）无连锁装置的高压双电源用电客户需同供电企业调度部门签订调度协议，其倒闸操作必须按照调度协议执行。高、低压双电源用电客户的运行方式和倒闸方式应同供电部门在供用电合同中予以明确。 （5）双电源用户客户的电气值班人员，必须熟悉"双电源管理办法"的要求及调度协议内容，设备调度权限的划分及运行方式的有关规定。 （6）双电源用电客户必须向供电企业的调度部门和用电检查部门报送值班人员名单。如值班人员有变动时，必须书面通知供电企业的调度和用电检查部门。 （7）高压双电源用电客户的变电值班室，必须装设专用电话并保证其通畅。 （8）低压双电源用电客户不允许并列，用电客户的自备发电机、自备电源与电网连接处必须装设双投接地开关，不得使用电气闭锁。 （9）用户应明确主、备电源，正常情况下使用主电源；主、备电源应采用手动切换，如采用自投，应取得供电部门批准	27	（1）缺一项或漏一项，扣3分。 （2）书写不完整，每项扣1~2分		

		评分标准				
序号	作业名称	质量要求	分值	扣分标准	扣分原因	得分
6	查看客户安全用电档案资料	（1）缺陷记录。包括配电房缺陷记录、设备缺陷记录、安全工器具缺陷记录、安全防范措施缺陷记录、人员管理记录等。 （2）缺陷整改记录。 （3）人员培训记录。 （4）事故记录	12	（1）未检查说明或检查错误一项扣3分。 （2）书写不完整，每项扣1～2分		
7	查看客户配电室管理情况	（1）档案资料检查。主要检查客户的运行制度、运行规程、设备台账、缺陷记录、典型操作票等资料是否规范、齐全。 （2）值班电工的资质检查。值班电工应取得相应等级的"电工进网作业许可证"。 （3）设备的运行状况检查。通过外观检查、红外测温法、在线监测等手段保证设备安全运行。 （4）安全工器具、安全预案检查	12	（1）未检查说明或检查错误一项扣3分。 （2）书写不完整，每项扣1～2分		

考试开始时间			考试结束时间		合计	
考生栏	编号：	姓名：	所在岗位：	单位：	日期：	
考评员栏	成绩：	考评员：		考评组长：		

一、操作

(一) 工具、材料和设备

(1) 工具：碳素笔、手电筒、计算器。

(2) 材料：业务工作单。

(3) 设备：10kV模拟配电室，10kV如图JC201-1所示模拟配电室主接线图。

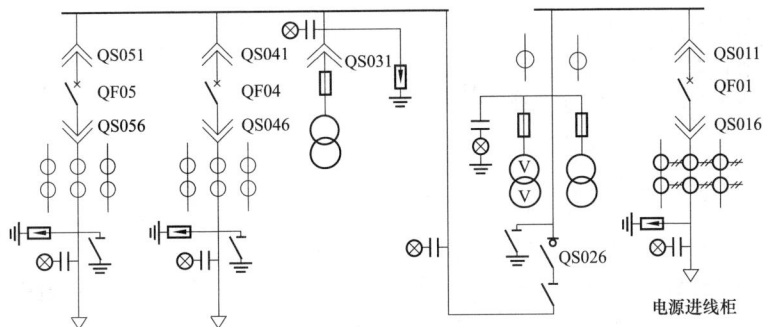

图 JC201-1 10kV模拟配电室主接线图

(二) 10kV变电设备的安全检查要求

1. 变压器安全检查

(1) 检查油温是否正常，最高不超85℃；油位高、低是否符合要求；油色是否正常。

(2) 检查变压器外壳有无渗油、漏油现象。

(3) 负荷高峰时检查示温蜡片是否熔化，接头有无发热或变色现象。

(4) 检查变压器套管、绝缘子是否清洁，有无裂缝或放电现象。

(5) 监听变压器有无不正常声音或放电声。

(6) 检查气体继电器里是否有气体、玻璃是否完好。

(7) 检查呼吸器内干燥剂是否良好。

(8) 检查变压器外壳接地是否良好，接地线有无腐蚀、断股现象。

221

2．断路器安全检查

（1）检查断路器指示仪表指示应在正常范围，发现表计指示异常及时采取措施。

（2）检查断路器的瓷套应清洁，无裂纹、破损和放电痕迹。

（3）检查真空灭弧室应无异常、真空泡应清晰、屏蔽罩内颜色应无变化。在分闸时，弧光呈蓝色为正常。

（4）检查导电回路应良好，软铜片连接部分应无断片、断股现象。与断路器连接的接头接触应良好，无过热现象。

（5）检查机构部分紧固件应紧固，转动、传动部分应有润滑油，分、合闸位置指示器应正确。

（6）检查断路器分、合闸位置与机构指示器及红、绿指示灯是否相符。

3．隔离开关安全检查

（1）检查隔离开关合闸状况是否完好，有无合不到位或错位现象。

（2）检查隔离开关绝缘子是否清洁完整，有无裂纹、放电现象和闪络痕迹。

（3）检查触头有无脏污、变形、锈蚀，触头是否倾斜；触头弹簧或弹簧片有无折断现象；触头是否由于接触不良引起发热、发红。

（4）检查操作连杆及机械部分有无锈蚀、损坏，各机件是否紧固，有无歪斜、松动、脱落等不正常现象。

（5）检查连接轴上的开口销是否断裂、脱落；法兰螺栓是否紧固、有无松动现象。

（6）检查防误闭锁装置是否良好；隔离开关拉、合后，检查电磁锁或机械锁是否锁牢。

4．互感器安全检查

（1）检查油位是否符合标准，油色是否正常；壳有无渗、漏油现象。

（2）检查套管或绝缘子是否清洁，有无裂缝、破损及闪络放电现象。

（3）监听有无不正常的异音及放电声。

（4）检查外壳接地是否良好。

（5）检查有无异声及焦臭味。

5．电容器安全检查

（1）检查电容器外壳和架构是否可靠接地。

（2）检查电容器有无膨胀及严重渗油现象。

（3）检查电容器熔丝有无熔断现象。

（4）测量电容器最高温度及室内最高温度。

（5）检查电容器的开关是否符合要求。

6. 防雷设施与接地装置安全检查

（1）检查套管或绝缘子是否清洁，有无裂缝、破损及闪络放电现象。

（2）检查接地是否良好，有无腐蚀现象；引线及接地装置有无损伤。

（3）检查避雷针及其他构架是否良好、构架有无腐烂现象。

（4）雷雨后检查避雷器泄漏电流及放电计数器的指示，并做好记录。

（5）检查瓷质部分清洁、完整、无损；导线、引线不过紧、过松，不锈蚀，无损伤；铸铁胶合剂无裂纹及漆皮无脱落。

（6）检查组合式避雷器上、下节应垂直，不倾斜；基础座和瓷套、瓷垫完整无损；避雷器泄漏电流表、放电计数器完整无损、密封良好、指示正确；油漆完整，相色正确，接地良好。

（7）检查接地装置的引线是否完好；检查接地装置并测量一次接地电阻，小电流接地系统接地电阻不大于10Ω。

7. 其他安全检查

（1）检查消防用具、安全用具、工器具、使用仪器仪表是否齐全、清洁、完好。

（2）检查备品、备件是否齐全、完好。

（3）检查房屋有无漏雨、渗水现象。

（4）检查建筑物和设备的基础是否牢固，有无下沉。

8. 10kV客户安全用电技术管理检查

供电企业应指导客户提高自管变电站运行管理水平，保证设备安全运行。着重做好以下几个方面的工作：

（1）规范安全工器具的管理。

（2）制定本变电站运行规程和安全活动制度。

（3）保存变电站技术图纸。

（4）悬挂相关的图表。

（5）建立运行记录、设备台账等。

（6）制定岗位职责和规范。

（7）建立标准化作业指导卡。

（8）定期进行电气设备预防性试验和保护装置的试验。

（9）对运行设备进行评级管理。

（10）开展班组的安全培训教育。

二、考核

（一）考核场地

（1）提供1个10kV单电源供电且带有两台变压器馈出柜的配电室。

(2) 室内应配有应考者桌椅两套。

(3) 室内应配有考评员桌椅 3 套、秒表 3 块。

（二）考核时间

参考时间为 30min，到时停止操作，按实际完成内容打分。

（三）考核要点

(1) 履行工作手续完备。

(2) 对变压器进行安全检查。

(3) 对断路器进行安全检查。

(4) 对隔离开关进行安全检查。

(5) 对互感器进行安全检查。

(6) 对电力电容器进行安全检查。

(7) 对防雷设施与接地装置进行安全检查。

(8) 对其他进行安全检查。

(9) 对 10kV 客户安全用电技术管理进行检查。

(10) 将现场检查情况正确填写"用电检查结果通知书"。

(11) 安全文明生产。

三、评分参考标准

行业：电力工程　　　　　　　工种：用电监察员　　　　　　　等级：二

编号	JC201	行为领域	e	鉴定范围	
考核时间	45min	题型	c	含权题分	30
试题名称	10kV 客户配电室电气设备安全检查				
考核要点及其要求	(1) 给定条件：10kV 客户电气设备、外观、机械、接地、绝缘及耐压等例行试验合格，制造标准符合国家标准规定，质量合格。 (2) 着装规范、劳动防护措施齐全。 (3) 履行工作手续完备。 (4) 安全检查无漏项。 (5) "用电检查结果通知书"填写正确、规范。 (6) 各项得分均扣完为止				
现场设备、工具、材料	(1) 工作现场具备设备：模拟 10kV 电气设备配电室。 (2) 考生自备工作服、安全帽、绝缘鞋、笔、计算器。 (3) 业务工作单				
备注	设定所计量的变压器总容量为 1500kVA，要求考生回答如何配置计量互感器，回答错误，扣除第十项得分——7 分				

序号	作业名称	质量要求	分值	扣分标准	扣分原因	得分
			评分标准			
1	着装	正确佩戴安全帽、穿工作服、穿绝缘鞋、戴手套	5	（1）未按要求着装扣5分。 （2）着装不规范扣3分		
2	证件出示	进客户配电室应首先出示"用电检查证"	5	未出示扣5分		
3	查看变压器安全运行情况	（1）检查油温是否正常，最高不超85℃；油位高、低是否符合要求；油色是否正常。 （2）检查变压器外壳有无渗油、漏油现象。 （3）检查变压器套管、绝缘子是否清洁，有无裂缝或放电现象。 （4）监听变压器有无不正常声音或放电声。 （5）检查呼吸器内干燥剂是否良好。 （6）检查变压器外壳接地是否良好，接地线有无腐蚀、断股现象	18	（1）未检查说明或检查错误一次扣3分。 （2）书写不完整，每项扣1~2分		
4	查看断路器运行情况	（1）检查断路器的瓷套应清洁，无裂纹、破损和放电痕迹。 （2）检查真空灭弧室应无异常，真空泡应清晰，屏蔽罩内颜色应无变化。在分闸时，弧光呈蓝色为正常。 （3）检查机构部分紧固件应紧固，转动、传动部分应有润滑油，分、合闸位置指示器应正确。 （4）检查断路器分、合闸位置与机构指示器及红、绿指示灯是否相符	8	（1）未检查说明或检查错误一项扣2分。 （2）书写不完整，每项扣1分		

		评分标准					
序号	作业名称	质量要求	分值	扣分标准	扣分原因	得分
5	查看隔离开关安全运行情况	（1）检查隔离开关合闸状况是否完好，有无合不到位或错位现象。 （2）检查隔离开关绝缘子是否清洁、完整，有无裂纹、放电现象和闪络痕迹。 （3）检查触头有无脏污、变形锈蚀，触头是否倾斜；触头弹簧或弹簧片有无折断现象；触头是否由于接触不良引起发热、发红。 （4）检查操作连杆及机械部分有无锈蚀、损坏，各机件是否紧固，有无歪斜、松动、脱落等不正常现象。 （5）检查防误闭锁装置是否良好；隔离开关拉、合后，检查电磁锁或机械锁是否锁牢	10	（1）未检查说明或检查错误一项扣2分。 （2）书写不完整，每项扣1分		
6	查看互感器安全运行情况	（1）检查油位是否符合标准，油色是否正常；壳有无渗、漏油现象。 （2）检查套管或绝缘子是否清洁，有无裂缝、破损及闪络放电现象。 （3）监听有无不正常的异音及放电声。 （4）检查外壳接地是否良好。 （5）检查有无异声及焦臭味	10	（1）未检查说明或检查错误一项扣2分。 （2）书写不完整，每项扣1分		
7	查看电容器安全运行情况	（1）检查电容器外壳和架构是否可靠接地。 （2）检查电容器有无膨胀及严重渗油现象。 （3）检查电容器熔丝有无熔断现象。 （4）测量电容器最高温度及室内最高温度。 （5）检查电容器的开关是否符合要求	5	（1）未检查说明或检查错误一项扣1分。 （2）书写不完整，每项扣0.5分		

		评分标准				
序号	作业名称	质量要求	分值	扣分标准	扣分原因	得分
8	查看防雷设施与接地装置安全运行情况	（1）检查套管或绝缘子是否清洁，有无裂缝、破损及闪络放电现象。 （2）检查接地是否良好，有否腐蚀现象；引线及接地装置有无损伤。 （3）检查避雷针及其他构架是否良好、构架有无腐烂现象。 （4）雷雨后检查避雷器泄漏电流及放电计数器的指示，并做好记录。 （5）检查瓷质部分清洁、完整、无损；导线、引线不过紧、过松，不锈蚀，无损伤；铸铁胶合剂无裂纹及漆皮无脱落。 （6）检查接地装置的引线是否完好；检查接地装置并测量一次接地电阻，小电流接地系统接地电阻不大于10Ω	12	（1）未检查说明或检查错误一项扣2分。 （2）书写不完整，每项扣1分		
9	查看10kV客户配电室消防、安全工器具及日常安全管理情况	（1）检查消防用具、安全用具、工器具、使用仪器仪表是否齐全、清洁、完好。 （2）检查备品、备件是否齐全、完好。 （3）检查房屋有无漏雨、渗水现象。 （4）安全工器具的管理。 （5）配电室运行规程和安全活动制度。 （6）保存配电室技术图纸。 （7）悬挂相关的图表。 （8）建立运行记录、设备台账等。 （9）制定岗位职责和规范。 （10）定期进行电气设备预防性试验和保护装置的试验	20	（1）未检查说明或检查错误一项扣2分。 （2）书写不完整，每项扣1分		

		评分标准				
序号	作业名称	质量要求	分值	扣分标准	扣分原因	得分
10	现场提问	设定变压器总容量为1500kVA，要求考生回答，计量装置应如何配置互感器	7	（1）电压互感器配置错误扣2分。 （2）电流互感器配置错误扣5分		
考试开始时间			考试结束时间		合计	
考生栏	编号：	姓名：	所在岗位：	单位：	日期：	
考评员栏	成绩：	考评员：		考评组长：		

高压供用电合同签订审查

一、操作

(一) 工具、材料

（1）工具：碳素笔、计算器、办公桌椅等自动化办公用品。

（2）材料：工作证件、高压供用电合同文本、供用电合同审查工作记录单、A4 白纸。

(二) 操作步骤及作业要求

1. 操作步骤

（1）出示证件后到办公桌前就座，要求被检查方按名单提供被审查的高压用户供用电合同。

（2）查阅供用电合同，将发现的不规范现象逐一记录在 A4 白纸上。

（3）与被检查方人员交流沟通，了解用户情况，逐一指出不规范事项，征求被检查方意见。

（4）被检查方无异议后将问题记录在"供用电合同审查工作记录单"上，双方签字确认。

2. 作业要求

（1）使用黑色墨水笔记录。

（2）与被检查方充分交流，掌握实际情况。

（3）记录不规范签约行为。

（4）与被检查方核对并签字确认。

二、考核

(一) 考核场地

每个工位不小于 $6m^2$，配备 1 套办公桌椅。

(二) 考核时间

参考时间为 30min，从报开工起到报完工止。

(三) 考核要点

(1) 履行工作手续完备。

(2) 不规范现象查找正确。

(3) 记录单填写正确规范。

(4) 文明生产。

三、评分参考标准

行业：电力工程　　　　　　工种：用电监察员　　　　　　等级：二

编号	JC202	行为领域	e	鉴定范围	
考核时间	30min	题型	B	含权题分	25
试题名称	高压供用电合同签订审查				
考核要点及其要求	(1) 给定条件：由考评员在某高压用户供用电合同文本中设定若干错误信息或缺陷。 (2) 着装规范。 (3) 履行工作手续完备。 (4) 不规范现象查找正确。 (5) 记录单填写正确、规范。 (6) 各项得分均扣完为止				
现场设备、工具、材料	(1) 工作现场具备设备：办公桌椅。 (2) 工作现场具备的材料：A4白纸、供用电合同审查工作记录单、高压用户供用电合同文本若干份（由考评员随机抽取1分）。 (3) 工作现场具备的工具、仪表：计算器、碳素笔等自动化办公用品。 (4) 考生自备工作服				
备注	每项"分值"扣完为止				

序号	作业名称	质量要求	分值	扣分标准	扣分原因	得分
		评分标准				
1	开工准备	着装规范、穿工作服、工作鞋，佩戴证件	10	未按要求着装缺一项扣1.5分		
2	工器具检查	检查记录单、合同、办公器材是否完备	10	指导使用，扣1分/次		
3	查找缺陷及交流沟通	查找合同签约过程中存在的缺陷及不规范现象，逐一记录在案。就不规范现象与被检查方进行交流，确定是否属实	20	(1) 未将检查结果暂记录在白纸上，扣10分。 (2) 未与被检查方就问题进行交流核实，扣10分		

			评分标准				
序号	作业名称	质量要求	分值	扣分标准	扣分原因	得分
4	记录单填写	问题记录在"供用电合同审查工作记录单"上，双方签字确认	60	（1）问题未填写在记录单上本项不得分。 （2）填写不全每项扣5分。 （3）双方未签字确认每次扣5分		
5	工作时间	按要求在规定的时间内完成指定工作，不设速度分		到规定时间立即停止工作，未完成项不得分		
考试开始时间				考试结束时间		合计	
考生栏		编号： 姓名：		所在岗位： 单位：		日期：	
考评员栏		成绩： 考评员：			考评组长		

JC202 附: 供用电合同审查工作记录单

见 JC505 附。

JC203 高压三相三线电能计量装置复杂错误接线检查

一、操作

(一) 工具、材料和设备

(1) 工具：万用表、电筒、电工个人工具、登高工具。

(2) 材料：一次性封签、错误接线检查及分析记录单、用电检查结果通知书。

(3) 设备：用户运行中高压电能计量装置或电能表接线智能仿真装置、手持式双钳数字相位伏安表。

(二) 安全要求

(1) 正确填用履行第二种工作票，工作服、安全帽、手套、护目镜整洁完好，符合安规要求；工器具绝缘良好，整齐、完备。

(2) 检查计量柜（箱）接地良好，对外壳验电，确认无电。

(3) 带线手套，使用绝缘工具，防止触电及短路事故的发生。

(4) 正确选择相位伏安表挡位、量程，严禁带电切换。

(5) 加强监护，严防电流互感器二次回路开路和电压互感器二次回路短路事故。

(6) 登高 2m 以上应系好安全带，保持与带电设备的安全距离。

(7) 查看周边环境，制订现场安全防护措施，严禁扩大工作范围。

(三) 操作步骤及相位伏安表使用注意事项

1. 操作步骤

(1) 按给定的条件选取工器具，检查外观、绝缘良好。

(2) 履行开工手续，口头交代危险点和防范措施。

(3) 抄录待测计量装置信息（电能表型号、规格、准确度等级、电流及电压量程、出厂编号、制造厂家、TA、TV 变比等）。

(4) 对计量柜体验电，确认无电后开启封签，使用相位伏安表在电能表接线盒处测试。

(5) 检查相位伏安表及电压测试线、电流钳表测试线，按照颜色和极性标志将两者正确连接，电压测试线、电流钳表测试线应分别接入相位伏安表第 1、2 路插孔，其中第 1 路测量值在相位上超前于第 2 路测量值；测量前正确设置表计量程，若不能确定测量值大小，应选择最大量程，严禁发生带电切换表计量程的行为；待表计显示测量值稳定后再读取并记录。

(6) 如图 JC304-1 所示，将两只电压测试线分别接在电能表试验接线盒电压 U_1、U_2、U_3 端子上，测量电能表接线盒处 U_{12}、U_{23}、U_{31} 电压；电压测量值取整数位，如实记录在工作单上。

(7) 如图 JC304-2 所示，将电流钳表分别卡在电能表接线盒处电流端子所接导线 I_1、I_2 上，测量电能表接线盒处 I_1、I_2 电流值。电流测量值保留小数点后两位，如实记录在工作单上。

(8) 如图 JC304-3 所示，选择"Φ"挡，相位伏安表第 1、2 路电压插孔中分别插入表笔式和鳄鱼夹式电压测试线，一路接在电能表接线盒 U_{12} 电压端子上，另一路则接在电能表接线盒 U_{32} 电压端子上，测量表计 U_{12} 和 U_{32} 之间的相位角，若测出的角度 Φ 为 300°、30°或 120°时，接入电能表三相电压为正相序；若测出的角度 Φ 为 60°、240°或 330°时，接入电能表三相电压为逆相序，如实记录在工作单上。

(9) 选择"Φ"挡，相位伏安表第 1、2 路插孔中分别插入 I_1、I_2 电流钳表，测量电能表接线盒处 I_1、I_2 电流之间的相位角，应为 240°、60°、120°、或 300°。注意电流钳的极性，测量值取整数，如实记录在工作单上。

(10) 选择"Φ"挡，相位伏安表第 1、2 路插孔中分别插入电压测试线和电流钳表测试线，分别测量、确定电能表接线盒处 U_{12} 和 I_1、U_{32} 和 I_2 之间的相位角度并如实记录，要求数值取整数位；注意电压红、黑测试线和电流钳表极性不可接错。

(11) 根据 (8)、(9) 和 (10) 确定电源电压 Uu、Uv、Uw 与电能接线盒处电压 U_1、U_2、U_3 端子对应关系，确定电能表计量元件上电流、电压的组合关系，并如实记录。

(12) 测试完毕拆除测试线，先从电能表接线盒上拆下电压测试线、电流钳表，再将测试线等从相位伏安表上拆下，整理好装入箱中；注意严禁先将测试线等从伏安表上拆除后再从电能表接线盒上拆除。

(13) 根据以上步骤测得的数据正确绘制相量图，分析并记录电能表错误接线形式；写出电能表第一、二计量元件分别对应接入电源哪一相电压和哪一相电流。

(14) 根据相量图分析确定的错接线形式，写出表计错误接线时的功率表达式并化为最简式。

(15) 根据规定公式正确计算更正系数（化为最简式），即

$$K_P = P_o / P_x$$

式中　K_P——更正系数；

P_o——表计正确接线时的功率表达式；

P_x——表计错误接线时的功率表达式。

（16）向客户出具现场检查情况，按规定对计量装置施加封印，填写测试分析记录单，双方签字确认。

（17）整理工器具，清理工作现场。办理工作终结手续，工作人员撤离工作现场。

2. 相位伏安表使用注意事项

（1）在使用相位伏安表前，应先将转换开关切换到电池电压检测挡。若电池电压低于7.5V，显示器右端出现电池符号 ┌┴┴┐
，则此时仪表的读数误差较大，建议应更换电池后再继续使用。

（2）测量线路的不同参数时，应首先选择不同的量程和挡位，再接线完成后；再按下相位表的电源开关。

（3）测量交流电压时，应选择交流电压挡，把黑色和红色的两个表笔分别插在"U_1"或"U_2"相应颜色的插孔内，表笔没有极性要求。根据被测线路的额定电压值，选择不同的量程。

（4）测量交流电流时，应选择交流电流挡，把钳形表插在"I_1"（或"I_2"）的插孔内，将转换开关切换到相应的量程和挡位上，使被测导线位于钳口中部，并且使钳口紧密闭合，并应避免外界磁场的影响。测量前应对被测电流进行粗略的估计，选择适当的量程。如果被测电流无法估计，则应先将量程放在最大挡位，然后根据被测电流指示值，由小到大，转换到合适的挡位。转换挡位时，应在不带电的情况下进行，以免损坏仪表。

（5）如图JC304-4所示，测量交流量间的相位时，应先检查相位指示值是否为360°，如果不是应通过调整器对360°相位进行调整。然后将两表笔或钳表分别取需要测量的交流量，此时表笔有极性要求，将量程选择在"Φ"挡。根据显示窗口的读数，读取相应的数值。

（6）如图JC304-5所示，在测量三相电压的相序时，应将两个测量电压用的表笔"U_1"和"U_2"分别区分颜色取被测线路的第一和第二电压。此时表笔有极性要求，将量程选择在"Φ"挡，若读数为300°、30°或120°，则三相电压为正相序；若读数为60°、240°或330°，则三相电压为逆相序。

（7）在测量交流电流或交流电压时，严禁出现电流互感器二次回路开路和电压互感器二次回路短路情况。

（8）在使用相位表期间，不能直接用手触碰表笔的裸露部分或带电部分。测量时应站在绝缘垫上，并且注意保持和带电体间的距离，以免发生触电危险。

（9）在使用相位表测量交流电流或相位时，为保证测量准确，钳口在闭合时应紧密。合钳后若有杂音，可打开钳口重合一次。若杂音不能消除，则应检查并清除钳口处的尘污和锈蚀。钳臂弹簧损坏时应及时更换，以保证闭合良好。

（10）相位表每一路只能接入一个信号，如果接入电压信号，应将电流插头拔去。相位表卡钳具有专用性，每台相位表的卡钳号只与本台相位表配用，不可与另一台相位表调用。

二、考核

（一）考核场地

（1）场地面积应能同时容纳多个工位（操作台），并保证工位之间的距离合适，操作面积不小于 $1500 \times 1500 \mathrm{mm}^2$。

（2）每个工位备有桌椅、计时器。

（二）考核时间

参考时间为 30min，选用工器具限时 5min。

（三）考核要点

（1）工器具使用正确。

（2）测试步骤正确。

（3）相量图绘制、分析正确。

（4）绘制实际接线正确。

（5）有功功率、无功功率更正系数计算正确。

（6）安全文明生产。

三、评分参考标准

行业：电力工程　　　　　　　工种：用电监察员　　　　　　　等级：二

编号	JC203	行为领域	e	鉴定范围	
考核时间	30min	题型	B	含权题分	25
试题名称	高压三相三线电能计量装置复杂错误接线检查				
考核要点 及其要求	（1）给定条件：在模拟柜上进行 10kV 三相电能计量装置接线检查；负荷性质感性或容性，功率因数角为 $0° \sim 30°$，测量前已经办理了第二种工作票，现场已布置好安全措施。 （2）正确、规范使用工具、仪器、仪表，带电检查 10kV 三相三线电能计量装置接线状况，并作相应记录。 （3）在电能表不同计量元件上分别设置相序不对应、逆序、电流反接、TV 二次极性反接等错误，不准通过测电压为零判断 V 点。 （4）绘制实际接线相量图并推断错误接线类型，绘制实际接线图。 （5）写出实际有功功率、无功功率表达式及更正系数并化简正确。 （6）正确填写经 TA、TV 接入三相三线电能计量装置接线检查及分析记录单				

现场设备、工具、材料	(1) 实验装置使用电能表接线智能仿真装置。 (2) 提供相位伏安表、铅封、封线、封钳、扎带。 (3) 考生自备工作服、安全帽、绝缘鞋、常用电工工具、文具					
备注	每个"分值"扣完为止					
评分标准						
序号	作业名称	质量要求	分值	扣分标准	扣分原因	得分
1	开工准备	(1) 正确佩戴安全帽，穿工作服，穿绝缘鞋，戴手套、护目镜。 (2) 所需仪表及配件准备齐全并检查完好。 (3) 履行开工手续，设备外壳验电	5	(1) 未按要求着装缺一项扣1.5分。 (2) 未准备、检查缺一项扣1分。 (3) 现场未验电或验电方式不正确扣2分。 (4) 未在开工前交代措施扣1分		
2	测量及记录	(1) 填写基本信息。 (2) 各电压值测量正确，保留整数位。 (3) 各电流值测量正确，保留小数点后两位。 (4) 测定相关相位角正确，保留整数位	15	(1) 基本信息错误，每处扣1分。 (2) 少测或测错一项扣2分。 (3) 未填写电压相序，扣2分。 (4) 数据未按保留位数记录，每处扣1分		
3	仪表使用	仪表使用应正确、规范	5	(1) 仪表使用错误每次扣2分（如挡位使用错误、带电切换挡位等）。 (2) 出现仪表掉落，一次扣1分。 (3) 配件每掉落一次，扣1分		
4	绘错误接线相量图	(1) 正确画出第一、第二元件所用的电压、电流相量，且符号齐全。 (2) 相量图清楚、整洁	20	(1) 有一个相量画错扣20分。 (2) 画的不准，如相位超过10°扣3分。 (3) 符号不全或不符合规程要求（下标用小写 u、v、w）每处扣1分		

		评分标准				
序号	作业名称	质量要求	分值	扣分标准	扣分原因	得分
5	误接线判断	分别写出第一、二元件所取电压和电流,电压、电流相量规范注明	15	(1) 误接线判断每错一套元件扣5分。 (2) 电压、电流相量书写不规范每处扣2分		
6	绘实际接线图	画出经 TA、TV 接入的三相三线电能计量装置实际接线图	15	(1) 接线方式与结论不符扣15分。 (2) 符号不全、不规范扣2分/处		
7	计算更正系数	根据测得数据正确写出错误接线有功功率、无功功率表达式,写出有功功率、无功功率更正系数表达式,并化为最简式	15	(1) 两元件功率表达式错一个扣5分。 (2) 功率之和结果错扣3分。 (3) 更正系数表达式错扣5分。 (4) 未化为正确的最简式扣3分。 (5) 化简步骤少于2步扣2分		
8	清理现场	考核结束后,清理现场,恢复原状,将记录上交考评员,退出比赛场地	5	(1) 缺1个封印扣1分。 (2) 现场清理不彻底扣2分,未清理扣3分		
9	卷面整洁	答卷填写应使用蓝黑色钢笔或签字笔,字迹清晰、卷面整洁,严禁随意涂改	5	(1) 字迹潦草,难以分辨,不得分。 (2) 涂改超过两处扣3分		
考试开始时间			考试结束时间		合计	
考生栏	编号: 姓名:		所在岗位:	单位:	日期:	
考评员栏	成绩: 考评员:			考评组长:		

JC204   10kV重要客户、重大活动保电预案制订

一、操作

（一）工具和材料

（1）工具：碳素笔。

（2）材料：客户保电申请函。

（二）保电的组织措施

（1）建立保电工作领导组织和保电工作办公室，宣传保电工作的任务和意义，全面落实保电工作职责，部署保电工作的各项措施，并督促检查各部门的保电措施落实情况。

（2）建立保电期间的工作制度，明确各部门的保电职责。

（3）制订保电方案、事故处理预案和供用电应急预案。

（4）根据实际情况定期组织事故、抢修预案的演练。

（三）保电的技术措施

（1）对保电场所的电源、输配电线路、变配电设施及继电保护和自动装置等进行重点检查，督促客户进行限期整改。

（2）制订涉及保电客户的专项检查项目、内容及工作流程。

（3）安排实施为保电客户供电的输、变电设施的特巡，确保设备无缺陷。对重点设备进行事故演练，落实重点站、重点线路和保电客户的责任制。

（4）合理配置发电车、不间断电源车等移动供电设施。

（5）保电期间所需备品备件准备齐全。

（6）与保电工作有关的变电站、开关站（配电室）不安排停电检修和例行工作。

（7）保证保电期间交通、通信信息畅通。

（四）保电方案的制订

（1）保电工作方案主要内容包括保电工作的目的和原则、保供电组织机构及职责、保电范围和应急抢修分类、供用电应急预案和事故处理预案、应急抢修工作具体要求。

（2）供用电应急预案应包括组织和技术措施、事故抢险所需物质、备品备件、设备和相关设备的准备。

（3）事故处理预案应包括发生事故信息反馈、处置方案、组织抢险、排除险情、修复故障设备、预计恢复时间、对电力系统的要求等，并将预案的内容报电力调度部门。

（4）在制订方案时注意以下几个方面：

1）明确保电工作任务、保电地点和保电范围。

2）明确各部门保电工作职责。

3）做好事故的预想和应急预案。

4）与客户、政府相关部门、相关单位建立互动机制。

二、考核

（一）考核场地

（1）室内应配有应考者桌椅两套。

（2）室内应配有考评员桌椅 3 套、秒表 3 块。

（二）考核时间

参考时间为 30min，到时停止操作，按实际完成内容打分。

（三）考核要点

（1）制订保电的组织措施。

（2）制订保电的技术措施。

（3）编写保电的方案。

"高考、中考保电应急预案"范例如下：

国网××供电公司
关于 2014 年高考、中考保电应急预案

2014 年高考将在 6 月 7、8 日两天进行，中考将于 6 月 20、21 日两天进行。为确保今年××市各考务场所的正常供电，××供电公司召开了高、中考保电专题会议，对保电工作进行了认真的部署，为确保供电工作万无一失，特制订 2014 年高考、中考保电工作方案。

一、保电组织机构

成立××供电公司保电工作领导小组。

组　　长：×××

副组长：××

成　　员：×××、×××、×××

电网总协调人：

×××（副总工程师　　　　　电话：1390×××××××）

现场总协调人：

×××（副总经济师　　　　　电话：1370×××××××）

×××运维检修负责人：

×××（运维检修部主任　　　电话：1336×××××××）

电网调度负责人：

×××（电力调度控制中心主任　电话：1301×××××××）

客户负责人：

×××（营销部主任　　　　　电话：1337×××××××）

安全监察负责人：

×××（安全监察质量部主任　　电话：1334×××××××）

物资负责人：

×××（物资供应中心主任　　　电话：1390×××××××）

舆情负责人：

×××（新闻中心主任　　　　电话：1397×××××××）

相关单位负责人：

×××（变电运维室主任：　　　电话：1330×××××××）

×××（变电检修室主任：　　　电话：1339×××××××）

×××（输电运检室主任：　　　电话：1390×××××××）

×××（电缆运检室主任：　　　电话：1303×××××××）

二、保电地点

高考考点 60 处（详见附件 1），高考保密室 14 处（详见附件 1）。

中考考点 70 处（详见附件 2），中考保密室 15 处（详见附件 2）。

三、保电时间及要求

高考考点保电时间：2014 年 6 月 7 日至 8 日不间断供电。

高考保密室保电时间：2014 年 6 月 6 日至 8 日不间断供电。

中考考点保电时间：2014 年 6 月 20 日至 21 日不间断供电。

中考保密室保电时间：2014 年 6 月 19 日至 21 日不间断供电。

四、保电措施

（1）相关基层单位应迅速成立保电组织机构，并制订完备的保电工作方案，确保各项保电措施落实到位。

（2）检修公司、客户服务中心属各单位、供电公司负责对所辖保电地域涉及的供电线路和设备（包括客户设备）应在6月1日前进行一次全面的安全用电检查，将安全隐患排查清楚，对存在的问题立即进行整改并向公司保电领导小组办公室汇报，不留任何安全隐患，属客户设备隐患要立即下达书面整改通知书督促其及时解决；同时应做好事故应急处理预案。客户服务中心、各供电公司对相关保电点应安排人员值守，各配电运检室应安排人员协助配合，以确保考试期间的正常供电。此外，对应急发电车等设备进行一次全面检查维护及试机，确保紧急情况下的顺利使用。

（3）变电运维室应在6月1日前，对所辖保电地域涉及的变电站开关及设备进行一次全面检查，重点做好10kV母联开关及旁路开关的检查，常用的检修备品、备件及技术资料的准备，并加强对主设备巡视和维护，做好相应的应急预案。同时加强运行力量，指定专人驻站值班。

（4）变电检修室应在6月1日前，对设备的备品备件进行清理，若备品备件不足，应及时制订计划购置，物资部门和生产班组积极配合，组织落实事故抢修的备品备件购置到位。成立抢修工作专班，24h待命，准备处理变电设备的突发事故。

（5）输电运检室、电缆运检室应在6月1前，对保电涉及的110kV和220kV输电线路及电缆进行特巡，对危及线路安全可靠运行的隐患及时进行整改。在保电期间，要安排线路巡检人员对保电所涉及的110kV和220kV的线路及电缆进行动态巡视，对可能存在的外破点安排专人值守。

（6）电力调度控制中心要精心安排好近期的线路检修计划，运行方式必须满足此次保电要求，并确保发生突发性事故时，保电地域上级供电电源的安全可靠；电力调度控制中心和基层单位生产值班室及抢修班按照事故预想分别做好突发事故时线路倒闸的操作预案。

五、保电线路及开关编号

保电线路及开关编号详见附件。

六、工作要求

（1）保电值班人员必须坚守岗位，保持通信联络畅通。

（2）各相关单位现场保电工作人员应穿着国家电网公司统一颜色的劳保工作服、戴安全帽、穿工作鞋。工装应整齐、干净，保持个人卫生及形象整洁。工作人员身份标识佩戴应醒目、规范。

（3）保电工作人员与客户沟通时应使用文明用语，尊重客户。不得在工作现场从事与保电无关的其他活动。保电工作结束后，应彻底清理现场杂物。

（4）现场保电各类车辆应外观整洁、标识清晰。车辆行驶和停放应文明规范。

2014年××市普通高考考点考场及现场保电责任人安排表

考点代码	考点名称	考点负责人			主考移动电话	值班电话	开关编号	供电线路	现场保电责任人	保电人联系方式	保电时间
		主考	副主考	副主考							

国网××供电公司

二〇一×年五月二十二日

三、评分参考标准

行业：电力工程　　　　　　　工种：用电监察员　　　　　　等级：二

编号	JC204	行为领域	e	鉴定范围	
考核时间	30min	题型	c	含权题分	25
试题名称	10kV重要客户、重大活动保电预案制订				
考核要点及其要求	(1) 给定条件：在省委会议中心召开全省经济工作会议，时间：2013年11月3日，供电线路：答议线、桃议线。 (2) 制订保电的组织措施。 (3) 制订保电的技术措施。 (4) 编制保电的方案。 (5) 各项得分均扣完为止				
现场设备、工具、材料	重要客户保电申请函、碳素笔				
备注					

			评分标准				
序号	作业名称	质量要求		分值	扣分标准	扣分原因	得分
1	着装	正确佩戴安全帽、穿工作服、穿绝缘鞋、戴手套		5	(1) 未按要求着装扣5分。 (2) 着装不规范扣3分		
2	证件出示	进客户配电室应首先出示"用电检查证"		5	未出示扣5分		
3	制订保电的组织措施	(1) 建立保电工作领导组织和保电工作办公室，宣传保电工作的任务和意义，全面落实保电工作职责，部署保电工作的各项措施，并督促检查各部门的保电措施落实情况。 (2) 建立保电期间的工作制度，明确各部门的保电职责。 (3) 制订保电方案、事故处理预案和供用电应急预案。 (4) 根据实际情况定期组织事故、抢修预案的演练		20	(1) 缺一项或漏一项每项扣5分。 (2) 书写不完整每项扣3分		

评分标准						
序号	作业名称	质量要求	分值	扣分标准	扣分原因	得分
4	制订保电的技术措施	（1）对保电场所的电源、输配电线路、变配电设施及继电保护和自动装置等进行重点检查，督促客户进行限期整改。 （2）制订涉及保电客户的专项检查项目、内容及工作流程。 （3）安排实施为保电客户供电的输、变电设施的特巡，确保设备无缺陷。对重点设备进行事故演练，落实重点站、重点线路和保电客户的责任制。 （4）合理配置发电车、不间断电源车等移动供电设施。 （5）保电期间所需备品备件准备齐全。 （6）与保电工作有关的变电站、开关站（配电室）不安排停电检修和例行工作。 （7）保证保电期间交通、通信信息畅通	35	（1）缺一项或漏一项每项扣5分。 （2）书写不完整每项扣3分		
5	编制保电的方案	（1）保电工作方案主要内容包括保电工作的目的和原则、保供电组织机构及职责、保电范围和应急抢修分类、供用电应急预案和事故处理预案、应急抢修工作具体要求。 （2）供用电应急预案应包括组织和技术措施、事故抢险所需物质、备品备件、设备和相关设备的准备。 （3）事故处理预案应包括发生事故信息反馈、处置方案、组织抢险、排除险情，修复故障设备、预计恢复时间、对电力系统的要求等，并将预案的内容报电力调度部门。 （4）在制订方案时注意以下几个方面： 1）明确保电工作任务、保电地点和保电范围；		（1）缺一项或漏一项每项扣5分。 （2）书写不完整每项扣3分		

评分标准						
序号	作业名称	质量要求	分值	扣分标准	扣分原因	得分
5	编制保电的方案	2）明确各部门保电工作职责； 3）做好事故的预想和应急预案； 4）与客户、政府相关部门、相关单位建立互动机制	35	（1）缺一项或漏一项每项扣5分。 （2）书写不完整每项扣3分		
考试开始时间				考试结束时间	合计	
考生栏	编号：	姓名：	所在岗位：	单位：	日期：	
考评员栏	成绩：	考评员：		考评组长：		

一、操作

(一) 工具、材料和设备

(1) 工具：计算器、水性笔、草稿纸。

(2) 材料：单电源 10kV 用户供电方案及受电工程设计图纸。

(二) 审查的依据要求

对 10kV 受电工程设计进行审查，应依据国家和电力行业的有关设计标准、规程进行，同时应按照当地供电部门确定的供电方案要求选择电源、架设线路、设计配电设备等，如果确实需要修改供电方案的，必须经过供电方案批复部门同意。设计时倡导采用节能环保的先进技术和产品，禁止使用国家明令淘汰的产品。设计审查主要包括以下标准、规程：

GB 311.1—2012《绝缘配合 第 1 部分：定义、原则和规则》

GB 14549—1993《电能质量 公用电网谐波》

GB 50034—2013《建筑照明设计规范》

GB 50038—2005《人民防空地下室设计规范》

GB 50045—1995《高层民用建筑设计防火规范（2005 版）》

GB 50052—2009《供配电系统设计规范》

GB 50053—2005《10kV 及以下变电所设计规范》

GB 50054—2011《低压配电设计规范》

GB 50057—2010《建筑物防雷设计规范》

GB 50058—1992《爆炸和火灾危险环境电力装置设计规范》

GB 50060—2008《3～110kV 高压配电装置设计规范》

GB 50061—2010《66kV 及以下架空电力线路设计规范》

GB/T 50062—2008《电力装置的继电保护和自动装置设计规范》

GB/T 50063—2008《电力装置的电测量仪表装置设计规范（附条文说明）》

GB 50096—2010《住宅设计规范》

GB 50217—2007《电力工程电缆设计规范》

GB 50227—2008《并联电容器装置设计规范》

DLT 401—2002《高压电缆选用导则》

DL/T 448—2000《电能计量装置技术管理规程》

DL/T 601—1996《架空绝缘配电线路设计技术规程》

DL/T 620—1997《交流电气装置的过电压保护和绝缘配合》

DL/T 621—1997《交流电气装置的接地》

DL/T 5003—2005《电力系统调度自动化设计技术规程》

DL/T 5044—2004《电力工程直流系统设计技术规程》

DL/T 5154—2012《架空输电线路杆塔结构设计技术规定》

DL/T 5219—2005《架空送电线路基础设计技术规定》

DL/T 5220—2005《10kV 及以下架空配电线路设计技术规程》

DL/T 5221—2005《城市电力电缆线路设计技术规定》

DL/T 5222—2005《导体和电器选择设计技术规定》

DL/T 5352—2006《高压配电装置设计技术规程》

Q/GDW 161—2007《线路保护及辅助装置标准化设计规范》

JGJ 16—2008《民用建筑电气设计规范》

（三）审查的步骤及要点

1. 审查的步骤

（1）审查应提供的资料。客户提供的 10kV 受电工程设计审查资料，应包括以下内容：

1）设计单位资质材料。

2）受电工程设计及说明书。

3）用电负荷分布图以及用电负荷性质。

4）主要电气设备一览表。

5）影响电能质量的用电设备清单。

6）隐蔽工程设计资料。

7）主要生产设备、生产工艺耗电以及允许中断供电时间。

8）高压受电设备一、二次接线图及平面布置图。

9）用电功率因数计算及无功补偿方式。

10）继电保护、过电压保护及电能计量的方式。

11）配电网络布置图。

12）对有冲击负荷、不对称负荷、非线性负荷等有可能影响电网供电的客户，还应提供消除其对电网不良影响的技术措施及有关的设计资料。

13）供电企业认为应提供的其他资料。

（2）审查设计单位的资质。10kV 受电工程设计单位必须取得相应的设计资质，根据中华人民共和国建设部 2007 年修订的《工程设计资质标准》规定，只要取得工程设计综合资质、电力行业工程设计丙级（变电工程、送电工程）以上资质、电力专业工程设计丙级（变电工程、送电工程）以上资质的企业就可进行客户 10kV 受电工程的设计。

（3）审查设计图纸。10kV 受电工程设计图纸包括以下内容：

1）供配电专业的各级电压主配电装置配置图、主控制室和继电器室平面布置图、主变压器及高压电抗器继电保护原理图及接线图、计算机监控系统方框图、站用电系统图、直流系统图、控制保护逻辑图、二次接线回路图和屏面布置图、同期系统图、UPS 系统接线图、蓄电池布置图、站用电屏布置图、二次线安装接线图、端子排图等。

2）送电专业的两端变电站进出线平面布置图、单相短路电流曲线、拦江线组装图等。

3）变电土建专业的站址位置图、总平面布置图、竖向布置及站址排水图、站区综合管道平面图、主控制楼和屋内配电装置建筑平/立面图、屋外构架透视图、构架组装图、基础平面布置图、设备支架平面布置图、主控制楼和主配电装置结构和基础及沟道布置图、通信调度楼建筑与结构布置图、辅助建筑施工图、站区沟道施工图、道路平面布置图、围墙和挡土墙施工图、屋外构架及基础施工图、设备支架及基础施工图、土方平衡图、梁板柱沟道及楼梯配筋图、建筑构配件加工图、节点大样图、门窗加工订货图；变电其他专业的自动控制盘盘面布置图、采暖通风系统布置图、管道施工图、控制信号原理接线图、采暖通风设备制造总图、非标准设备制造图、热工仪表单元接线图及控制盘背面接线图、排水计量装置安装图等。

2. 审查的要点

（1）所有高、低压设备的选型是否合理，是否有淘汰和高耗能设备。

（2）变电站的总布置是否合理。

（3）变电站进线方式、一次主接线及出线方式是否满足客户安全要求，是否满足国家和电力行业的规程及标准。

（4）无功补偿设备配置是否合理，配置容量是否满足就地平衡要求；根据《国家电网公司业扩供电方案编制导则（试行）》规定，当不具备设计计算条件时，

10kV 变电站可按变压器容量的 20%～30%确定。

（5）有冲击、不对称和谐波负载的客户应有谐波治理措施。

（6）电能计量装置准确度等级是否符合规程，电流互感器、电压互感器的变比和准确度等级是否满足规程规定。

（7）母联断路器与总进线断路器的连锁与配合是否满足有关规定。

（8）双电源的连锁装置是否合理，是否能确保客户和电网双重安全。

（9）调度自动化及通信是否满足国家和电力行业规定。

（10）线路路径是否符合规程要求，选择的导线截面积载流量能否满足负荷要求。

（11）配置的保护装置是否齐全。

（12）应根据有关规定时限进行审核，高压供电客户审核时间最长不超过一个月。

（13）将审核结果填写在"客户受电工程图纸审核结果通知单"中，以书面形式答复客户。

（14）当地供电部门对客户要求的其他注意事项。

二、考核

（一）考核场地

（1）场地面积应能同时容纳多个工位（办公桌），并保证工位之间的距离合适。

（2）每个工位配有桌椅、计时器。

（二）考核时间

参考时间为 30min，从报审查开始到报审查完毕止。

（三）考核要点

（1）审查客户提交的设计审查资料是否齐全。

（2）审查设计单位的资质是否符合规定要求。

（3）审查设计图纸的内容是否全面。

（4）审查要点是否考虑周全并符合技术、标准及规定要求。

三、评分参考标准

行业：电力工程　　　　　　工种：用电监察员　　　　　　等级：二

编号	JC205	行为领域	e	鉴定范围	
考核时间	30min	题型	c	含权题分	25
试题名称	单电源 10kV 用户受电工程图纸审查				

考核要点及其要求	(1) 给定条件：用户李尔物流有限责任公司申请正式用电，新建中心配电室一座，新装2500kVA 变压器两台，负荷性质为非工业用电，对供电可靠性的要求为非重要用户。 (2) 电源方案：由湖口变电站 6 号母线湖 66 间隔出湖李线电缆专线至该户新建专用中心配电室，对其供电，供电电压等级为 10kV，供电容量为 5000kVA（2500×2）。 (3) 主供总表电价类别为一般工商业及其他电价，采用高供高量，装于中心配电室计量柜内。 (4) 电气主接线形式为单母线接线，运行方式为单电源供电。 (5) 继电保护要求：过流速断。 (6) 无应急电源配置要求，无非电性质保安措施要求。 (7) 根据以上给定条件审查用户受电工程设计图纸中的错误
现场设备、工具、材料	(1) 工作现场具备的材料：用户供电方案、受电工程设计图纸。 (2) 工作现场具备的工具：计算器、水性笔、草稿纸
备注	考评员根据评分标准中 3、4、5、6 点的要求自行设置设计图纸中的错误点，考生找出并改正错误即得分，否则扣分。每个"分值"扣完为止

评分标准

序号	作业名称	质量要求	分值	扣分标准	扣分原因	得分
1	审查提供的资料	(1) 设计单位资质材料。 (2) 受电工程设计及说明书。 (3) 用电负荷分布图及性质。 (4) 主要电气设备一览表。 (5) 影响电能质量的用电设备清单。 (6) 隐蔽工程设计资料。 (7) 主要生产设备、生产工艺耗电以及允许中断供电时间。 (8) 高压受电设备一、二次接线图及平面布置图。 (9) 功率因数计算及无功补偿方式。 (10) 继电保护、过电压保护及电能计量的方式。 (11) 配电网络布置图。 (12) 有冲击负荷、不对称负荷、非线性负荷等可能影响电网供电的客户，还应提供消除其对电网不良影响的技术措施及有关的设计资料	20	考生口述审查需提供的资料： (1) 回答不全面的，每项内容扣 2 分。 (2) 回答错误的，每项内容扣 2 分		

		评分标准				
序号	作业名称	质量要求	分值	扣分标准	扣分原因	得分
2	审查设计单位资质	10kV受电工程设计单位必须取得相应的设计资质,只要取得工程设计综合资质、电力行业工程设计丙级(变电工程、送电工程)以上资质、电力专业工程设计丙级(变电工程、送电工程)以上资质的企业就可进行客户10kV受电工程的设计	10	考生口述设计单位所需资质水平: (1)回答不全面的,扣5分。 (2)回答错误的,扣10分。		
3	读懂电气主接线图	(1)采用先上后下、从左到右的方法通读讲解电气主接线图中各数据的意义。 (2)讲解电气主接线图结构。 (3)找出并更正接线图中结构错误	25	(1)考评员抽取图中数据进行提问,考生未讲解或讲解错误的,扣5分。 (2)未讲解或讲解错误电气图结构的,扣10分。 (3)考评员可通过更改接线方式、电气元件安装等设置错误点,考生未找出并更正的,扣10分		
4	正确配置电能计量装置、电压及电流互感器	(1)电能计量装置准确度等级是否符合规程。 (2)电流互感器、电压互感器的变比是否正确。 (3)电流互感器、电压互感器准确度等级是否满足规程规定	15	考评员可通过更改电能计量装置的安装位置、准确度等级、互感器变比等设置错误点,考生未找出并更正的,扣15分		
5	核对供电方案与电气主接线图的一致性	核对客户供电方案中供电容量、电源方案、电压等级、运行方式、继电保护要求、重要客户等级、应急电源配置等内容与电气主接线图中是否一致,找出不相符的地方	15	考评员可根据客户供电方案与电气主接线图设置不相符的错误点,考生未找出并更正的,扣15分		

		评分标准					
序号	作业名称	质量要求	分值	扣分标准		扣分原因	得分
6	有关技术规定的掌握程度	（1）所有高、低压设备的选型是否合理，是否有淘汰和高耗能设备。 （2）变电站的总布置是否合理。 （3）变电站进线方式、一次主接线及出线方式是否满足客户安全要求，是否满足国家和电力行业的规程及标准。 （4）无功补偿设备配置是否合理，配置容量是否满足就地平衡要求；根据《国家电网公司业扩供电方案编制导则（试行）》规定，当不具备设计计算条件时，10kV 变电站可按变压器容量的 20%～30%确定。 （5）有冲击、不对称和谐波负载的客户应有谐波治理措施。 （6）母联断路器与总进线断路器的连锁与配合是否满足有关规定。 （7）双电源的连锁装置是否合理，是否能确保客户和电网双重安全。 （8）调度自动化及通信是否满足国家和电力行业规定。 （9）线路路径是否符合规程要求，选择的导线截面积载流量能否满足负荷要求。 （10）配置的保护装置是否齐全	15	（1）考评员可根据相关技术规定规程，如设备选型、继电保护、电源配置等方面设置错误点，考生未找出并更正的，扣 5 分。 （2）考评员可根据用户供电方案，从电源的可靠性、无功补偿、导线选型等方面提问来考查考生对有关技术规定的掌握程度，考生回答不全面的，扣 5 分；回答错误的，扣 10 分		
	考试开始时间			考试结束时间		合计	
考生栏		编号： 姓名：		所在岗位：	单位：		日期：
考评员栏		成绩： 考评员：			考评组长：		

JC205 附：单电源 10kV 用户受电工程图

回路名称	10kV主供电源进线	计量主供	1TV, 避雷器	馈线(备用)	馈线(备用)
微机保护	过流、速断		中央信号	过流,速断,零序	过流,速断,零序
设备容量					
带电显示装置	GSN-10	GSN-10	GSN-10	GSN-10	GSN-10
避雷器型号			HY5WZ-17/45	HY5WS-17/50	HY5WS-17/50
电压互感器型号(计量)		JDZ10-10 10/0.1kV 0.2级			
电流互感器型号(计量)		0.5/0.2S LZZBJ6-10 300/5A			
电压互感器型号			0.5/1级 JDZ-10 10/0.1/0.1kV		
电流互感器型号	0.5S/10P20 LZZBJ6-10 300/5A			0.5S/10P20 LZZBJ6-10 150/5A	0.5S/10P20 LZZBJ6-10 150/5A
断路器型号	VS1-12/630-25kA	FZN-12(D)		VS1-12/630-25kA	VS1-12/630-25kA
熔断器型号		XRNP1-12	RN2-10 0.5A		
柜体尺寸(W×D×H: mm)	800×1500×2300	1200×1500×2300	800×1500×2300	800×1500×2300	800×1500×2300
开关柜型号	KYN28A-12-33	KYN28A-12	KYN28A-12-19	KYN28A-12-33	KYN28A-12-33
开关柜编号	01	高压电能计量控制柜03	互05	07	09
一次电气接线图		安装负控装置			

TMY-3(80×8) ...... 10kV I段母线

湖口变电站6号母线66湖李线　　　　　　至2500kVA变压器　　至2500kVA变压器

单电源 10kV 用户受电工程图

单母线双电源10kV用户受电工程图纸审查

一、操作

(一) 工具和材料

(1) 工具：计算器、水性笔、草稿纸。

(2) 材料：单母线双电源 10kV 用户供电方案及受电工程设计图纸。

(二) 审查的依据要求

对 10kV 受电工程设计进行审查，应依据国家和电力行业的有关设计标准、规程进行，同时应按照当地供电部门确定的供电方案要求选择电源、架设线路、设计配电设备等，如果确实需要修改供电方案的，必须经过供电方案批复部门同意。设计时倡导采用节能环保的先进技术和产品，禁止使用国家明令淘汰的产品。设计审查主要包括以下标准、规程：

GB 311.1—2012《绝缘配合 第 1 部分：定义、原则和规则》

GB 14549—1993《电能质量 公用电网谐波》

GB 50034—2013《建筑照明设计规范》

GB 50038—2005《人民防空地下室设计规范》

GB 50045—1995《高层民用建筑设计防火规范（2005 版）》

GB 50052—2009《供配电系统设计规范》

GB 50053—2005《10kV 及以下变电所设计规范》

GB 50054—2011《低压配电设计规范》

GB 50057—2010《建筑物防雷设计规范》

GB 50058—1992《爆炸和火灾危险环境电力装置设计规范》

GB 50060—2008《3～110kV 高压配电装置设计规范》

GB 50061—2010《66kV 及以下架空电力线路设计规范》

GB/T 50062—2008《电力装置的继电保护和自动装置设计规范》

GB/T 50063—2008《电力装置的电测量仪表装置设计规范（附条文说明）》

GB 50096—2010《住宅设计规范》

GB 50217—2007《电力工程电缆设计规范》

GB 50227—2008《并联电容器装置设计规范》

DLT 401—2002《高压电缆选用导则》

DL/T 448—2000《电能计量装置技术管理规程》

DL/T 601—1996《架空绝缘配电线路设计技术规程》

DL/T 620—1997《交流电气装置的过电压保护和绝缘配合》

DL/T 621—1997《交流电气装置的接地》

DL/T 5003—2005《电力系统调度自动化设计技术规程》

DL/T 5044—2004《电力工程直流系统设计技术规程》

DL/T 5154—2012《架空输电线路杆塔结构设计技术规定》

DL/T 5219—2005《架空送电线路基础设计技术规定》

DL/T 5220—2005《10kV 及以下架空配电线路设计技术规程》

DL/T 5221—2005《城市电力电缆线路设计技术规定》

DL/T 5222—2005《导体和电器选择设计技术规定》

DL/T 5352—2006《高压配电装置设计技术规程》

Q/GDW 161—2007《线路保护及辅助装置标准化设计规范》

JGJ 16—2008《民用建筑电气设计规范》

(三) 审查的步骤及要点

1. 审查的步骤

(1) 审查应提供的资料。客户提供的 10kV 受电工程设计审查资料，应包括以下内容：

1) 设计单位资质材料。

2) 受电工程设计及说明书。

3) 用电负荷分布图以及用电负荷性质。

4) 主要电气设备一览表。

5) 影响电能质量的用电设备清单。

6) 隐蔽工程设计资料。

7) 主要生产设备、生产工艺耗电以及允许中断供电时间。

8) 高压受电设备一、二次接线图及平面布置图。

9) 用电功率因数计算及无功补偿方式。

10) 继电保护、过电压保护及电能计量的方式。

11）配电网络布置图。

12）对有冲击负荷、不对称负荷、非线性负荷等有可能影响电网供电的客户，还应提供消除其对电网不良影响的技术措施及有关的设计资料。

13）供电企业认为应提供的其他资料。

（2）审查设计单位的资质。10kV受电工程设计单位必须取得相应的设计资质，根据中华人民共和国建设部2007年修订的《工程设计资质标准》规定，只要取得工程设计综合资质、电力行业工程设计丙级（变电工程、送电工程）以上资质、电力专业工程设计丙级（变电工程、送电工程）以上资质的企业就可进行客户10kV受电工程的设计。

（3）审查设计图纸。10kV受电工程设计图纸包括以下内容：

1）供配电专业的各级电压主配电装置配置图、主控制室和继电器室平面布置图、主变压器及高压电抗器继电保护原理图及接线图、计算机监控系统方框图、站用电系统图、直流系统图、控制保护逻辑图、二次接线回路图和屏面布置图、同期系统图、UPS系统接线图、蓄电池布置图、站用电屏布置图、二次线安装接线图、端子排图等。

2）送电专业的两端变电站进出线平面布置图、单相短路电流曲线、拦江线组装图等。

3）变电土建专业的站址位置图、总平面布置图、竖向布置及站址排水图、站区综合管道平面图、主控制楼和屋内配电装置建筑平立面图、屋外构架透视图、构架组装图、基础平面布置图、设备支架平面布置图、主控制楼和主配电装置结构和基础及沟道布置图、通信调度楼建筑与结构布置图、辅助建筑施工图、站区沟道施工图、道路平面布置图、围墙和挡土墙施工图、屋外构架及基础施工图、设备支架及基础施工图、土方平衡图、梁板柱沟道及楼梯配筋图、建筑构配件加工图、节点大样图、门窗加工订货图；变电其他专业的自动控制盘盘面布置图、采暖通风系统布置图、管道施工图、控制信号原理接线图、采暖通风设备制造总图、非标准设备制造图、热工仪表单元接线图及控制盘背面接线图、排水计量装置安装图等。

2. 审查的要点

（1）所有高、低压设备的选型是否合理，是否有淘汰和高耗能设备。

（2）变电站的总布置是否合理。

（3）变电站进线方式、一次主接线及出线方式是否满足客户安全要求，是否满足国家和电力行业的规程及标准。

（4）无功补偿设备配置是否合理，配置容量是否满足就地平衡要求；根据《国家电网公司业扩供电方案编制导则（试行）》规定，当不具备设计计算条件时，10kV 变电站（所）可按变压器容量的 20%～30%确定。

（5）有冲击、不对称和谐波负载的客户应有谐波治理措施。

（6）电能计量装置准确度等级是否符合规程规定，电流互感器、电压互感器的变比和准确度等级是否满足规程规定。

（7）母联断路器与总进线断路器的连锁与配合是否满足有关规定。

（8）双电源的连锁装置是否合理，是否能确保客户和电网双重安全。

（9）调度自动化及通信是否满足国家和电力行业规定。

（10）线路路径是否符合规程要求，选择的导线截面积载流量能否满足负荷要求。

（11）配置的保护装置是否齐全。

（12）应根据有关规定时限进行审核，高压供电的客户审核时间最长不超过一个月。

（13）将审核结果填写在"客户受电工程图纸审核结果通知单"中，以书面形式答复客户。

（14）当地供电部门对客户要求的其他注意事项。

二、考核

(一) 考核场地
（1）场地面积应能同时容纳多个工位（办公桌），并保证工位之间的距离合适。
（2）每个工位配有桌椅、计时器。

(二) 考核时间
参考时间为 30min，从报审查开始到报审查完毕止。

(三) 考核要点
（1）审查客户提交的设计审查资料是否齐全。
（2）审查设计单位的资质是否符合规定要求。
（3）审查设计图纸的内容是否全面。
（4）审查要点是否考虑周全并符合技术、标准及规定要求。

三、评分参考标准

行业：电力工程　　　　　　工种：用电监察员　　　　　　等级：二

编号	JC206	行为领域	e	鉴定范围	
考核时间	30min	题型	c	含权题分	25
试题名称	单母线双电源10kV用户受电工程图纸审查				

考核要点 及其要求	（1）给定条件：用户红青信息股份有限公司申请正式用电，新建中心配电室一座，新装2000kVA变压器三台，负荷性质为非工业用电，对供电可靠性的要求为非重要用户。 （2）电源方案：主供电源由桥梁变电站5号母线桥55间隔出桥红线电缆专线至该户新建专用中心配电室，对其供电，供电电压等级为10kV，供电容量为6000kVA（2000×3）。备供电源由湖口变电站7号母线湖77间隔出湖红线电缆专线至该户新建专用中心配电室，对其供电，供电电压等级为10kV，供电容量为2000kVA（2000×1）。 （3）主、备供总表电价类别均为一般工商业及其他电价，采用高供高量，装于中心配电室计量柜内。 （4）电气主接线形式为单母线分段接线，运行方式为双电源主、备供电。 （5）继电保护要求：过流速断。 （6）无应急电源配置要求，需具备非电性质保安措施。 （7）根据以上给定条件审查用户受电工程设计图纸中的错误
现场设备、 工具、材料	（1）工作现场具备的材料：用户供电方案、受电工程设计图纸。 （2）工作现场具备的工具：计算器、水性笔、草稿纸
备注	考评员根据评分标准中3、4、5、6点的要求自行设置设计图纸中的错误点，考生找出并改正错误即得分，否则扣分。每个"分值"扣完为止

评分标准

序号	作业名称	质量要求	分值	扣分标准	扣分原因	得分
1	审查提供的资料	（1）设计单位资质材料。 （2）受电工程设计及说明书。 （3）用电负荷分布图及性质。 （4）主要电气设备一览表。 （5）影响电能质量的用电设备清单。 （6）隐蔽工程设计资料。 （7）主要生产设备、生产工艺耗电以及允许中断供电时间。 （8）高压受电设备一、二次接线图及平面布置图。 （9）功率因数计算及无功补偿方式。 （10）继电保护、过电压保护及电能计量的方式。 （11）配电网络布置图。		考生口述审查需提供的资料： （1）回答不全面的，每项内容扣2分。 （2）回答错误的，每项内容扣2分		

続表

		评分标准				
序号	作业名称	质量要求	分值	扣分标准	扣分原因	得分
1	审查提供的资料	（12）有冲击负荷、不对称负荷、非线性负荷等可能影响电网供电的客户，还应提供消除其对电网不良影响的技术措施及有关的设计资料	20	考生口述审查需提供的资料： （1）回答不全面的，每项内容扣2分。 （2）回答错误的，每项内容扣2分		
2	审查设计单位资质	10kV受电工程设计单位必须取得相应的设计资质，只要取得工程设计综合资质、电力行业工程设计丙级（变电工程、送电工程）以上资质、电力专业工程设计丙级（变电工程、送电工程）以上资质的企业就可进行客户10kV受电工程的设计	10	考生口述设计单位所需资质水平： （1）回答不全面的，扣5分。 （2）回答错误的，扣10分		
3	读懂电气主接线图	（1）采用先上后下、从左到右的方法通读讲解电气主接线图中各数据的意义。 （2）讲解电气主接线图结构。 （3）找出并更正接线结构错误	25	（1）考评员抽取图中数据进行提问，考生未讲解或讲解错误的，扣5分。 （2）未讲解或讲解错误电气图结构的，扣10分。 （3）考评员可通过更改接线方式、电气元件安装等设置错误点，考生未找出并更正的，扣10分		
4	正确配置电能计量装置、电压及电流互感器	（1）电能计量装置准确度等级是否符合规程。 （2）电流互感器、电压互感器的变比是否正确。 （3）电流互感器、电压互感器准确度等级是否满足规程规定	15	考评员可通过更改电能计量装置的安装位置、准确度等级、互感器变比等设置错误点，考生未找出并更正的，扣15分		
5	核对供电方案与电气主接线图的一致性	核对客户供电方案中供电容量、电源方案、电压等级、运行方式、继电保护要求、重要客户等级、应急电源配置等内容与电气主接线图中是否一致，找出不相符的地方	15	考评员可根据客户供电方案与电气主接线图设置不相符的错误点，考生未找出并更正的，扣15分		

		评分标准				
序号	作业名称	质量要求	分值	扣分标准	扣分原因	得分
6	有关技术规定的掌握程度	（1）所有高、低压设备的选型是否合理，是否有淘汰和高耗能设备。 （2）变电站的总布置是否合理； （3）变电站进线方式、一次主接线及出线方式是否满足客户安全要求，是否满足国家和电力行业的规程及标准。 （4）无功补偿设备配置是否合理，配置容量是否满足就地平衡要求；根据《国家电网公司业扩供电方案编制导则（试行）》规定，当不具备设计计算条件时，10kV变电站可按变压器容量的 $20\% \sim 30\%$ 确定。 （5）有冲击、不对称和谐波负载的客户应有谐波治理措施。 （6）母联断路器与总进线断路器的连锁与配合是否满足有关规定。 （7）双电源的连锁装置是否合理，是否能确保客户和电网双重安全。 （8）调度自动化及通信是否满足国家和电力行业规定。 （9）线路路径是否符合规程要求，选择的导线截面积载流量能否满足负荷要求。 （10）配置的保护装置是否齐全	15	（1）考评员可根据相关技术规定规程，如设备选型、继电保护、电源配置等方面设置错误点，考生未找出并更正的，扣5分。 （2）考评员可根据用户供电方案，从电源的可靠性、无功补偿、导线选型等方面提问来考查考生对有关技术规定的掌握程度，考生回答不全面的，扣 5 分；回答错误的，扣10分		

考试开始时间				考试结束时间		合计	
考生栏		编号：	姓名：	所在岗位：	单位：	日期：	
考评员栏		成绩：	考评员：		考评组长：		

JC206 附：单母线双电源 10kV 用户受电工程图

10kV I段母线 ｜ 桥梁变电站5号母线桥55桥红线 ｜ 至2000kVA变压器 ｜ 至2000kVA变压器 ｜ 至2000kVA变压器 ｜ 渡口变电站7号母线渡77渡红线 ｜ 10kV II段母线

母材：TMY-3(80×8)

开关柜编号	开关柜型号	柜体尺寸(W×D×H,mm)	熔断器型号	断路器型号	电流互感器型号	电压互感器型号	电流互感器型号(计量)	电压互感器型号(计量)	避雷器型号	带电显示器型号	微机保护	回路名称
02	KYN28A-12-33	800×1500×2300		VS1-12/630-25kV	LZZBJ6-10 400/15A 0.5s/10P20				HY5WS-17/50	GSN-10	过流速断	10kV供电电源进线
04（高压电能计量控制柜04，安装负荷控制装置）	KYN28A-12	1200×1500×2300	XRNP1-12	FZN-12(D)			LFZZ516-100.5/0.2S 400/5	JDZ10-10 100.1kV 0.2级	HY5WZ-17/45	CSN-10	中央信号	计量主供 / 2号TV、避雷器
互02	KYN28A-12-19	800×1500×2300	RN2-10 0.5A			JDZ-10 100.1/0.1kV 0.5/1级			HY5WZ-17/45	CSN-10	中央信号	2号TV、避雷器
06	KYN28A-12-33	800×1500×2300		VS1-12/630-25kV	LZZBJ6-10 150/5A 0.5S/10P20				HY5WS-17/50	GSN-10	过流、速断、零序	馈线(备用)
08	KYN28A-12-33	800×1500×2300		VS1-12/630-25kV	LZZBJ6-10 150/5A 0.5S/10P20				HY5WS-17/50	GSN-10	过流、速断、零序	馈线(备用)
10	KYN28A-12-33	800×1500×2300		VS1-12/630-25kV	LZZBJ6-10 400/5A 0.5S/10P20				HY5WS-17/50	GSN-10	分段保护	分段
12	KYN28A-12-33	800×1500×2300								GSN-10	母隔	母联
14	KYN28A-12-33	800×1500×2300		VS1-12/630-25kV	LZZBJ6-10 150/5A 0.5S/10P20				HY5WS-17/50	GSN-10	过流、速断、零序	馈线(备用)
互03	KYN28A-12-19	800×1500×2300	RN2-10 0.5A			JDZ-10 100.1/0.1kV 0.5/1级			HY5WZ-17/45	GSN-10	中央信号	3号TV、避雷器
16（高压电能计量控制柜16，安装负荷控制装置）	KYN28A-12	1200×1500×2300	XRNP1-12	FZN-12(D)			LFZZJ6-10 0.5/0.25 150/5	JDZ10-10 100.1kV 0.2级	HY5WZ-17/45	GSN-10	中央信号	计量备供 / 3号TV、避雷器
18	KYN2&A-12-33	800×1500×2300		VS1-12/630-25kA	LZZBJ6-10 150/5A 0.5S/10P20				HY5WS-17/50	GSN-10	过流、速断	10kV自备电源进线

（注：表首"一次电气接线图"一栏为各开关柜的单线电气接线图。）

单母线双电源 10kV 用户受电工程图

一、操作

（一）工具、材料和设备

（1）工具：碳素笔、手电筒、计算器。

（2）材料：业务工作单。

（3）设备：35kV 客户变电站。

（二）35kV 客户变电站的变压器及断路器安全检查要求

1. 变压器

（1）变压器油中溶解气体色谱分析结果是否超过注意值，变压器的绝缘水平是否符合国家标准。

（2）变压器整体绝缘状况。绝缘电阻、吸收比或极化指数、泄漏电流、线圈直流电阻、套管的 tanδ 值和电容量等其他试验是否完整，结果是否合格、是否超期。

（3）变压器油的电气试验是否合格，击穿电压、90℃的 tanδ 是否在规定的标准内（大修后）。

（4）变压器上层油温是否超出规定值，温度计及远方测温装置是否准确、齐全；测温装置是否定期校验。

（5）变压器高压套管及油枕的油位是否正常。

（6）强迫油循环变压器的冷却装置的投入与退出是否按油温的变化来控制；冷却装置应有两个独立电源并能自动切换，应定期进行自动切换试验。

（7）变压器的铁芯、铁轭是否存在多点接地现象。

（8）变压器的分接开关接触是否良好，有载开关及操作机构有无重要隐患，有载开关部分的油是否与变压器油之间有渗漏现象，有载开关及操作机械能否按规定进行检修。

（9）变压器高、低压套管接头应无发热现象。

（10）变压器本体，散热器及套管应无渗、漏油现象。

（11）净油器是否正常投入，呼吸器维护情况是否良好。

（12）是否有其他影响安全运行的隐患。

2. 断路器

（1）断路器电气预防性试验项目中是否有不合格项目。

（2）断路器大小修工作项目是否齐全、无漏项，重要反措项目是否落实，是否超过了规定的期限。

（3）断路器切断故障电流后，是否按规程规定采取了相应措施。

（4）断路器电气预防性试验是否超过了期限。

（5）断路器是否存在其他威胁安全运行的重要缺陷（如触头严重发热，断路器拒分、拒合、偷跳、严重漏油，SF_6 系统泄漏严重）。

二、考核

（一）考核场地

（1）提供一个 35kV 单电源供电方式且带有一台主变压器供电的变电站。

（2）室内应配有应考者桌椅两套。

（3）室内应配有考评员桌椅 3 套、秒表 3 块。

（二）考核时间

参考时间为 45min，到时停止操作，按实际完成内容打分。

（三）考核要点

（1）履行工作手续完备。

（2）对客户变压器及断路器进行安全检查。

（3）将现场检查情况正确填写"用电检查结果通知书"。

（4）安全文明生产。

三、评分参考标准

行业：电力工程　　　　　　工种：用电监察员　　　　　　等级：二

编号	JC207	行为领域	e	鉴定范围	
考核时间	45min	题型	c	含权题分	35
试题名称	35kV 客户变电站变压器及断路器安全检查				
考核要点 及其要求	（1）给定条件：35kV 客户电气设备、外观、机械、接地、绝缘及耐压等例行试验合格，制造标准符合国家标准规定，质量合格。 （2）着装规范、劳动防护措施齐全。 （3）履行工作手续完备。 （4）安全检查无漏项。 （5）"用电检查结果通知书"填写正确、规范。 （6）各项得分均扣完为止				

现场设备、工具、材料	(1) 工作现场具备设备：35kV 客户变电站。 (2) 考生自备工作服，安全帽，绝缘鞋、笔、计算器。 (3) 业务工作单				
备注	设定所计量的变压器总容量为 16 000kVA，要求考生回答如何配置计量互感器，回答错误，扣除第五项得分——10 分				

评分标准

序号	作业名称	质量要求	分值	扣分标准	扣分原因	得分
1	着装	正确佩戴安全帽、穿工作服、穿绝缘鞋、戴手套	5	(1) 未按要求着装扣 5 分。 (2) 着装不规范扣 3 分		
2	证件出示	进客户变电站应首先出示"用电检查证"	5	未出示扣 5 分		
3	查看变压器安全运行情况	(1) 变压器油中溶解气体色谱分析结果是否超过注意值，变压器的绝缘水平是否符合国家标准。 (2) 变压器整体绝缘状况。绝缘电阻、吸收比或极化指数、泄漏电流、线圈直流电阻、套管的 tanδ 值和电容量等其他试验是否完整，结果是否合格、是否超期。 (3) 变压器油的电气试验是否合格，击穿电压、90℃ 的 tanδ 是否在规定的标准内（大修后）。 (4) 变压器上层油温是否超出规定值，温度计及远方测温装置是否准确、齐全；测温装置是否定期校验。 (5) 变压器高压套管及油枕的油位是否正常。 (6) 强迫油循环变压器的冷却装置的投入与退出是否按油温的变化来控制；冷却装置应有两个独立电源并能自动切换，应定期进行自动切换试验。 (7) 变压器的铁芯、铁轭是否存在多点接地现象。 (8) 变压器的分接开关接触是否良好，有载开关及操作机构有无重要隐患，有载开关部分的油是否与变压器油之间有渗漏现象，有载开关及操作机械能否按规定进行检修。	60	(1) 未检查说明、漏项或检查错误一项扣 5 分。 (2) 书写不完整，每项扣 2~3 分		

序号	作业名称	质量要求	分值	扣分标准	扣分原因	得分
		评分标准				
3	查看变压器安全运行情况	（9）变压器高、低压套管接头应无发热现象。 （10）变压器本体、散热器及套管应无渗、漏油现象。 （11）净油器是否正常投入，呼吸器维护情况是否良好。 （12）是否有其他影响安全运行的隐患	60	（1）未检查说明、漏项或检查错误一项扣5分。 （2）书写不完整，每项扣1～2分		
4	查看断路器运行情况	（1）断路器电气预防性试验项目中是否有不合格项目。 （2）断路器大小修工作项目是否齐全、无漏项，重要反措项目是否落实、是否超过了规定的期限。 （3）断路器切断故障电流后，是否按规程规定采取了相应措施。 （4）断路器电气预防性试验是否超过了期限。 （5）断路器是否存在其他威胁安全运行的重要缺陷（如触头严重发热，断路器拒分、拒合、偷跳、严重漏油，SF_6系统泄漏严重）	20	（1）未检查说明或检查错误一项扣4分。 （2）书写不完整，每项扣1～2分		
5	现场提问	设定变压器总容量为16 000 kVA，要求考生回答，计量装置应如何配置互感器	10	（1）电压互感器配置错误扣4分。 （2）电流互感器配置错误扣6分		

考试开始时间		考试结束时间		合计	
考生栏	编号：　　姓名：	所在岗位：	单位：	日期：	
考评员栏	成绩：　　考评员：		考评组长：		

JC208　35kV客户变电站电气设备接入电网安全检查

一、操作

（一）工具、材料和设备

（1）工具：碳素笔、手电筒、计算器。

（2）材料：业务工作单。

（3）设备：35kV客户变电站。

（二）35kV客户变电站电气设备接入电网前安全运行要求

（1）35kV客户变电站进入电网运行时应在入网前签订入网调度协议。

（2）电气主接线、站用电系统应按国家和电力行业标准满足电网的安全要求。

（3）主变压器中性点接地方式必须经电网调度机构审批，并严格按有关规定执行。

（4）联络线断路器遮断容量应满足电网安全要求。

（5）接地装置、接地引下线截面积应满足热稳定校验要求。

（6）母线、断路器、电抗器和线路保护装置及安全自动装置的配置选型必须经电网调度机构审定，并能正常投入运行。

（7）远动等调度自动化相关设备、计算机监控系统应满足调度自动化有关技术规程的要求，并与一次设备同步投入运行。

（8）电力监控系统应能可靠工作。

（9）变电站至电网调度部门必须具有一个及以上可用的独立通信通道。

（10）变电站二次用直流系统的配置应符合 DL/T 5044—2004《电力工程直流系统设计技术规程》的技术要求。

（11）变电站应有完整的运行、检修规程和管理制度。

（三）35kV客户变电站安全用电技术管理

供电企业应指导客户提高自管变电站运行管理水平，保证设备安全运行。着重做好以下几个方面的工作：

(1) 规范安全工器具的管理。

(2) 制定本变电站运行规程和安全活动制度。

(3) 保存变电站技术图纸。

(4) 悬挂相关的图表。

(5) 建立运行记录、设备台账等。

(6) 制定岗位职责和规范。

(7) 建立标准化作业指导卡。

二、考核

(一) 考核场地

(1) 提供一个 35kV 单电源供电且带有一台主变压器供电的变电站。

(2) 室内应配有应考者桌椅两套。

(3) 室内应配有考评员桌椅 3 套、秒表 3 块。

(二) 考核时间

参考时间为 45min，到时停止操作，按实际完成内容打分。

(三) 考核要点

(1) 履行工作手续完备。

(2) 对客户变电站电气设备接入进行全面安全检查。

(3) 对客户变电站安全用电技术管理进行检查。

(4) 将现场检查情况正确填写"用电检查结果通知书"。

(5) 安全文明生产。

三、评分参考标准

行业：电力工程　　　　　　工种：用电监察员　　　　　　等级：二

编号	JC208	行为领域	e	鉴定范围	
考核时间	45min	题型	c	含权题分	35
试题名称	35kV 客户变电站电气设备接入电网安全检查				
考核要点 及其要求	(1) 给定条件：35kV 客户电气设备、外观、机械、接地、绝缘及耐压等例行试验合格，制造标准符合国家标准规定，质量合格。 (2) 着装规范、劳动防护措施齐全。 (3) 履行工作手续完备。 (4) 安全检查无漏项。 (5) "用电检查结果通知书"填写正确、规范。 (6) 各项得分均扣完为止				

现场设备、工具、材料	(1) 工作现场具备设备：35kV 客户配电室。 (2) 考生自备工作服、安全帽、绝缘鞋、笔、计算器。 (3) 业务工作单
备注	

评分标准

序号	作业名称	质量要求	分值	扣分标准	扣分原因	得分
1	着装	正确佩戴安全帽、穿工作服、穿绝缘鞋、戴手套	5	(1) 未按要求着装扣 5 分。 (2) 着装不规范扣 3 分		
2	证件出示	进客户配电室应首先出示"用电检查证"	5	未出示扣 5 分		
3	查看接入电气设备是否满足安全要求	(1) 35kV 客户变电站进入电网运行时应在入网前签订入网调度协议。 (2) 电气主接线、站用电系统应按国家和电力行业标准满足电网的安全要求。 (3) 主变压器中性点接地方式必须经电网调度机构审批，并严格按有关规定执行。 (4) 联络线断路器遮断容量应满足电网安全要求。 (5) 接地装置、接地引下线截面积应满足热稳定校验要求。 (6) 母线、断路器、电抗器和线路保护装置及安全自动装置的配置选型必须经电网调度机构审定，并能正常投入运行。 (7) 远动等调度自动化相关设备、计算机监控系统应满足调度自动化有关技术规程的要求，并与一次设备同步投入运行。 (8) 电力监控系统应能可靠工作。 (9) 变电站至电网调度部门必须具有一个及以上可用的独立通信通道。 (10) 变电站二次用直流系统的配置应符合 DL/T 5044—2004 的技术要求。 (11) 变电站应有完整的运行、检修规程和管理制度	55	(1) 未检查说明、漏项或检查错误，一项扣 5 分。 (2) 书写不完整，每项扣 2～3 分		

评分标准							
序号	作业名称	质量要求	分值	扣分标准	扣分原因	得分	
4	查看客户变电站安全用电技术管理是否满足要求	（1）规范安全工器具的管理。 （2）制定本变电站运行规程和安全活动制度。 （3）保存变电站技术图纸。 （4）悬挂相关的图表。 （5）建立运行记录、设备台账等。 （6）制定岗位职责和规范。 （7）建立标准化作业指导卡	35	（1）未检查说明或检查错误一项扣5分。 （2）书写不完整，每项扣2～3分			
考试开始时间			考试结束时间			合计	
考生栏	编号：　　姓名：		所在岗位：	单位：		日期：	
考评员栏	成绩：　　考评员：			考评组长：			

一、操作

(一) 工具和设备

(1) 工具：纸张、水性笔、计算器、电工模板、直尺。

(2) 设备：模拟 10kV 客户配电室。

(二) 绘图的依据要求

电气主接线图是客户配电室最重要的接线图。主接线图所连接的设备是配电室的主设备，包括主变压器、高压开关电器、互感器和母线等。因此，电气主接线是由高压电器通过连接线，按其功能要求组成接受和分配电能的电路，用来传输强电流、高电压的网络，故而又称为一次接线或电气主系统。绘制客户配电室主接线图应符合以下有关技术规范的要求：

1. GB/T 4728.10—2008《电气简图用图形符号 第 10 部分 电信传输》

2. DL 5028—1993《电气工程制图标准》

(三) 绘图步骤及要点

1. 绘图步骤

按照电力输送的顺序依次安排其中的设备和线路相互连接关系来绘制简图，能全面系统地反映出主接线中电力的传输过程，以及相对电气连接关系，但是它并不反映其中各成套配电装置之间相互排列的位置。绘图顺序可按照电能输送的路径进行，即以从电源进线→母线→开关设备→馈线的顺序进行。

(1) 了解配电室的基本情况。

1) 了解配电室的总容量及其供电范围。

2) 了解配电室的类型，如中心配电室或分配室，高压配电室或低压配电室。

(2) 查看电气设备的主要技术参数。

(3) 查看各个电压等级的主接线形式。先看高压侧主接线形式，再看中压侧主接线形式，最后看低压侧主接线形式。

(4) 查看开关的配置情况。与电源有联系的各侧都应配置断路器，该装隔离开关处是否装有隔离开关。

（5）查看互感器的配置情况。互感器主要是能满足测量和继电保护的需要，查看电流互感器和电压互感器的安装位置、配置只数。

（6）查看避雷器的配置情况。常用电气设备和导线的图形符号和文字符号见表 JC209-1。

表 JC209-1　　　常用电气设备和导线的图形符号和文字符号

电气设备名称	文字符号	图形符号	电气设备名称	文字符号	图形符号
刀开关	QK		母线（汇流排）	W 或 WB	
熔断器或刀开关	QKF		导线、线路	W 或 WL	
断路器（自动开关）	QF		电缆及其终端头		
隔离开关	QS		交流发电机	G	
负荷开关	QL		交流电动机	M	
熔断器	FU		单相变压器	T	
熔断器式隔离开关	FD		电压互感器	TV	
熔断器式负荷开关	FDL		三绕组变压器	T	
阀式避雷器	F		三绕组电压互感器	TV	

电气设备名称	文字符号	图形符号	电气设备名称	文字符号	图形符号
三相变压器	T		电抗器	L	
电流互感器（具有一个二次绕组）	T		电容器	C	
电流互感器（具有两个铁芯和两个二次绕组）	TA		三相导线		

2. 绘图要点

（1）隔离开关的正确配置和隔离开关接线的正确绘制。隔离开关的主要用途是将检修部分与电源隔离，以保证检修人员的安全。在电气主接线图中，凡是应该安装隔离开关的地方都必须配置隔离开关，不能有遗漏之处。

（2）在分析电气主接线可靠性时，根据负荷性质，可按以下几个方面进行：

1）各断路器检修时，停电的范围和时间。

2）母线故障或检修时，停电范围和时间。

3）有没有使全站停电的可能。

（3）配电室常用主接线按其基本形式可分为五种类型：

1）线路——变压器组单元接线如图 JC209-1 所示。

2）单母线接线如图 JC209-2 所示。

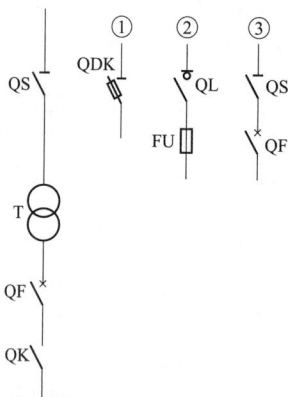

图 JC209-1　线路——变压器组单元接线

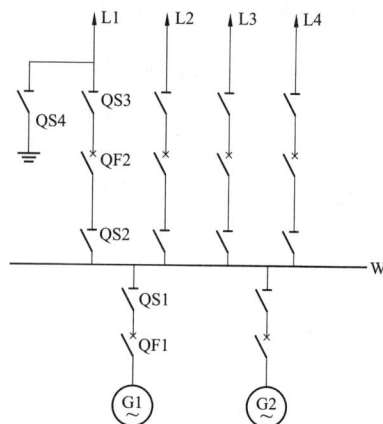

图 JC209-2　单母线接线

3）单母线分段接线如图 JC209－3 所示。

4）双母线接线如图 JC209－4 所示。

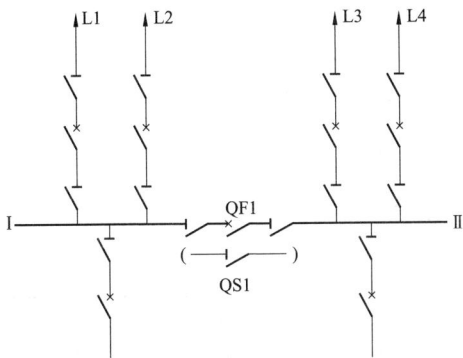

图 JC209－3　单母线分段接线

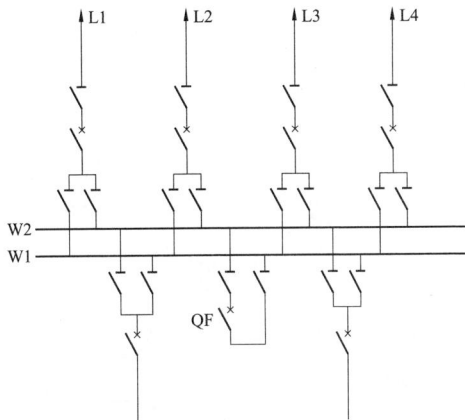

图 JC209－4　双母线接线

5）桥形接线。内桥式连接如图 JC209－5 所示，外桥式连接如图 JC209－6 所示。

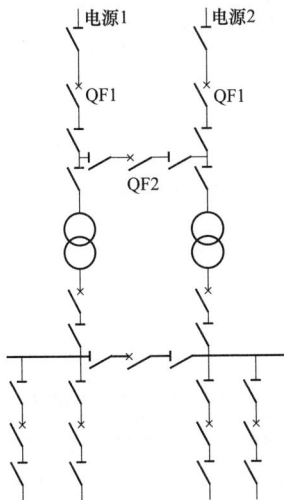

图 JC209－5　内桥式连接

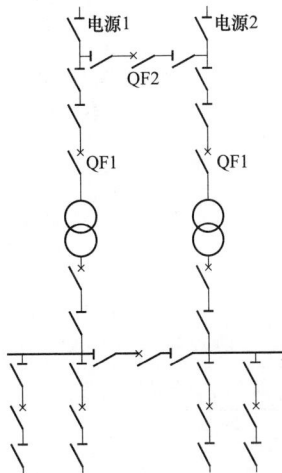

图 JC209－6　外桥式连接

二、考核

（一）考核场地

（1）场地面积应能同时容纳多个工位（办公桌），并保证工位之间的距离合适，

操作面积不小于 $1500 \times 1500 \text{mm}^2$。

（2）每个工位配有桌椅、计时器。

（二）考核时间

参考时间为 30min，从报审查开始到报审查完毕止。

（三）考核要点

（1）绘制的主接线图是否符合技术、标准和规范要求。

（2）绘制的主接线图内容是否全面。

（3）绘制的主接线图电气元件是否错画、漏画。

三、评分参考标准

行业：电力工程		工种：用电监察员		等级：二	

编号	JC209	行为领域	e	鉴定范围	
考核时间	30min	题型	c	含权题分	25
试题名称	现场绘制客户高压配电室主接线图				
考核要点 及其要求	（1）给定条件：用户富华电子股份有限公司申请正式用电，新建 10kV 专用配电室一座，新装 1000kVA 变压器四台，负荷性质为大工业用电，对供电可靠性的要求为非重要用户。 （2）电源方案：一回电源由五里变电站 5 号母线五 51 间隔出五富线电缆专线至该户新建专用配电室，对其供电，供电电压等级为 10kV，供电容量为 2000kVA（1000×2）。二回电源由清江变电站 7 号母线清 71 间隔出清富线电缆专线至该户新建专用配电室，对其供电，供电电压等级为 10kV，供电容量为 2000kVA（1000×2）。 （3）一、二回总表电价类别均为大工业电价，采用高供高量，装于一、二回进线计量柜内。 （4）电气主接线形式为单母线分段接线，运行方式为双回路供电。 （5）继电保护要求：过流速断。 （6）无应急电源配置要求，需具备非电性质保安措施。 （7）根据以上给定条件现场绘制出客户配电室主接线图				
现场设备、 工具、材料	（1）工具：纸张、水性笔、计算器、电工模板、直尺。 （2）设备：模拟 10kV 客户配电室				
备注	每个"分值"扣完为止				
评分标准					

序号	作业名称	质量要求	分值	扣分标准	扣分原因	得分
1	读懂柜体电气接线图	采用先上后下、从左到右的方法讲解各柜体电气接线图的意义	20	（1）未讲解或讲解错误数据的意义，每项扣 2 分。 （2）未讲解或讲解错误电气图结构每项扣 2 分		

		评分标准				
序号	作业名称	质量要求	分值	扣分标准	扣分原因	得分
2	绘制电气设备的主要技术参数	电气设备的主要参数在绘制的主接线图中有所体现，且绘制正确	20	（1）主要参数未在图中绘出的，一项扣5分。 （2）绘制错误的，一项扣5分		
3	绘制各个电压等级的主接线形式	主要接线形式绘制正确，母线、进线、馈线等接线绘制无误	20	（1）主要接线形式绘制错误的，一项扣10分。 （2）母线、进线、馈线等绘制错误的，一项扣10分		
4	绘制开关、互感器及避雷器的配置情况	（1）开关的安装位置及配置情况绘制正确。 （2）电流、电压互感器的安装位置及配置情况绘制正确。 （3）避雷器的安装位置及配置情况绘制正确	20	（1）开关、互感器、避雷器等元件位置绘制错误的，一项扣5分。 （2）开关、互感器、避雷器等元件配置情况绘制错误的，一项扣5分		
5	绘制中确保电气符号的正确性	电气设备和导线的图形符号和文字符号绘制无误，绘制方式符合相关技术规范要求	20	（1）电气符号绘制错误的，一项扣5分。 （2）绘制方式不符合技术规范要求的，一项扣5分		
考试开始时间			考试结束时间		合计	
考生栏	编号：	姓名：	所在岗位：	单位：	日期：	
考评员栏	成绩：	考评员：		考评组长：		

JC210 高压电能计量装置故障检查、分析及处理

一、操作

（一）工具、材料和设备

（1）工具：数字钳形电流表、万用表、绝缘电阻表、相位伏安表、10kV 高压验电器、接地线、高压操作杆、组合扳手、电工个人工具、登高工具、安全遮栏四套、"从此进出"标示牌和"止步，高压危险"警示牌各一套、起重设备、应急灯。

（2）材料：高压熔丝、一次性封签若干、工作单、各类工作票、A4 白纸。

图 JC210 - 1　10kV 户外计量用
高压组合互感器

（3）设备：10kV 户外计量用高压组合互感器（如图 JC210 - 1 所示）及其配电设施（箱式变）。

（二）安全要求

（1）严格执行保证安全的组织措施和技术措施。

（2）编制施工方案。

（3）同用户电气负责人一起，查看配电设备运行状况，对事故设备进行拍照、留存。

（4）用低压验电笔测试柜体无带电，应在箱体锁头或无喷塑处验电。

（5）电气操作时加强监护，及时制止违章作业行为。

（6）使用起重机具起重过程中，统一指挥，监护到位。

（7）使用仪表检测注意正确选择挡位和量程，加强监护，严防短路事故。

（8）登高作业应系好安全带，杆上作业有专人监护，作业人员保持与带电设备 0.7m 及以上的安全距离，在梯子上作业应有人扶持。

（三）操作步骤及要求

1. 操作步骤

（1）履行现场勘查制度，查看现场，填写现场勘查记录。

（2）编制施工方案，明确施工时间并告知用户。

（3）正确填写、执行第一种工作票。工作人员明确工作任务，工作服、安全帽、手套整洁、完好，符合安规要求，工器具绝缘良好。

（4）工作负责人交代危险点和现场措施，加装临时遮栏及标示牌，应整齐、完备。

（5）工作中加强监护，及时制止违章作业行为。

（6）分析事故原因，明确供用双方责任。

（7）做好安全文明生产，请用户配合施工，施工完毕清理现场，检查合格后及时恢复供电。

（8）使用仪表检测时注意正确选择挡位和量程，加强监护，严防短路事故发生。

2. 操作要求

（1）10kV 户外计量组合互感器所处位置如图 JC210‐2 所示，一般就近装于配电变压器附近，产权分界点处。

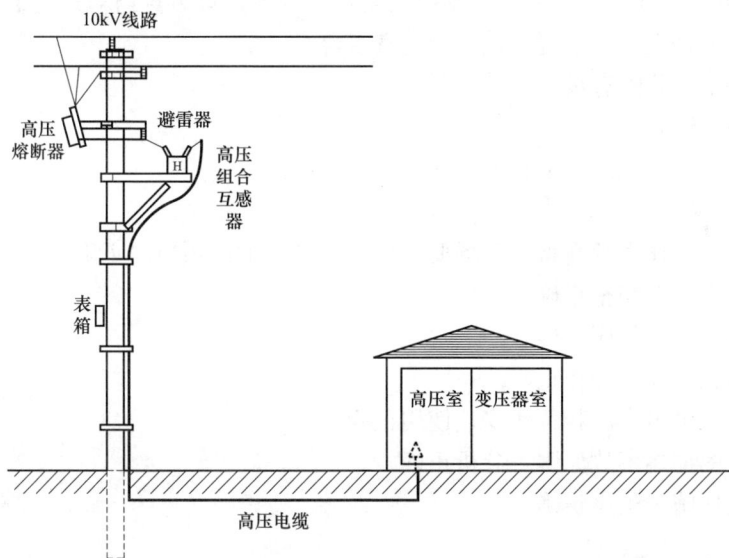

图 JC210‐2 10kV 户外计量组合互感器所处位置示意图

（2）查看用户值班运行日志，了解事故期间用电状况。

（3）查看高、低压开关动作情况及变压器状况。

（4）查看杆上组合互感器损坏情况，拍照、留存。

（5）断开负荷，拉开高压熔断器，查看高压熔丝状况。

（6）正确使用绝缘电阻表，检查高压进线电缆状况。

（7）分析事故原因，明确供用双方责任。

（8）加装临时遮栏，悬挂安全标示牌。

（9）检查起重设备，起重过程中统一指挥，加强监护。

（10）登高应系好安全带，杆上作业有专人监护，作业人员保持与带电设备0.7m 及以上的安全距离。

（11）施工完毕，检查接线正确，恢复送电。

（12）正确使用相位伏安表，检查计量装置带电运行状况。

（13）加封，正确填写工作单，供用双方在工作单上签字确认。

（14）清理工位，工具、材料摆放整齐，无不安全现象发生，做到安全文明生产。

二、考核

1. 考核场地

（1）如图 JC210 - 2 所示室外配电设施，即杆上计量装置与箱式变组合。

（2）室外杆上计量装置与室内配电室组合。

（3）每个工位配有桌椅、计时器。

2. 考核时间

参考时间为 45min，从报开工起到报完工止。

3. 考核要点

（1）履行工作手续完备，现场勘查记录正确，工作票填写正确。

（2）施工方案完整正确。

（3）事故查找程序正确。

（4）高压熔断器操作正确。

（5）绝缘电阻表、相位伏安表使用正确。

（6）绘图描述事故原因，分析正确。

（7）现场施工程序正确。

三、评分参考标准

行业：电力工程　　　　　　　工种：用电监察员　　　　　　　等级：二

编号	JC210	行为领域	e	鉴定范围	
考核时间	45min	题型	C	含权题分	25
试题名称	高压电能计量装置故障检查、分析及处理				

考核要点及其要求	(1) 给定条件：×年9月22日15时，某物业公司打来紧急电话，称该小区专用变压器高压进线电杆上炸得一响，随后有个开关一样的东西不停地冒烟，十分危险，请马上派员处理。该小区专用变压器为10kV供电，容量为400kVA，供该小区商业门店、电梯、水泵及小区公共照明用电。现场检查发现杆上一设备烧坏，一边相高压熔断器跌落，熔丝烧断。考核现场模拟事故照片的状态。 (2) 现场勘查记录正确，工作票填写正确，开工手续完备。 (3) 施工方案完整正确。 (4) 正确、安全使用工器具、仪表。 (5) 事故查找程序正确，原因分析清楚
现场设备、工具、材料	(1) 设备：10kV户外计量用高压组合互感器，及其配电设施。 (2) 材料：高压熔丝、一次性封签若干、工作单、各类工作票、A4白纸。 (3) 工具、仪表：数字钳形电流表、万用表、绝缘电阻表、相位伏安表、10kV高压验电器、接地线、高压操作杆、组合扳手、登高工具、安全遮栏四套、"从此进出"标示牌和"止步，高压危险"警示牌各一套、起重设备、应急灯。 (4) 考生自备工作服、安全帽、线手套、绝缘鞋、电工个人工具
备注	(1) 设定电能表及终端完好；起重杆上组合互感器仅限口头表述。每个"分值"扣完为止。 (2) 考核时间限定45min，重点考核事故分析和组织施工的能力。对具体工器具操作项目，考评员可要求考生口述。报开工开始计时，工具仪表试验检查开工前完成，不计入考核时间内。 (3) 故障原因分析错误，本项考核不得分

评分标准

序号	作业名称	质量要求	分值	扣分标准	扣分原因	得分
1	工具、仪表检查和试验	正确选择工具、仪表，不漏选。 (1) 常用工具检查。检查其规格、外观质量及机械性能。 (2) 电气安全器具的检查。检查高低压验电器、接电线、高压操作杆等外观质量和电气性能，并确认正常。 (3) 检查绝缘电阻表、相位伏安表等测量仪表外观和电气性能	5	(1) 未进行工器具完好、合格期等检查扣1分。 (2) 仪表未进行相关试验、检查或错误检查每台扣2分		
2	开工准备	(1) 安全帽应完好，并佩戴正确、规范，着工装，穿绝缘鞋，带线手套。 (2) 正确填写现场勘察记录。 (3) 正确填写工作票，履行开工手续	6	(1) 未按要求着装，一项扣1分。 (2) 着装不规范，一项扣1分。 (3) 未填写或错误填写勘察记录扣2分。 (4) 未填写或错误填写工作票扣2分。 (5) 未履行开工手续扣1分		

		评分标准				
序号	作业名称	质量要求	分值	扣分标准	扣分原因	得分
3	施工方案编制	(1) 选用 0.2 级 10/0.1kV、0.2s 级 25/5A 户外高压组合互感器。 (2) 选用 0.5s 级多功能电能表及负控终端。 (3) 安装试验接线盒，TA 二次导线选用 BV - 4mm² 黄、绿、红色导线，TV 二次导线选用 BV - 2.5mm² 黄、绿、红色导线。 (4) TA 采用分相接线，TV 采用 V/V 接线，组合互感器外壳可靠接地。 (5) TV 一次侧安装 0.5A 熔断器。 (6) 计量装置可靠加封。 (7) 验收计量装置说明书、检定证书、检验报告等技术资料。 (8) 现场核查计量装置产品质量和安装施工质量。 (9) 起重杆上组合互感器实施步骤清晰可靠	8	未编写施工方案或错误，一处扣 1 分		
4	施工准备	(1) 明确任务，交代危险点。 (2) 加装临时遮栏，悬挂安全警示牌	2	未完成一项扣 1 分		
5	现场检查	(1) 查看用户值班运行日志，了解事故期间用电状况。 (2) 查看低压开关动作情况。 (3) 查看高压开关动作情况。 (4) 查看变压器运行状况。 (5) 查看杆上组合互感器损坏情况，拍照、留存	5	未检查一项扣 1 分		
6	停电检查	(1) 先低压侧、后高压侧，先中相、后两边相，依次断开负荷，拉开高压跌落熔断器。 (2) 查看高压熔丝状况。是否按额定电流 1.5～2 倍选择	15	(1) 违反操作顺序或操作错误，扣 10 分。 (2) 未查看熔丝的规格及通断状态扣 5 分		

		评分标准				
序号	作业名称	质量要求	分值	扣分标准	扣分原因	得分
7	高压电缆测试	(1) 验电，挂地线。 (2) 正确使用绝缘电阻表，摇测高压进线电缆状况。 (3) 摇测绝缘电阻不低于 300MΩ	15	(1) 未对挂地线进行验电或错误使用绝缘电阻表扣 10 分。 (2) 挂地线顺序错误或摇测项目不全扣 5 分。 (3) 未说明判断标准及电缆是否合格扣 5 分		
8	绘图描写事故原因	(1) 从给定模拟事故现场或附录事故照片看，损坏的 U_V 两相或 W_V 两相间接入的电压互感器，同时 U 或 W 相高压熔断器熔丝熔断，判断应是：高压一相断线引起的串联铁磁谐振过电压造成 TV 绝缘击穿损坏。 (2) 事故分析原理接线图如下： (3) 串联铁磁谐振现象原理图如下：	40	(1) 判断错误本考核项目不得分。 (2) 仅说明事故原因但未绘图分析，扣 39 分。 (3) 仅绘图，未分析说明，扣 30 分		
9	组合互感器更换及恢复送电	(1) 口述使用定滑轮或其他起重机具更换组合互感器过程，统一指挥，加强监护。 (2) 口述恢复送电过程，检查表计运行正常	2	(1) 未描述一项扣 1 分。 (2) 未说明拆除地线扣 2 分		

		评分标准				
序号	作业名称	质量要求	分值	扣分标准	扣分原因	得分
10	安全文明生产	（1）规范填写工作单，对计量装置加封，清理现场。 （2）操作符合规程和安全要求，无违章现象	2	（1）未填写工作单及加封，扣2分。 （2）操作中发生违规或不安全现象扣2分		
考试开始时间				考试结束时间		合计
考生栏	编号：	姓名：	所在岗位：	单位：		日期：
考评员栏	成绩：	考评员：		考评组长：		

JC210 附 1：

现场勘察记录

勘察单位＿＿＿＿＿＿＿＿＿＿＿＿＿　　　　　　　　编号＿＿＿＿＿＿

勘察负责人＿＿＿＿＿＿＿　　勘察人员＿＿＿＿＿＿＿＿＿＿＿＿＿＿＿＿＿＿＿＿＿＿＿＿＿＿＿＿＿＿＿

勘察的线路或设备的双重名称（多回应注明双重名称）：

＿＿＿

工作任务（工作地点或地段以及工作内容）：＿＿＿＿＿＿＿＿＿＿＿＿＿＿＿＿＿＿＿＿＿＿

＿＿＿

现场勘察内容

1. 需要停电的范围：
2. 保留的带电部位：
3. 作业现场的条件、环境及其他危险点：
4. 应采取的安全措施：
5. 附图与说明：

记录人：＿＿＿＿＿＿＿

勘察日期：＿＿＿＿年＿＿月＿＿日＿＿时＿＿分至＿＿日＿＿时＿＿分

JC210 附 2：电力线路第一种工作票

见 JC410 附。

高压电能计量控制柜电气识图与竣工验收检查

一、操作

(一) 工具、材料和设备

(1) 工具:钳型电流表、万用表、绝缘电阻表、接地电阻表、相位伏安表、绝缘垫、电工个人工具、登高工具、应急灯。

(2) 材料:高压电能计量控制柜电气原理图、安装接线图,一次性封签若干。

(3) 设备:高压电能计量柜。

(二) 安全要求

(1) 正确填用履行工作票,工作服、安全帽、手套整洁、完好,符合安规要求;工器具绝缘良好,整齐、完备。

(2) 读懂计量控制柜电气原理图和安装接线图。

(3) 查看配电设备电气试验报告,所试项目合格。

(4) 查看柜体接地连接可靠,接地电阻合格。

(5) 查看柜体带电显示器指示,明确带电部位;用低压验电笔测试柜体无带电,应在计量控制柜锁头或柜体无喷塑处验电。

(6) 使用仪表检测时注意其挡位和量程选择,与带电设备保持安全距离,加强监护,严防短路事故。

(7) 按厂家使用说明书要求,通电后检查电气指示正确性。

(8) 登高 2m 以上应系好安全带,保持与带电设备的安全距离,在梯子上作业应有专人扶持。

(9) 查看带电设备及周边环境,制订现场安全防护措施。

(三) 操作步骤及要求

1. 操作步骤

(1) 查看现场,工作人明确工作任务,履行开工手续,交代危险点和现场措施。

（2）采用先看主回路、再看计量监测回路和控制回路、从上到下、从左到右逐行查看的方法通读、讲解电气原理图。

（3）运用相对标号法、回路编号法或对侧设备标号法通读、讲解安装接线图，逐一说明计量控制柜的多种功能和使用方法。

（4）通电，柜体验电，逐一检查计量柜使用状况。

2. 操作要求

（1）高压电能计量控制柜所处位置如图 JC211-1 所示，一般就近装于产权分界点附近或成套配电装置中。

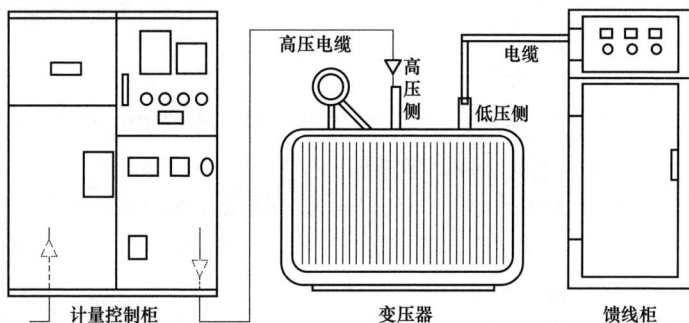

图 JC211-1　高压电能计量控制柜所处位置示意图

（2）计算控制柜电气原理图如图 JC211-2 所示，一、二次安装接线图如图 JC211-3 所示。

（3）检查高、低压电缆截面满足负荷要求，电缆接线鼻子选择正确，与电缆压接牢固，所有导电部位涂抹导电膏。

（4）对照电气原理图和安装接线图，检查一、二次接线正确，检查二次回路使用导线规格正确。

（5）各紧固件连接紧密，电缆进出箱体加装防护层，保证其绝缘良好，并用电缆防火泥将电缆孔封堵。

（6）设备垂直安装牢固，倾斜度小于 3°，柜体接地良好，接地电阻应小于 3Ω。

（7）检查设备电气试验报告，所试项目合格。

（8）检查设备连锁机构和防窃电机构可靠、无误后，提起仪表控制室连锁机构，打开电磁锁，关上下门，检查上门限位开关正常，再关上上门，准备送电。

（9）接通电源或接入 220V 试验电源至计量控制柜控制单元，查看带电显示器指示灯亮；绿色指示灯也亮，指示断路器未合闸；计量装置显示带电。

10kV线路

主接线图

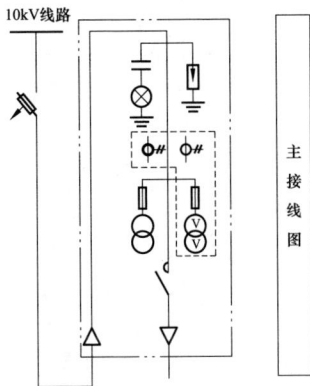

9	避雷器	YH5WS–17/35	3
8	带电显示	GSN–10Q	1
7	负控终端	GR2004–T	1
6	电能表	DSSD型	1
5	电流互感器	LFZZ–10/0.2S	1
4	高压熔断器	XRNP–12 0.5A	5
3	电压互感器	JDZ10–10/0.2	2
2	电源互感器	JDZ–10 10/0.22	1
1	负荷开关	LK–LBS	1
序号	名称	型号规格	数量

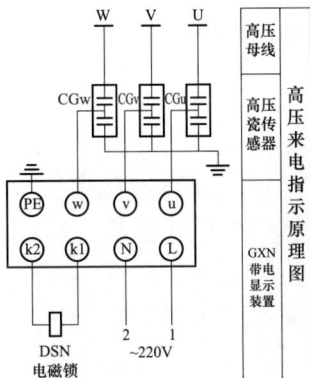

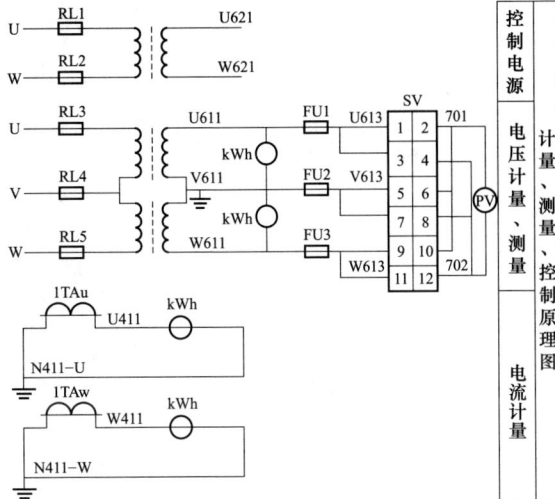

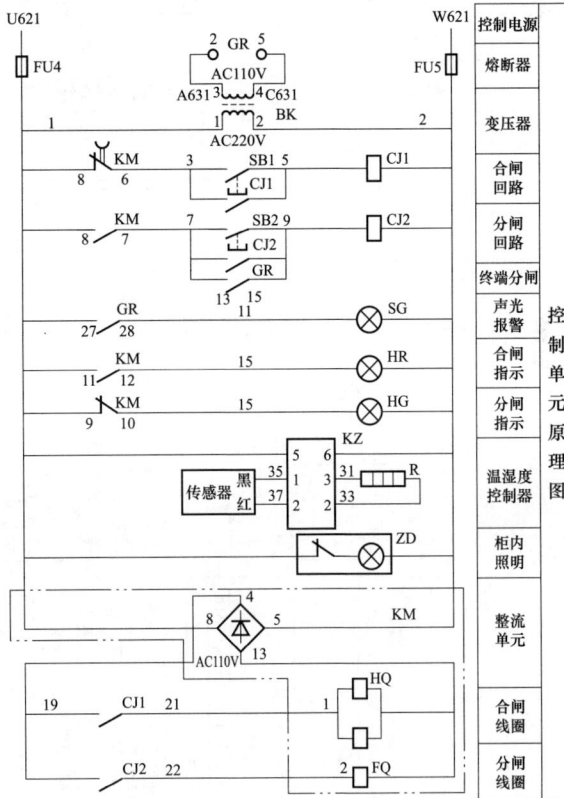

主要设备

计量、测量、控制原理图

控制电源

电压计量、测量

电流计量

高压来电指示原理图

高压母线

高压瓷传感器

GXN带电显示装置

DSN电磁锁

~220V

控制电源

熔断器

变压器

合闸回路

分闸回路

终端分闸

声光报警

合闸指示

分闸指示

温湿度控制器

柜内照明

整流单元

合闸线圈

分闸线圈

控制单元原理图

图 JC211‐3　计量控制柜电气原理图

互感器接线图　　　负控终端接线图　　　电能表接线图

图 JC211-3　计量控制柜一、二次安装接线图

（10）旋转电压转换开关，查看电压表显示正常。

（11）用专用钥匙打开操作按钮小门，按动绿色按钮，断路器合闸，绿色指示灯熄灭，红色指示灯亮，合闸完成；按动红色按钮断路器分闸，红灯灭、绿灯亮，分闸完成；旋转工作灯开关，柜内工作灯亮。

（12）加封，正确填写工作单，供用双方在工作单上签字确认。

（13）清理工位，工具、材料摆放整齐，无不安全现象发生，做到安全文明生产。

二、考核

（一）考核场地

（1）场地面积应能同时容纳 2 个工位（操作台），并保证工位之间的距离合适，每个工位操作面积不小于 $1500 \times 1500 mm^2$。

（2）每个工位配有桌椅、计时器。

（3）室内具备送电条件或备有检查二次设备实验用的交流 220V 低压电源（有接地保护）2 处以上。

（二）考核时间

参考时间为 45min，从报开工起到报完工止。

（三）考核要点

（1）履行工作手续完备。

（2）安装质量检查无漏项。

（3）对照电气原理图描述计量控制柜的电能计量、负荷控制、开门报警、防窃电等功能的实现。

（4）对照安装接线图描述计量控制柜的电能计量、负荷控制、开门报警、防窃电等功能的实现。

（5）根据柜面指示灯指示，说明计量柜运行状态。

（6）工作单填写正确、规范。

（7）安全文明生产。

三、评分参考标准

行业：电力工程　　　　　　工种：用电监察员　　　　　　等级：二

编号	JC211	行为领域	e	鉴定范围	
考核时间	45min	题型	c	含权题分	30
试题名称	高压电能计量控制柜电气识图与竣工验收检查				

考核要点及其要求	(1) 给定条件：高压电能计量控制柜的额定电流为 630/400A，外观、机械、接地、绝缘及耐压等例行试验合格，制造标准符合国家标准规定，质量合格。 (2) 着装规范、劳动防护措施齐全。 (3) 履行工作手续完备。 (4) 正确、安全使用工器具、仪表。 (5) 安装质量检查无漏项。 (6) 对照图纸正确描述计量控制柜的电能计量、负荷控制、开门报警、防窃电等功能。 (7) 根据柜面指示灯指示，说明计量控制柜运行状态
现场设备、工具、材料	(1) 设备：高压电能计量控制柜（如 HYJKD-12 或 KJY-JC 型计量柜）。 (2) 材料：高压电能计量控制柜电气原理图、安装接线图，一次性铅封若干。 (3) 工具、仪表：钳型电流表、万用表、绝缘电阻表、接地电阻表、相位伏安表、绝缘垫、登高工具、应急灯。 (4) 考生自备工作服、安全帽、线手套、绝缘鞋、电工个人工具
备注	(1) 室内具备送电条件或有交流 220V 实验电源。 (2) 设定所计量的变压器容量，如 315kVA，要求考生回答如何配置互感器及互感器二次回路线径的选择。回答错误，扣除第六项得分——8分。 (3) 考核时间限定 45min，重点考核对电气识图和柜体指示灯、仪表功能描述的能力。对具体工器具操作项目，考评员可要求考生口述。报开工开始计时，工具仪表试验检查开工前完成，不计入考核时间内。每个"分值"扣完为止

评分标准

序号	作业名称	质量要求	分值	扣分标准	扣分原因	得分
1	开工准备	(1) 正确佩戴安全帽、穿工作服、穿绝缘鞋、戴手套。 (2) 正确填写工作票，履行开工手续	4	(1) 未按要求着装缺一项扣 1.5 分。 (2) 未填写工作票扣 2 分。 (3) 未履行开工手续扣 2 分		
2	工具、仪表检查和试验	正确选择工具、仪表，不漏选。 (1) 常用工具检查。检查其规格、外观质量及机械性能。 (2) 电气安全器具的检查。检查低压测电笔外观质量和电气性能，并在有电的电源插座上验电，确认正常。 (3) 检查测量仪表外观和电气性能	3	(1) 借用工具、仪表一件扣 1 分。 (2) 未进行工器具检查扣 1 分。 (3) 未进行仪表相关试验、检查或检查错误，一台扣 1 分		

评分标准						
序号	作业名称	质量要求	分值	扣分标准	扣分原因	得分
3	读懂计量控制柜电气原理图	（1）采用先主回路、后量测和控制回路，先上后下、从左到右的方法通读、讲解电气原理图。 （2）讲解主回路电气结构。 （3）讲解计量、测量回路构成及其与终端、电能表间的电气连接。 （4）讲解来电指示回路构成及其与终端、电能表间的电气连接。 （5）讲解控制回路构成，与其他元件间的电气连接及其功能的实现	20	（1）未说明看图的方法一件扣2分。 （2）主回路14个讲解点，未讲解或错讲解作用及对应关系，一点扣0.125分。 （3）计量、测量回路38个讲解点，未讲解或错讲解作用及对应关系，一点扣0.125分。 （4）来电指示回路16个讲解点，未讲解或错讲解作用及对应关系，一点扣0.125分。 （5）控制回路82个讲解点，未讲解或错讲解作用及对应关系，一点扣0.125分		
4	读懂计量控制柜安装接线图	（1）运用相对标号法、回路编号法或对侧设备标号法讲解、安装接线图。 （2）讲解互感器、电能表及终端接线图电气构成、与其他元件的电气连接形式。 （3）讲解控制回路接线图电气构成、与其他元件的电气连接形式	50	（1）未说明看图的方法一件扣2分。 （2）互感器接线图40个讲解点，未讲解或错讲解作用及对应关系，一件扣0.125分。 （3）电能表接线图43个讲解点，未讲解或错讲解作用及对应关系，一件扣0.125分。 （4）终端接线图57个讲解点，未讲解或错讲解作用及对应关系，一件扣0.125分。 （5）控制回路接线图298个讲解点，未讲解或错讲解作用及对应关系，一件扣0.125分		
5	查看试验报告	计量柜出厂例行电气试验报告查看，检查施工交接试验报告，所试项目应合格	2	未检查扣2分		

		评分标准				
序号	作业名称	质量要求	分值	扣分标准	扣分原因	得分
6	检查设备安装情况	（1）计量柜垂直安装牢固，倾斜度小于3°。 （2）箱体接地良好，接地电阻应小于3Ω。 （3）电流回路使用 BV-4mm²，电压回路使用 BV-2.5mm²，控制回路使用 BVR-1.5mm²，接线正确。 （4）高、低压电缆截面满足负荷要求，电缆接线鼻子选择正确，与电缆压接牢固，所有导电部位涂抹导电膏，绝缘良好。 （5）各紧固件连接紧密，安全距离足够，电缆进出箱体处加装防护层并封堵。 （6）设备连锁机构和防窃电机构可靠	8	（1）未检查说明或检查错误，一项扣1分。 （2）仅看试验报告而未摇测验证接地电阻值，扣5分		
7	通电检查	（1）检查无误后关上柜门通电，加强监护，在计量柜锁头处验电应无电，严防事故发生。 （2）检查电气指示正确性，说明计量柜的多种功能和使用方法	11	（1）未验电扣1分。 （2）带电显示器指示灯亮，电能表带电显示，指示电源接通，未说明或错误说明，扣2分。 （3）绿色指示灯亮，指示断路器未合闸，未说明或错误说明，扣2分。 （4）旋转工作灯开关，柜内工作灯亮。未演示说明扣2分。 （5）打开操作按钮小门，按动绿色按钮，断路器合闸，绿色指示灯熄灭，红色指示灯亮，合闸完成；按动红色按钮，断路器分闸，红灯灭绿灯亮，分闸完成。未演示说明扣4分		
8	安全生产	（1）规范填写工作单，柜体加封，清理现场。 （2）操作符合规程和安全要求，无违章现象	2	（1）未填写工作单及加封，扣2分。 （2）操作中发生违规或不安全现象一次扣2分。 （3）引发跳闸事故的立即停止操作，本次考核项目不得分		
考试开始时间			考试结束时间		合计	
考生栏	编号： 姓名：		所在岗位：	单位：	日期：	
考评员栏	成绩： 考评员：			考评组长：		

一、操作

(一) 工具、材料和设备

(1) 工具：碳素笔、手电筒、电工个人工具、计算机、打印机、计算器等自动化办公用品，三挡折叠人字形绝缘梯。

(2) 材料：工作证件、抄表册、抄表卡、抄表器、业务工作单、A4白纸。

(3) 设备：装有三相多功能电能表的抄表模拟装置多台，如图 JC303－1 所示。

(二) 安全要求

(1) 正确填用第二种工作票，工作服、安全帽、绝缘鞋完好，符合安规要求。

(2) 上门抄表主动出示证件，遵守客户制度并请客户配合。

(3) 进入配电室抄表过程中，分清高低压设备，始终与高压带电设备保持 0.7m 及以上安全距离，防止电缆沟盖板损坏、跌落。

(4) 使用试电笔测试配电柜本体不带电，严禁头部进入配电柜抄读电表。

(5) 登高 2m 以上应系好安全带，保持与带电设备的安全距离，在梯子上作业应有专人扶持。

(6) 发现客户违规用电应做好记录，及时通知相关负责人处理，不应与客户发生冲突。

(三) 操作步骤及要求

1. 操作步骤

(1) 出示证件后到模拟抄表装置指定电能表位处抄表。

(2) 核对表计表号、互感器倍率，查看表计是否报警、自检信息是否正确、封签是否完好。

(3) 核对变压器铭牌容量。

(4) 按操作要求准确抄录电能表止码。

（5）按操作要求正确计算电费。

（6）发现电能表故障及客户违规用电应做好记录，现场确认，收集证据，填写业务工作单并要求用户签字，同时通知相关负责人。

（7）清理现场，请客户在检查工作单上签字，确认工作完毕。

2. 操作要求

（1）使用蓝色或黑色墨水笔抄录电能表止码，抄录止码时，必须上、下位数对齐。

（2）抄录电能表止码有效位数，靠前位数为零时以"0"填充，不得空缺，按表计显示抄读电能表小数位。

（3）核对电能表峰、平、谷时段电量之和等于总电量。

（4）抄录电能表最大需量，同客户核对并签字确认。

（5）与上月电量核对，及时核查电量波动原因。

（6）计算峰、平、谷各时段电费。

（7）计算功率因数及功率因数调整电费。

（8）计算代征款。

（9）以 Word 电子文档形式，完成电费计算，打印。

二、考核

（一）考核场地

（1）场地面积应能同时容纳两个工位（操作台），并保证工位之间的距离合适，操作面积不小于 $1500 \times 2500 \text{mm}^2$。

（2）每个工位配有桌椅、计时器。

（3）室内备有通电试验用的三相电源（有接地保护）2 处以上。

（二）考核时间

参考时间为 40min，其中抄表限时 10min，从报开工起到报完工止。

（三）考核要点

（1）履行工作手续完备。

（2）抄表卡填写正确、规范。

（3）准确抄录电能表止码。

（4）判断报警原因，分析推算更正系数。

（5）按步骤列公式，正确计算电费。

（6）将发现的问题记录在业务工作单上。

（7）以 Word 电子文档形式呈现结果。

（8）安全文明生产。

三、评分参考标准

行业：电力工程　　　　工种：用电监察员　　　　等级：二

编号	JC212	行为领域	e	鉴定范围	
考核时间	40min	题型	C	含权题分	25
试题名称	大工业客户电能计量装置的抄读与电费计算				

考核要点及其要求	(1) 给定条件与要求：某 10kV 大工业客户，变压器容量 630kVA，高供高计，装设多功能电能表一只，电流互感器变比为 50/5，运行中发现电能表报警已一个月，如图 JC212-1 所示。多功能表有功电量显示－12kWh，无功电量显示 20.7kvarh，该户销售电价为 0.6020 元/kWh，其中城市附加 0.004 元/kWh，地方水库移民 0.0005 元/kWh，可再生能源附加 0.002 元/kWh。该户按最大需量计收基本电费，读取多功能表中的最大需量读数为－0.14，最大需量表综合倍率为 1040，合同核定该户需量为 400kW，基本电价为 38 元/(kW·月)。不考虑分时计费，试计算该户实际应支出的电费。

图 JC212-1　电能表报警示意图

	(2) 正确规范抄录电能表止码。 (3) 判断说明报警原因，分析推算更正系数。 (4) 列出相应的计算公式，然后代入数据计算出结果。每步计算结果均保留两位小数，单位用文字或字母正确表示。 (5) 以 Word 电子文档形式呈现计算过程及结果，打印并正确陈述。 (6) 各项得分均扣完为止
现场设备、工具、材料	(1) 设备：三相多功能电能表的模拟抄表装置。 (2) 材料：抄表册、抄表卡、业务工作单、A4 白纸。 (3) 工具：计算机、打印机、计算器等自动化办公用品，三挡折叠人字形绝缘梯。 (4) 考生自备工作服、安全帽、线手套、绝缘鞋
备注	(1) 抄读与电费计算分开进行。抄读在模拟抄表装置上完成，限时 10min；电费计算以给定条件为准，限时 30min。 (2) 可提供现行电价表，增加本考核项目的考点。每个"分值"扣完为止

		评分标准				
序号	作业名称	质量要求	分值	扣分标准	扣分原因	得分
1	开工准备	（1）正确佩戴安全帽、穿工作服、穿绝缘鞋、戴手套。 （2）正确填写工作票，履行开工许可手续	5	（1）未按要求着装缺一项扣1.5分。 （2）未填写工作票扣2分。 （3）未履行开工手续扣2分		
2	工器具检查	（1）熟练使用自动化办公系统。 （2）电气安全器具的检查。检查低压测电笔外观质量和电气性能，并在有电的电源插座上进行验电，确认正常	3	（1）指导后使用，一次扣1分。 （2）工器具未进行检查扣1分。 （3）借用工具、仪表一件扣1分		
3	核对现场信息	核对变压器容量、表计表号、互感器倍率，查看表计是否报警、自检信息是否正确、封签是否完好	10	（1）未检查一项扣2分。 （2）发现问题未记录填写工作单扣10分		
4	抄读止码	准确抄录电能表止码	12	峰、平、谷、总有功、总无功及需量缺一项扣2分		
5	判断报警	按给定条件作出判断。 （1）电流互感器 W 相电流接反。 （2）绘制相量图	8	（1）仅判断对，得2分。 （2）绘制错误扣6分		
6	计算更正系数	$Gx=-\sqrt{3}\text{ctan}\varphi=-3$	10	（1）只得出 $Gx=-\sqrt{3}\text{ctan}\varphi$，扣8分。 （2）得出 $Gx=-\sqrt{3}\text{ctan}\varphi=-3$ 不扣分		
7	计算故障期间正确的功率因数	（1）有功更正系数为 $Gx=-\sqrt{3}\text{ctan}\varphi$。 （2）无功更正系数为 $Gxq=\sqrt{3}\text{tan}\varphi$。 （3）功率因数正切值为 $\text{tan}\varphi=Wq/Wp=GxqWxq/GxWx$。 （4）$\varphi=30°$，功率因数 $\cos\varphi=0.866$	10	无推演过程或错误，一项扣2.5分		

		评分标准				
序号	作业名称	质量要求	分值	扣分标准	扣分原因	得分
8	基本电费计算	（1）最大需量的正确值＝G_x×多功能表记录的最大需量。 （2）基本电费＝核定需量×基本电价＋超出核定需量×2×基本电价	10	基本电费为 17 996.8 元。无推演过程或错误，一项扣5分		
9	电费计算	（1）电度电费＝有功正确电量×销售电价＝$G_x W_x$×倍率×销售电价。 （2）附加电费＝有功正确电量×各类附加电价＝$G_x W_x$×倍率×各类附加电价。 （3）该户力率考核标准为0.90，实际为0.866，调整率为1.5%。 （4）力率调整电费＝（基本电费＋电度电费－附加电费）×调整率。 （5）本月电费合计＝基本电费＋电度电费＋力调电费	25	本月电费为 40 260.32 元。无推演过程或错误，一项扣5分		
10	结果呈现	以 Word 电子文档形式存入"我的文档"，打印	5	（1）未完成，扣5分。 （2）未存入"我的文档"，扣3分		
11	安全生产	（1）规范填写工作单，清理现场。 （2）操作符合规程和安全要求，无违章现象	2	（1）未填写工作单，扣2分。 （2）操作中发生违规或不安全现象扣2分		

考试开始时间			考试结束时间		合计	
考生栏	编号：	姓名：	所在岗位：	单位：		日期：
考评员栏	成绩：	考评员：		考评组长：		

JC213　变电站接地电阻试验报告审查

一、检查

（一）检查用的工具和材料

（1）工具：碳素笔、手电筒。

（2）材料：工作证件、用电检查工作单、用电检查结果通知书、试验报告。

（二）对检查人员要求

（1）现场检查人员应身体健康、精神状态正常，着装符合要求，检查设备时应认真、细致，不得做与检查工作无关的事。

（2）具备必要的电气知识，熟悉安全工器具使用、维护要求，会检查，懂原理；持有相应岗位专业资格证书。

（3）能熟练使用接地电阻测试仪。

（三）接地电阻测试引用标准

1. 有效接地系统

$$Z \leqslant 2000/I \quad 或 \quad Z \leqslant 0.5\Omega \quad （当 I > 4000A 时）$$

式中　I——经接地装置流入地中的短路电流，A；

　　　Z——考虑季节变化的最大接地阻抗，Ω。

注：当接地阻抗不符合以上要求时，可通过技术经济比较增大接地阻抗，但不得大于 5Ω。同时应结合地面电位测量对接地装置进行综合分析。为防止转移电位引起的危害，应采取隔离措施。

2. 非有效接地系统

（1）当接地网与 1kV 及以下电压等级设备共用接地时，接地阻抗 $Z \leqslant 120/I$。

（2）当接地网仅用于 1kV 以上设备时，接地阻抗 $Z \leqslant 250/I$。

（3）上述两种情况下，接地阻抗一般不得大于 10Ω。

3. 1kV 以下电力设备

使用同一接地装置的所有这类电力设备，当总容量大于或等于 100kVA 时，接地阻抗不宜大于 4Ω，如总容量小于 100kVA 时，则接地阻抗允许大于 4Ω，但不大于 10Ω。

4. 独立微波站

接地阻抗不宜大于 5Ω。

5. 独立避雷针

接地阻抗不宜大于 10Ω。

注：当与接地网连在一起时可不单独进行测量。

6. 独立的燃油、易爆气体储罐及其管道

接地阻抗不宜大于 30Ω（无独立避雷针保护的露天储罐不应超过 10Ω）。

7. 露天配电装置的集中接地装置及独立避雷针（线）

接地阻抗不宜大于 10Ω。

8. 有架空地线的线路杆塔

（1）当杆塔高度在 40m 以下时，按下列要求；当杆塔高度大于或等于 40m 时，则取下列值的 50%。

（2）当土壤电阻率大于 2000Ω·m 时，接地阻抗难以达到 15Ω 时，可放宽至 20Ω。

（3）当土壤电阻率小于或等于 500Ω·m 时，接地阻抗为 10Ω。

（4）当土壤电阻率为 500～1000Ω·m 时，接地阻抗为 20Ω。

（5）当土壤电阻率为 1000～2000Ω·m 时，接地阻抗为 25Ω。

（6）当土壤电阻率大于 2000Ω·m 时，接地阻抗为 30Ω。

9. 与架空线直接连接的旋转电动机进线段上避雷器

与架空线直接连接的旋转电动机进线段上避雷器接地阻抗不宜大于 3Ω。

10. 无架空地线的线路杆塔

（1）非有效接地系统的钢筋混凝土杆、金属杆接地阻抗不宜大于 30Ω。

（2）中性点不接地的低压电力网线路的钢筋混凝土杆、金属杆接地阻抗不宜大于 50Ω。

（3）低压进户线绝缘子铁脚的接地阻抗接地阻抗不宜大于 30Ω。

二、考核

（一）考核场地

（1）室内应配有应考者桌椅两套。

（2）室内应配有考评员桌椅 3 套、秒表 3 块。

（3）提供不同电压等级变电站接地电阻的试验报告 4 份及以上，考生从其中抽起一份进行审查。

（二）考核时间

参考时间为 30min，从报检查起到报完工止。

（三）考核要点

（1）清楚试验报告的内容。

（2）清楚接地电阻交接试验的标准。

三、评分参考标准

行业：电力工程　　　　　　　　工种：用电监察工　　　　　　　　等级：二

编号	JC213	行为领域	e	鉴定范围	
考核时间	30min	题型	c	含权题分	25
试题名称	变电站接地电阻试验报告审查				
考核要点 及其要求	（1）清楚试验报告的内容。 （2）清楚接地电阻交接试验的标准。 （3）履行工作手续完备。 （4）审查无漏项。 （5）用电检查结果通知书填写正确、规范。 （6）各项得分均扣完为止				
现场设备、 工具、材料	（1）工作现场具备设备：提供不同电压等级变电站接地电阻的试验报告 4 份及以上。 （报告内容完整、不完整，试验参数正确、不正确），考生从其中抽起一份进行审查。 （2）考生自备工作服、安全帽、绝缘鞋、笔、计算器				
备注	每项"分值"扣完为止				

			评分标准				
序号	作业名称	质量要求		分值	扣分标准	扣分	得分
1	着装	正确佩戴安全帽、穿工作服、穿绝缘鞋、戴手套		5	未按要求着装缺一项扣1.5分		
2	证件出示	进客户变电站应首先出示"用电检查证"		5	未出示扣5分		
3	检查出具试验报告单位资质	出具试验报告的单位是否具有电监会颁发的"承装（修、试）电力设施许可证"，并具有相应的资格等级		10	未检查说明、漏项或检查错误，一项扣5分，扣完为止		

		评分标准				
序号	作业名称	质量要求	分值	扣分标准	扣分	得分
4	安全工器具室环境检查	试验环境（温度、湿度）是否符合 GB 50150—2006《电气装置安装工程 电气设备交接试验标准》的规定	15	未检查说明或检查错误，一项扣 5 分，扣完为止		
5	检查试验数据及引用标准	（1）试验数据应符合 GB 50150—2006 的要求，部分数据还应与设备出厂参数相比较，结果应符合交接标准及厂家技术要求的规定。 （2）对不符合要求的数据，应有备注，或要求生产厂家出具有效力的保证函之类的纸质材料，附于报告之后	30	测试数据缺项或错误，一项扣 10 分，扣完为止		
6	检查试验报告的完整性	（1）报告应有明确结论或说明原因。 （2）试验负责人、审核人及监理签字应齐全，还应注意审核签字日期与试验日期的逻辑关系。 （3）试验报告应完整，单份报告中应无缺项、漏项；整份报告中，工程中所有一次设备均应有相关试验数据支撑，否则不具备投运条件	20	（1）结论错误扣 10 分。 （2）未检查出报告不完整一项扣 5 分，扣完为止		
7	用电检查工作单、用电检查结果通知书	检查内容相符，通知书正确，无错漏	15	（1）通知书错误扣 15 分。 （2）遗漏项扣分，一项扣 5 分，扣完为止		
考试开始时间			考试结束时间		合计	
考生栏	编号：	姓名：	所在岗位：	单位：	日期：	
考评员栏	成绩：	考评员：		考评组长：		

JC213 附 1：避雷针试验报告

避雷针试验报告

试验性质：交接　　　　天气：晴天　　　　温度：20　　　　湿度：60%

站名		×××	试验日期	
接地电阻试验：			使用（ZC-8 型接地电阻）测试仪	
名称及编号			测量值（Ω）	
独立避雷针		1 号	1.15	
		8 号	1.50	
构架避雷针		2 号	0.10	
		3 号	0.50	
		4 号	0.20	
		5 号	0.30	
		6 号	0.40	
		7 号	0.30	
		9 号	0.20	
		10 号	0.29	
微波塔			0.40	
标准值（Ω）			独立避雷针≤10，微波塔≤5，主网≤0.5	

结论：合格

工作负责人：×××　　　　　　　　　　　　　　　　　　　　试验员：×××

JC213 附 2：接地网接地电阻测试报告

接地网接地电阻测试报告

试验性质：交接   温度：18℃   湿度：60％   天气：晴

站名	熊家嘴	试验日期	
一、接地网接地电阻测试			使用仪器 PH2802 测试仪
测量点	接地电阻值（Ω）		标准
220kV 区	0.070 61		$2000/I \geqslant R$ 根据本年度熊家嘴变电站最大入地短路电流核算值为 0.135Ω
110kV 区			
35kV 区			
10kV 区			

结论：符合 GB 50150—2006 要求

负责人：×××   试验员：×××

一、操作

（一）工具、材料和设备

（1）工具：碳素笔、手电筒、计算器。

（2）材料：业务工作单。

（3）设备：35kV客户变电站继电保护及自动装置屏。

（二）35kV客户配电室的继电保护及自动装置安全检查要求

1. 继电保护及自动装置

（1）设备自投、低频、低压等装置是否能正常投入。

（2）保护盘柜及柜上的继电器、连接片、试验端子、熔断器、端子排等是否符合安全要求（包括名称、标志是否齐全、清晰）；室外保护端子箱是否防水、防潮、通风、整洁。

（3）需定期测试技术参数的保护是否按规定测试，记录是否齐全、正确。

（4）继电保护装置是否有检验规程。

（5）电流互感器和电压互感器测量精度是否满足保护要求。电流互感器应进行10%误差校核。

（6）继电保护装置应做80%额定直流电压下的传动试验，保证在80%额定直流电压下保护装置正确动作（包括对断路器跳合闸线圈进行最低跳闸电压和最低合闸电压试验，其值应满足《继电保护及电网安全自动装置检验条例》的要求，并在80%额定电压下进行传动）。

（7）现场并网继电保护设备异常、投入和退出以及动作情况有关记录是否齐全，内容是否完整。

（8）继电保护装置定值正确，通知单、定值卡、装置定值一致。

（9）用于静态保护的交流二次电缆是否采用屏蔽电缆。

（10）直流正、负极和跳闸线隔离。

（11）电压互感器二次星形接线绕组与开口三角接线绕组的"N"必须分开引

入控制室，不能共用一根电缆芯引入控制室。

2. 站用配电系统

（1）备用站用变压器（含冷备用）自启动容量是否进行过校核。

（2）保安电源是否可靠。

（3）站用电系统（35kV 等级以上）的设备是否存在威胁电网安全运行的重要缺陷。

（4）备用电源自投装置应经常处于良好状态，定期试验按规定进行，并记录完整。

（5）有无防止全站停电事故的措施并落实。

二、考核

（一）考核场地

（1）模拟 35kV 客户变电站继电保护及自动化装置屏。

（2）室内应配有应考者桌椅两套。

（3）室内应配有考评员桌椅 3 套、秒表 3 块。

（二）考核时间

参考时间为 45min，到时停止操作，按实际完成内容打分。

（三）考核要点

（1）履行工作手续完备。

（2）对客户变电室继电保护及自动装置进行安全检查。

（3）对站用配电系统进行安全检查。

（4）将现场检查情况正确填写"用电检查结果通知书"。

（5）安全文明生产。

三、评分参考标准

行业：电力工程　　　　　　　　工种：用电监察员　　　　　　　　等级：一

编号	JC101	行为领域	e	鉴定范围	
考核时间	45min	题型	c	含权题分	35
试题名称	35kV 客户配电室的继电保护及自动装置安全检查				
考核要点及其要求	（1）给定条件：35kV 客户电气设备、外观、机械、接地、绝缘及耐压等例行试验合格，制造标准符合国家标准规定，质量合格。 （2）着装规范、劳动防护措施齐全。 （3）履行工作手续完备。 （4）安全检查无漏项。 （5）"用电检查结果通知书"填写正确、规范。 （6）各项得分均扣完为止				

现场设备、工具、材料	(1) 工作现场具备设备：35kV客户配电室。 (2) 考生自备工作服、安全帽、绝缘鞋、笔、计算器。 (3) 业务工作单
备注	设定所计量的变压器总容量为16 000kVA，要求考生回答如何配置计量互感器，回答错误，扣除第八项得分——10分

评分标准

序号	作业名称	质量要求	分值	扣分标准	扣分原因	得分
1	着装	正确佩戴安全帽、穿工作服、穿绝缘鞋、戴手套	5	(1) 未按要求着装扣5分。 (2) 着装不规范扣3分		
2	证件出示	进客户配电室应首先出示"用电检查证"	5	未出示扣5分		
3	查看继电保护及自动装置安全运行情况	(1) 设备自投、低频、低压等装置是否能正常投入。 (2) 保护盘柜及柜上的继电器、连接片、试验端子、熔断器、端子排等是否符合安全要求（包括名称、标志是否齐全、清晰；室外保护端子箱是否防水、防潮、通风、整洁。 (3) 需定期测试技术参数的保护是否按规定测试，记录是否齐全、正确。 (4) 继电保护装置是否有检验规程。 (5) 电流互感器和电压互感器测量精度是否满足保护要求。电流互感器应进行10%误差校核。 (6) 继电保护装置应做80%额定直流电压下的传动试验，保证在80%额定直流电压下保护装置正确动作（包括对断路器跳合闸线圈进行最低跳闸电压和最低合闸电压试验，其值应满足《继电保护及电网安全自动装置检验条例》的要求，并在80%额定电压下进行传动）。 (7) 现场并网继电保护设备异常、投入和退出以及动作情况有关记录是否齐全，内容是否完整。	55	(1) 未检查自投装置扣5分。 (2) 未检查保护盘扣5分。 (3) 未检查保护测试记录扣5分。 (4) 未检查继电保护装置检验扣5分。 (5) 未检查互感器测量精度扣5分。 (6) 未检查保护装置的传动试验扣5分。 (7) 未检查并网继电保护设备动作情况扣5分。		

		评分标准				
序号	作业名称	质量要求	分值	扣分标准	扣分原因	得分
3	查看继电保护及自动装置安全运行情况	（8）继电保护装置定值正确，通知单、定值卡、装置定值一致。 （9）用于静态保护的交流二次电缆是否采用屏蔽电缆。 （10）直流正、负极和跳闸线隔离。 （11）电压互感器二次星形接线绕组与开口三角接线绕组的"N"必须分开引入控制室，不能共用一根电缆芯引入控制室		（8）未检查继电保护装置定值扣5分。 （9）未检查静态保护的交流二次电缆扣5分。 （10）未检查直流正、负极和跳闸线扣5分。 （11）未检查电压互感器二次接线扣5分		
4	查看站用配电系统运行情况	（1）备用站用变压器（含冷备用）自启动容量是否进行过校核。 （2）保安电源是否可靠。 （3）站用电系统（35kV等级以上）的设备是否存在威胁电网安全运行的重要缺陷。 （4）备用电源自投装置应经常处于良好状态，定期试验按规定进行，并记录完整。 （5）有无防止全站停电事故的措施并落实	25	（1）未检查备用站用变压器（含冷备用）自启动容量扣5分。 （2）未检查保安电源是否可靠扣5分。 （3）未检查站用电系统（35kV等级以上）的设备是否存在威胁电网安全运行的重要缺陷扣5分。 （4）未检查备用电源自投装置状态及记录是否完整扣5分。 （5）未检查防止全站停电事故的措施扣5分		
5	现场提问	设定变压器总容量为16 000kVA，要求考生回答，计量装置应如何配置互感器	10	（1）电压互感器配置错误扣4分。 （2）电流互感器配置错误扣6分		
考试开始时间				考试结束时间		合计
考生栏	编号：	姓名：		所在岗位：	单位：	日期：
考评员栏	成绩：	考评员：			考评组长：	

一、检查

（一）工具和材料

（1）工具：碳素笔、手电筒、计算器。

（2）材料：工作证件、用电检查工作单、用电检查结果通知书、试验报告。

（二）对审查试验报告人员的要求

1. 掌握全面的安全技术知识

电气试验报告审查人员必须具有全面的安全技术知识、良好的安全自我保护意识，严格遵守《电力安全工作规程》。

2. 具有全面熟练的专业电气知识和试验技术

（1）了解各种电气设备的形式、用途、结构及原理。

（2）熟悉电气设备，了解继电保护及电气设备的控制原理及实际接线。

（3）熟悉各类试验设备、仪器、仪表的原理、结构、用途及使用方法。

（三）电气设备交接性试验报告分析审查要点

（1）出具试验报告的单位是否具有电监会颁发的"承装（修、试）电力设施许可证"，并具有相应的资格等级。

（2）设备铭牌内容是否完备，主要性能参数是否记录齐全。

（3）试验环境（温度、湿度）、试验时间（静置时间达到后方可取油等）是否符合 GB 50150—2006 的规定。

（4）试验数据应符合 GB 50150—2006 的要求，部分数据还应与设备出厂参数相比较，结果应符合交接标准及厂家技术要求的规定。

（5）对不符合要求的数据，应有备注或要求生产厂家出具有效力的保证函之类的纸质材料，附于报告之后。

（6）报告应有明确结论或说明原因。

（7）试验负责人、审核人及监理签字应齐全，还应注意审核签字日期与试验日期的逻辑关系。

（8）试验报告应完整，单份报告中应无缺项、无漏项；整份报告中，工程中所有一次设备均应有相关试验数据支撑，否则不具备投运条件。

（四）35kV 客户油浸变压器试验项目

（1）绕组连同套管的绝缘电阻。

（2）铁芯、夹件绝缘电阻。

（3）绕组泄漏电流。

（4）绕组的 $\tan\delta$。

（5）直流电阻。

（6）电压比。

（7）电压矢量关系。

（8）有载调压开关切换试验。

（9）绝缘油试验。

（五）35kV 油浸式变压器引用标准

1. 绕组连同套管的绝缘电阻

测量绕组连同套管的绝缘电阻、吸收比或极化指数，应符合下列规定：

（1）绝缘电阻值不低于产品出厂试验值的 70%。

（2）当测量温度与产品出厂试验时的温度不符合时，可按表 JC102-1 换算到同一温度时的数值进行比较。

表 JC102-1　　　　　油浸式电力变压器绝缘电阻的温度换算系数

温度差 K	5	10	15	20	25	30	35	40	45	50	55	60
换算系数 A	1.2	1.5	1.8	2.3	2.8	3.4	4.1	5.1	6.2	7.5	9.2	11.2

注：1. 表中 K 为实测温度减去 20℃ 的绝对值。

　　2. 测量温度以上层油温为准。

当测量绝缘电阻的温度差不是表中所列数值时，其换算系数 A 可用线性插入法确定，也可按下述公式计算，即

$$A = 1.5^{K/10} \tag{JC102-1}$$

校正到 20℃ 时的绝缘电阻值可用下述公式计算：

当实测温度为 20℃ 以上时，则

$$R_{20} = AR_t \tag{JC102-2}$$

当实测温度为 20℃ 以下时，则

$$R_{20} = R_t / A \tag{JC102-3}$$

式中　R_{20}——校正到 20℃ 时的绝缘电阻值，$M\Omega$；

　　　R_t——在测量温度下的绝缘电阻值，$M\Omega$。

3. 变压器电压等级为 35kV 及以上，且容量在 4000kVA 及以上时，应测量吸收比。吸收比与产品出厂值相比应无明显差别，在常温下应不小于 1.3；当 R_{60s} 大于 3000$M\Omega$ 时，吸收比可不做考核要求。

2. 铁芯、夹件绝缘电阻

测量与铁芯绝缘的各紧固件（连接片可拆开者）及铁芯（有外引接地线的）绝缘电阻应符合下列规定：

（1）进行器身检查的变压器，应测量可接触到的穿芯螺栓、铁轭夹件及绑扎钢带对铁轭、铁芯、油箱及绕组压环的绝缘电阻。当铁轭梁及穿芯螺栓一端与铁芯连接时，应将连接片断开后进行试验。

（2）不进行器身检查的变压器或进行器身检查的变压器，所有安装工作结束后应进行铁芯和夹件（有外引接地线的）的绝缘电阻测量。

（3）铁芯必须为一点接地；对变压器上有专用的铁芯接地线引出套管时，应在注油前测量其对外壳的绝缘电阻。

（4）采用 2500V 绝缘电阻表测量，持续时间为 1min，应无闪络及击穿现象。

3. 绕组泄漏电流

测量绕组连同套管的直流泄漏电流，应符合下列规定：

（1）当变压器电压等级为 35kV 及以上，且容量在 8000kVA 及以上时，应测量直流泄漏电流。

（2）试验电压标准应符合表 JC102 - 2 的规定。当施加试验电压达 1min 时，在高压端读取泄漏电流。泄漏电流值不宜超表 JC102 - 3 的规定。

表 JC102 - 2　　　　　油浸式电力变压器直流泄漏试验电压标准

绕组额定电压（kV）	6～10	20～35	63～330	500
直流试验电压（kV）	10	20	40	60

表 JC102 - 3　　　　　油浸电力变压器绕组直流泄漏电流参考值

额定电压（kV）	试验电压峰值（kV）	在下列温度时的绕组直流泄漏电流值（μA）							
		10℃	20℃	30℃	40℃	50℃	60℃	70℃	80℃
2～3	5	11	17	25	39	55	83	125	178
6～15	10	22	33	50	77	112	166	250	356
20～35	20	33	50	74	111	167	250	400	570

4. 绕组的 tanδ

测量绕组连同套管的介质损耗角正切值 tanδ，应符合下列规定：

（1）当变压器电压等级为 35kV 及以上且容量在 8000kVA 及以上时，应测量介质损耗角正切值 tanδ。

（2）被测绕组的 tanδ 值不应大于产品出厂试验值的 130％。

（3）当测量时的温度与产品出厂试验温度不符合时，可按表 JC102 - 4 换算到同一温度时的数值进行比较。

表 JC102 - 4　　　　　　介质损耗角正切值 tanδ（%）温度换算系数

温度差 K	5	10	15	20	25	30	35	40	45	50
换算系数 A	1.15	1.3	1.5	1.7	1.9	2.2	2.5	2.9	3.3	3.7

注：1. 表中 K 为实测温度减去 20℃ 的绝对值。

2. 测量温度以上层油温为准。

3. 进行较大的温度换算且试验结果超过第二款规定时，应进行综合分析判断。

当测量时的温度差不是表中所列数值时，其换算系数 A 可用线性插入法确定，也可按下述公式计算，即

$$A = 1.3^{K/10} \qquad (JC102 - 4)$$

校正到 20℃ 时的介质损耗角正切值可用下述公式计算：

当测量温度在 20℃ 以上时，则

$$\tan\delta_{20} = \tan\delta_t / A \qquad (JC102 - 5)$$

当测量温度在 20℃ 以下时，则

$$\tan\delta_{20} = A\tan\delta_t \qquad (JC102 - 6)$$

式中　tanδ_{20}——校正到 20℃ 时的介质损耗角正切值；

　　　tanδ_t——在测量温度下的介质损耗角正切值。

5. 直流电阻

测量绕组连同套管的直流电阻，应符合下列规定：

（1）测量应在各分接头的所有位置上进行。

（2）1600kVA 及以下电压等级三相变压器，各相测得值的相互差值应小于平均值的 4%，线间测得值的相互差值应小于平均值的 2%；1600kVA 以上三相变压器，各相测得值的相互差值应小于平均值的 2%；线间测得值的相互差值应小于平均值的 1%。

（3）变压器的直流电阻，与同温下产品出厂实测数值比较，相应变化不应大于 2%；不同温度下电阻值按照式（JC102 - 7）换算，即

$$R_2 = R_1(T + t_2)/(T + t_1) \qquad (JC102 - 7)$$

式中　R_1、R_2——分别为温度在 t_1、t_2 时的电阻值；

　　　T——计算用常数，铜导线取 235，铝导线取 225。

（4）由于变压器结构等原因，差值超过（2）时，可只按（3）进行比较。但应说明原因。

6. 电压比

检查所有分接头的电压比，与制造厂铭牌数据相比应无明显差别，且应符合电压比的规律；电压等级在 220kV 及以上的电力变压器，其电压比的允许误差在

额定分接头位置时为±0.5%。

注:"无明显差别"可按如下考虑:

(1) 电压等级在 35kV 以下,电压比小于 3 的变压器电压比允许偏差不超过±1%。

(2) 其他所有变压器额定分接下电压比允许偏差不超过±0.5%。

(3) 其他分接的电压比应在变压器阻抗电压值(%)的 1/10 以内,但不得超过±1%。

7. 电压矢量关系

检查变压器的三相接线组别和单相变压器引出线的极性,必须与设计要求及铭牌上的标记和外壳上的符号相符。

8. 有载调压开关切换试验

有载调压切换装置的检查和试验,应符合下列规定:

(1) 变压器带电前应进行有载调压切换装置切换过程试验,检查切换开关切换触头的全部动作顺序,测量过渡电阻阻值和切换时间。测得的过渡电阻阻值、三相同步偏差、切换时间的数值、正反向切换时间偏差均符合制造厂技术要求。由于变压器结构及接线原因无法测量的,不进行该项试验。

(2) 在变压器无电压下,手动操作不少于 2 个循环、电动操作不少于 5 个循环。其中电动操作时电源电压为额定电压的 85% 及以上。操作无卡涩、连动程序,电气和机械限位正常。

(3) 循环操作后进行绕组连同套管在所有分接下直流电阻和电压比测量,试验结果应符合其要求。

(4) 在变压器带电条件下进行有载调压开关电动操作,动作应正常。操作过程中,各侧电压应在系统电压允许范围内。

(5) 绝缘油注入切换开关油箱前,其击穿电压应符合表 JC102-5 的规定。

9. 绝缘油试验

绝缘油的试验项目及标准,应符合表 JC102-5 的规定。

表 JC102-5　　　　　　　　　　绝缘油的试验项目及标准

序号	项目	标准	说　明
1	外状	透明、无杂质或悬浮物	外观目视
2	介质损耗因数 tanδ(%)	90℃时,注入电气设备前≤0.5,注入电气设备后≤0.7	按 GB/T 5654—2007《液体绝缘材料　相对电容率、介质损耗因数和直流电阻率的测量》中的有关要求进行试验
3	体积电阻率 (90℃,Ω·m)	$\geq 6 \times 10^{10}$	按 GB/T 5654—2007 或 DL/T 421—2009《绝缘油体积电阻率测定法》中的有关要求进行试验

序号	项目	标准	说　明
4	击穿电压	35kV 及以下电压等级：≥35kV	（1）按 GB/T 507—2002《绝缘油　击穿电压测定法》或 DL/T 429.9—1991《电力系统油质试验方法——绝缘油介电强度测定法》中的有关要求进行试验； （2）油样应取自被试设备； （3）该指标为平板电极测定值，其他电极可按 GB/T 7595—2008《运行中变压器油质量》及 GB/T 507—2002 中的有关要求进行试验； （4）注入设备的新油均不应低于本标准

二、考核

（一）考核场地

（1）室内应配有应考者桌椅两套。

（2）室内应配有考评员桌椅 3 套、秒表 3 块。

（3）提供 4 份及以上的试验报告（报告内容完整、不完整；试验参数正确、不正确）。

（二）考核时间

参考时间为 30min，从报检查起到报完工止。

（三）考核要点

（1）清楚试验报告的内容。

（2）清楚变压器交接试验的标准。

三、评分参考标准

行业：电力工程　　　　　　工种：用电监察工　　　　　　　等级：一

编号	JC102	行为领域	e	鉴定范围	
考核时间	30min	题型	c	含权题分	25
试题名称	35kV 油浸变压器试验报告审查				
考核要点及其要求	（1）试验测试项目审查。 1）绝缘电阻测量。 2）铁芯、夹件绝缘电阻。 3）绕组泄漏电流。 4）绕组的 $\tan\delta$。 5）直流电阻。 6）电压比。 7）电压矢量关系。 8）有载调压开关切换试验。 9）绝缘油试验。 （2）履行工作手续完备。 （3）审查无漏项。 （4）"用电检查结果通知书"填写正确、规范。				

现场设备、工具、材料		（1）工作现场具备设备：提供 4 份及以上的试验报告（报告内容完整、不完整；试验参数正确、不正确），考生从其中抽起一份进行审查。 （2）考生自备工作服、安全帽、绝缘鞋、笔、计算器				
备注		每个"分值"扣完为止				

评分标准

序号	作业名称	质量要求	分值	扣分标准	扣分原因	得分
1	着装	正确佩戴安全帽、穿工作服、穿绝缘鞋、戴手套	5	未按要求着装缺一项扣1.5分		
2	证件出示	进客户变电站应首先出示相应"用电检查证"	5	未出示扣5分		
3	检查出具试验报告单位资质	出具试验报告的单位是否具有电监会颁发的"承装（修、试）电力设施许可证"，并具有相应的资格等级	10	未检查说明、漏项或检查错误，一项扣5分		
4	检查设备铭牌	设备铭牌内容是否完备，主要性能参数是否记录齐全	5	未检查说明或检查错误，一项扣5分		
5	检查试验条件	试验环境（温度、湿度）、试验时间（静置时间达到后方可取油等）是否符合 GB 50150—2006的规定	10	未检查说明或检查错误，一项扣5分，扣完为止		
6	检查试验数据及引用标准	（1）试验数据应符合 GB 50150—2006 的要求，部分数据还应与设备出厂参数相比较，结果应符合交接标准及厂家技术要求的规定。 （2）对不符合要求的数据，应有备注或要求生产厂家出具有效力的保证函之类的纸质材料，附于报告之后。 注：测试项目： 1）绝缘电阻测量。 2）铁芯、夹件绝缘电阻。 3）绕组泄漏电流。 4）绕组的 $\tan\delta$。 5）直流电阻。 6）电压比。 7）电压矢量关系。 8）有载调压开关切换试验。 9）绝缘油试验	30	测试数据缺项或错误，一项扣10分，扣完为止		

序号	作业名称	质量要求	分值	扣分标准	扣分原因	得分
		评分标准				
7	检查试验报告的完整性	（1）报告应有明确结论或说明原因。 （2）试验负责人、审核人及监理签字应齐全，还应注意审核签字日期与试验日期的逻辑关系。 （3）试验报告应完整，单份报告中应无缺项、无漏项；整份报告中，工程中所有一次设备均应有相关试验数据支撑，否则不具备投运条件	20	（1）结论错误扣10分。 （2）未检查出报告不完整扣分，一项扣5分，扣完为止		
8	用电检查工作单、用电检查结果通知书	检查内容相符，通知书正确，无错、漏	15	（1）通知书错误扣15分。 （2）遗漏一项扣5分		
考试开始时间			考试结束时间		合计	
考生栏	编号：	姓名：	所在岗位：	单位：	日期：	
考评员栏	成绩：	考评员：		考评组长：		

JC102 附：电力变压器交接试验报告

电力变压器交接试验报告

变电站　　　　　　　××

运行编号　　　　　　1 号

试验性质　　　　　　交接

××年×月×日

变压器铭牌参数

站　名	××变电站	运行编号	1	出厂日期	2004 年 6 月
型　式	S10 - 20 000/35	油牌号	25	器身重（t）	18.480
容量（kVA）	20 000	卷数	2	油重（t）	5.292
冷却方式	ONAN	空载电流（%）	0.21	总重（t）	30.65
相数	3　频率（Hz）　50	空载损耗（kW）	14.5	连接组别	YN d11
额定电压（kV）	高压　38.5±2×2.5%	中压　—	低压		10.5
额定电流（A）	高压　299.9	中压　—	低压		1100
阻抗电压（%）（额定容量）	高中　—	中低　—	高低		8
负载损耗（kW）（额定容量）	高中　—	中低　—	高低		68.6
产品代号	—	制造厂	××供电变压器修造厂	序号	04084

变压器试验报告

试验日期		天气	晴	环境温度（℃）	25	顶层油温（℃）	32	湿度（%）	50

1　绕组连同套管的绝缘电阻（MΩ）　　　　　　　　　　试验仪器：DMG2671 2500V MΩ 表

接线方式	R_{15S}	R_{60S}	吸收比	换算到40℃	R_{10min}	极化指数
高对中低及地	—	—	—	—	—	—
中对高低及地	—	—	—	—	—	—
低对高中及地	—	—	—	—	—	—
高低对中及地	—	—	—	—	—	—
高中对低及地	—	—	—	—	—	—
中低对高及地	—	—	—	—	—	—
高对低及地	12 000	20 000	1.67	—	—	—
低对高及地	10 000	20 000	2.00	—	—	—
高低对地	—	—	—	—	—	—

2　铁芯、夹件绝缘电阻（MΩ）						试验仪器：　DMG2671 25 000V MΩ 表		
接线方式	R_{60S}	接线方式	R_{60S}	接线方式	R_{60S}	接线方式		R_{60S}
铁芯对地	2000	夹件对地	—	左夹件对地	—	右夹件对地		—

3　套管的 tanδ 和电容值　　　　　　　　　　　　　　　试验仪器：AI-6000 型　电桥

相别	一次—末屏（MΩ）	末屏—地（MΩ）	tanδ（%）	tanδ 与历史值比较（%）	实测电容量（pF）	电容量互差（%）
A	—	—	—	—	—	—
B	—	—	—	—	—	—
C	—	—	—	—	—	—
O	—	—	—	—	—	—
Am	—	—	—	—	—	—
Bm	—	—	—	—	—	—
Cm	—	—	—	—	—	—
Om	—	—	—	—	—	—

4　绕组泄漏电流（μA）　　　　　　　　　　　　　　　　试验仪器：C21 型　微安表

试验电压 接线方式	5	10	20	30	40
高对中低及地	—	—	—	—	—
中对高低及地	—	—	—	—	—
低对高中及地	—	—	—	—	—
高对低及地	—	2.9	5.8	—	—
低对高及地	4	7.8	—	—	—

5　绕组的 tanδ　　　　　　　　　　　　　　　　　　　试验仪器：AI-6000 型　电桥

接线方式	电容量（nF）	tanδ（%）	tanδ（%）（换算至20℃）
高对中低地	—	—	—
中对高低地	—	—	—
低对高中地	—	—	—
高低对中地	—	—	—
高中对低地	—	—	—
中低对高地	—	—	—
高中低对地	—	—	—
高对低地	8.269	0.199	0.145
低对高地	15.16	0.227	0.166

6 直流电阻（mΩ）									试验仪器：3395 型 电桥

高压分接挡	A0	B0	C0	互差（%）	高压分接挡	A0	B0	C0	互差（%）
1	102.8	103.0	103.3	0.49	—	—	—	—	—
2	100.4	100.5	100.8	0.39	—	—	—	—	—
3	97.93	98.10	98.20	0.28	—	—	—	—	—
4	95.59	95.64	95.78	0.21	—	—	—	—	—
5	93.22	93.25	93.35	0.14	—	—	—	—	—
—	—	—	—	—	—	—	—	—	—
中压直阻	—	—	—	—	低压直阻	ab	bc	ca	互差（%）
1	—	—	—	—	—	13.35	13.37	13.39	0.30
2	—	—	—	—	—	ax	by	cz	互差（%）
3	—	—	—	—					
4	—	—	—	—	—	—	—	—	—
5	—	—	—	—					

7 电压比					试验仪器：QJ-35 型 电桥

分接挡	高压电压（kV）	高对低变比	实测变比误差（%）		
			AB/ab	BC/bc	AC/ac
1	40.425	4.45	0.23	0.25	0.25
2	39.463	4.34	0.32	0.33	0.33
3	38.500	4.23	0.12	0.11	0.12
4	37.538	4.13	0.39	0.38	0.36
5	36.575	4.02	0.35	0.33	0.35
6	—	—	—	—	—
7	—	—	—	—	—
8	—	—	—	—	—
9（9a）	—	—	—	—	—
10（9b）	—	—	—	—	—

7	电压比			试验仪器：QJ-35型 电桥		
分接挡	高压电压 （kV）	高对低 变比	实测变比误差（ % ）			
			AB/ab	BC/bc	AC/ac
11（9c）	—	—	—	—	—
12（10）	—	—	—	—	—
13（11）	—	—	—	—	—
14（12）	—	—	—	—	—
15（13）	—	—	—	—	—
16（14）	—	—	—	—	—
17（15）	—	—	—	—	—
18（16）	—	—	—	—	—
19（17）	—	—	—	—	—
20	—	—	—	—	—
21	—	—	—	—	—

8	有载调压开关动作顺序测量（圈）				
技术要求 开关分接位置	动触头离 开定触头	动触头合上	切换开关动作	完成一级调压
1→N	—	—	—	—
	—	—	—	—
N→1	—	—	—	—
	—	—	—	—

9 有载调压开关切换试验

9.1	过渡电阻、触头间非线性电阻测量			试验仪器 QJ44型 直流双臂电桥				
相别	开关过渡电阻（Ω）				双触头开关接触电阻（μΩ）			
	单数		双数		计算值	单数		双数	
	1	2	1	2		1	2	1	2
A	—	—	—	—	—	—	—	—	—
B	—	—	—	—	—	—	—	—	—
C	—	—	—	—	—	—	—	—	—

9.2 切换波形、切换时间				试验仪器 BYSC-1000A 型变压器有载开关测试仪				
单→双				双→单				
相别	A	B	C	相别	A	B	C
切换时间 （ms）				切换时间 （ms）			

10 90℃时绝缘油介质损测量						
tanδ（%）	1.5	绝缘电阻（MΩ）	10 000	油性质	运行油
备注	—				
结论	所试项目合格				

负责人：×××   试验员：×××

JC103 10kV干式变压器试验报告审查

一、检查

(一) 工具和材料

(1) 工具：碳素笔、手电筒、计算器。

(2) 材料：工作证件、用电检查工作单、用电检查结果通知书、试验报告。

(二) 对审查试验报告人员的要求

1. 掌握全面的安全技术知识

电气试验报告审查人员必须具有全面的安全技术知识、良好的安全自我保护意识，严格遵守《电力安全工作规程》。

2. 具有全面熟练的专业电气知识和试验技术

(1) 了解各种电气设备的形式、用途、结构及原理。

(2) 熟悉电气设备，了解继电保护及电气设备的控制原理及实际接线。

(3) 熟悉各类试验设备、仪器、仪表的原理、结构、用途及使用方法。

(三) 电气设备交接性试验报告分析审查要点

(1) 出具试验报告的单位是否具有电监会颁发的"承装（修、试）电力设施许可证"，并具有相应的资格等级。

(2) 设备铭牌内容是否完备，主要性能参数是否记录齐全。

(3) 试验环境（温度、湿度）、试验时间（静置时间达到后方可取油等）是否符合 GB 50150—2006 的规定。

(4) 试验数据应符合 GB 50150—2006 的要求，部分数据还应与设备出厂参数相比较，结果应符合交接标准及厂家技术要求的规定。

(5) 对不符合要求的数据，应有备注，或要求生产厂家出具有效力的保证函之类的纸质材料，附于报告之后。

(6) 报告应有明确结论或说明原因。

(7) 试验负责人、审核人及监理签字应齐全，还应注意审核签字日期与试验日期的逻辑关系。

（8）试验报告应完整，单份报告中应无缺项、无漏项；整份报告中，工程中所有一次设备均应有相关试验数据支撑，否则不具备投运条件。

（四）10kV 干式变压器试验项目

（1）绝缘电阻测量。

（2）交流耐压试验。

（3）线圈直流电阻测量。

（4）连接组标号检定。

（5）电压比测量。

（五）10kV 干式变压器引用标准

1. 绝缘电阻测量

（1）10kV 干式变压器一次侧对地以及一次侧相间均采用 2500V 或 5000V 绝缘电阻表。

（2）对于 10 000V/400V 的干式变压器二次侧可用 500V 绝缘电阻表进行绝缘测试。

（3）绝缘电阻值不应低于出厂试验值的 70%。

2. 交流耐压试验

绕组连同套管的交流耐压试验，应符合下列规定：

容量为 8000kVA 以下、绕组额定电压为 110kV 以下的变压器，线端试验应按表 JC103-1 进行交流耐压试验。

表 JC103-1　　　　　电力变压器和电抗器交流耐压试验电压标准　　　　　kV

系统标称电压	设备最高电压	交流耐压	
		油浸式电力变压器和电抗器	干式电力变压器和电抗器
<1	≤1.1	—	2.5
3	3.6	14	8.5
6	7.2	20	17
10	12	28	24
15	17.5	36	32
20	24	44	43
35	40.5	68	60
66	72.5	112	—
110	126	160	—

注：1. 上表中，变压器试验电压是根据 GB 1094.3—2003《电力变压器　第 3 部分：绝缘水平和绝缘试验和外绝缘空气间隙》规定的出厂试验电压乘以 0.8 制定的。

　　2. 干式变压器出厂试验电压是根据 GB 1094.11—2007《电力变压器　第 11 部分：干式变压器》规定的出厂试验电压乘以 0.8 制定的。

3. 线圈直流电阻测量

测量绕组连同套管的直流电阻，应符合下列规定：

（1）测量应在各分接头的所有位置上进行。

（2）1600kVA 及以下电压等级三相变压器，各相测得值的相互差值应小于平均值的 4%，线间测得值的相互差值应小于平均值的 2%；1600kVA 以上三相变压器，各相测得值的相互差值应小于平均值的 2%；线间测得值的相互差值应小于平均值的 1%。

（3）变压器的直流电阻，与同温下产品出厂实测数值比较，相应变化不应大于 2%；不同温度下电阻值按照式（JC103-1）换算，即

$$R_2 = R_1(T+t_2)/(T+t_1) \qquad (JC103-1)$$

式中　R_1、R_2——温度在 t_1、t_2 时的电阻值；

　　　　T——计算用常数，铜导线取 235，铝导线取 225。

（4）由于变压器结构等原因，差值超过（2）时，可只按（3）进行比较，但应说明原因。

4. 连接组标号检定

检查变压器的三相接线组别和单相变压器引出线的极性，必须与设计要求及铭牌上的标记和外壳上的符号相符。

5. 电压比测量

检查所有分接头的电压比，与制造厂铭牌数据相比应无明显差别，且应符合电压比的规律；电压等级在 220kV 及以上的电力变压器，其电压比的允许误差在额定分接头位置时为 ±0.5%。

注："无明显差别"可按如下考虑：

（1）电压等级在 35kV 以下，电压比小于 3 的变压器电压比允许偏差不超过 ±1%。

（2）其他所有变压器额定分接下电压比允许偏差不超过 ±0.5%。

（3）其他分接的电压比应在变压器阻抗电压值（%）的 1/10 以内，但不得超过 ±1%。

二、考核

（一）考核场地

（1）室内应配有应考者桌椅两套。

（2）室内应配有考评员桌椅 3 套、秒表 3 块。

（3）提供 4 份及以上 10kV 干式变压器试验报告（报告内容完整、不完整；试验参数正确、不正确），考生从其中抽起一份进行审查。

（二）考核时间

参考时间为 30min，从报检查起到报完工止。

（三）考核要点
（1）清楚试验报告的内容。
（2）清楚变压器交接试验的标准。

三、评分参考标准

行业：电力工程　　　　　工种：用电监察工　　　　　等级：一

编号	JC103	行为领域	e	鉴定范围	
考核时间	30min	题型	c	含权题分	25
试题名称	10kV干式变压器试验报告审查				
考核要点及其要求	（1）试验测试项目审查。 1）绝缘电阻测量。 2）交流耐压试验。 3）线圈直流电阻测量。 4）连接组标号检定。 5）电压比测量。 （2）履行工作手续完备。 （3）审查无漏项。 （4）用电检查工作单、用电检查结果通知书填写正确、规范				
现场设备、工具、材料	（1）工作现场具备设备：提供4份及以上的试验报告（报告内容完整、不完整；试验参数正确、不正确），考生从其中抽起一份进行审查。 （2）考生自备工作服、安全帽、绝缘鞋、笔、计算器				
备注	每个"分值"扣完为止				

评分标准

序号	作业名称	质量要求	分值	扣分标准	扣分原因	得分
1	着装	正确佩戴安全帽、穿工作服、穿绝缘鞋、戴手套	5	未按要求着装缺一项扣1.5分		
2	证件出示	进客户变电站应首先出示相应"用电检查证"	5	未出示扣5分		
3	检查出具试验报告单位资质	出具试验报告的单位是否具有电监会颁发的"承装（修、试）电力设施许可证"，并具有相应的资格等级	10	未检查说明、漏项或检查错误，一项扣5分，扣完为止		
4	检查设备铭牌	变压器铭牌内容是否完备，主要性能参数是否记录齐全	5	未检查说明或检查错误，一项扣5分，扣完为止		

		评分标准				
序号	作业名称	质量要求	分值	扣分标准	扣分原因	得分
5	检查试验条件	试验环境（温度、湿度）、试验时间（静置时间达到后方可取油等）是否符合 GB 50150—2006 的规定	10	未检查说明或检查错误，一项扣 5 分		
6	检查试验数据及引用标准	（1）试验数据应符合 GB 50150—2006 的要求，部分数据还应与设备出厂参数相比较，结果应符合交接标准及厂家技术要求的规定。 （2）对不符合要求的数据，应有备注或要求生产厂家出具有效力的保证函之类的纸质材料，附于报告之后。 注：测试项目： （1）绝缘电阻测量。 （2）交流耐压试验。 （3）线圈直流电阻测量。 （4）连接组标号检定。 （5）电压比测量	30	测试数据缺项或错误，一项扣 10 分，扣完为止		
7	检查试验报告的完整性	（1）报告应有明确结论或说明原因。 （2）试验负责人、审核人及监理签字应齐全，还应注意审核签字日期与试验日期的逻辑关系。 （3）试验报告应完整，单份报告中应无缺项、无漏项；整份报告中，工程中所有一次设备均应有相关试验数据支撑，否则不具备投运条件	20	（1）结论错误扣 10 分。 （2）未检查出报告不完整一项扣 5 分，扣完为止		
8	用电检查工作单、用电检查结果通知书	检查内容相符，通知书正确、无错漏	15	（1）通知书错误扣 15 分。 （2）遗漏项扣分，一项扣 5 分		
考试开始时间				考试结束时间		合计
考生栏		编号：　　姓名：		所在岗位：　　　单位：　　　日期：		
考评员栏		成绩：　　考评员：		考评组长：		

JC103 附：电力变压器交接试验报告

电力变压器交接试验报告

执行标准 GB 50105—2006

变电站	×××	运行编号	2号	试验地点	×××
试验性质	交接试验	试验时间	××年×月×日	额定电压（kV）	10
天气	晴	环境温度（℃）	18	空气湿度（%）	50

铭牌参数					
产品型号	SCB10-800/10	生产厂家	××变压器有限公司		
额定电压（kV）	10	接线组别	D，yn11		
额定容量（kVA）	800	高/低压额定电压（kV）	10/0.4	出厂编号	20140278
阻抗电压（%）	4.42	高/低压额定电流（A）	46.2/1154.7	出厂日期	××年×月

测试结果

1. 绝缘电阻测量（MΩ）　　　　　　　　　　　　　　　测试仪器　3125型绝缘电阻表

接线方式	耐压前			耐压后		
	R15s	R60s	吸收比	R15s	R60s	吸收比
高—低及地	10 000	10 000	10 000	10 000	10 000	10 000
低—高及地	10 000	10 000	10 000	10 000	10 000	10 000

2. 交流耐压试验

接线方式	耐压值	结果
高—低及地	24kV/60s（干式）	通过
低—高及地	2.5kV/60s	通过

3. 线圈直流电阻测量　　　　　　　　　　　　　　测试仪器3395型直流电阻测量仪

挡位	高压侧（Ω）				低压侧（Ω）			
	Rab	Rbc	Rca	互差（%）	Rao	Rbo	Rco	互差（%）
1	0.7514	0.7525	0.7491	1.36				
2	0.7336	0.7347	0.7327	0.82				
3	0.7208	0.7207	0.7185	0.96	0.005 39	0.005 33	0.005 54	3.87
4	0.7062	0.7042	0.6998	0.85				
5	0.6902	0.6851	0.6834	1.23				

4. 连接组标号检定	测试仪器 BBC6638 变比测试仪
Dyn11	

| 5. 电压比测量 | | | | 测试仪器 BBC6638 变比测试仪 | | |

高压绕组		低压绕组	计算变比	实测电压比偏差（%）		
挡位	电压（V）	电压（V）		AB/ab	BC/bc	CA/ca
1	10 500		26.25	0.06	0.10	0.12
2	10 250		25.625	0.08	0.06	0.07
3	10 000	400	25.00	0.05	0.10	0.11
4	9750		24.375	0.15	0.11	0.13
5	9500		23.75	0.14	0.17	0.16
外观检查			无异常			
备　注						
结　论			所试项目合格			

负责人：×××   试验员：×××

重要电力用户SG186营销业务系统供用电合同签订审查

一、操作

（一）工具和材料

（1）工具：碳素笔、计算器、计算机、打印机、办公桌椅等自动化办公用品，计算机具备联网条件，可以登录 SG186 营销业务系统。系统登录账号及密码。

（2）材料：工作证件、供用电合同审查工作记录单、A4 白纸。

（二）操作步骤及作业要求

1. 操作步骤

（1）出示证件后到办公桌前就座，要求被检查方提供重要电力用户名单及用户编号。

（2）进入 SG186 营销业务系统查阅用户档案信息，包括用户用电信息、用户自然信息、地址、证件、联系信息、银行账号、电源、计费信息、计量装置、受电设备，导出供用电合同并打印，与 SG186 营销业务系统数据进行比对，将发现的不规范现象逐一记录在 A4 白纸上。

（3）与被检查方人员交流沟通，了解核实用户情况，逐一指出不规范事项，征求被检查方意见。

（4）被检查方无异议后将问题记录在"供用电合同审查工作记录单"上，双方签字确认。

2. 作业要求

（1）使用黑色墨水笔记录。

（2）与被检查方充分交流，掌握实际情况。

（3）记录不规范签约行为。

（4）与被检查方核对并签字确认。

二、考核

（一）考核场地

每个工位不小于 $6m^2$，配备 1 台可登录 SG186 营销业务系统的计算机，1 台激光打印机。

(二) 考核时间

参考时间为 40min，从报开工起到报完工止。

(三) 考核要点

(1) 履行工作手续完备。

(2) 营销业务系统应用操作熟练。

(3) 不规范现象查找正确。

(4) 记录单填写正确规范。

(5) 文明生产。

三、评分参考标准

行业：电力工程　　　　　　工种：用电监察员　　　　　　等级：一

编号	JC104	行为领域	e	鉴定范围	
考核时间	40min	题型	C	含权题分	25
试题名称	重要电力用户 SG186 营销业务系统供用电合同签订审查				
考核要点及其要求	(1) 给定条件：具体重要电力用户名单，由考评员在供用电合同文本中设定若干错误信息或缺陷。 (2) 着装规范。 (3) 履行工作手续完备。 (4) 营销业务系统应用操作熟练。 (5) 不规范现象查找正确。 (6) 记录单填写正确、规范				
现场设备、工具、材料	(1) 工作现场具备设备：办公桌椅、联网计算机、打印机、营销业务系统账号及密码。 (2) 工作现场具备的材料：A4 白纸、供用电合同审查工作记录单、重要电力用户供用电合同若干份（由考评员随机抽取 1 份）。 (3) 工作现场具备的工具、仪表：计算器、碳素笔等自动化办公用品。 (4) 考生自备工作服				
备注	每项"分值"扣完为止				

评分标准

序号	作业名称	质量要求	分值	扣分标准	扣分原因	得分
1	开工准备	着装规范、穿工作服，佩戴证件	5	未按要求着装缺一项扣 1.5 分		
2	工器具检查	检查记录单、办公器材、营销业务系统是否完备	5	指导使用，一次扣 1 分		

评分标准						
序号	作业名称	质量要求	分值	扣分标准	扣分原因	得分
3	查阅用户信息	根据用户编号,进入营销业务系统查阅用户档案信息,包括用户用电信息、用户自然信息、地址、证件、联系信息、银行账号、电源、计费信息、计量装置、受电设备	10	每一项未查阅扣1分		
4	打印合同	通过营销业务系统调阅打印供用电合同	10	(1)不会导出打印扣5分。 (2)指导使用一次扣5分		
5	查找缺陷及交流沟通	查找合同签约过程中存在的缺陷及不规范现象,逐一记录在A4白纸上。就不规范现象与被检查方进行交流,确定是否属实	20	(1)未将检查结果暂记录在A4白纸上,扣10分。 (2)未与被检查方就问题进行交流核实,扣10分		
6	记录单填写	将问题记录在供用电合同审查工作记录单上,双方签字确认	50	(1)问题未填写在记录单上本项不得分。 (2)填写不全每项扣4分。 (3)双方未签字确认每次扣5分		
7	工作时间	按要求在规定的时间内完成指定工作,不设速度分		到规定时间立即停止工作,未完成项不得分		
考试开始时间			考试结束时间		合计	
考生栏	编号:	姓名:	所在岗位:	单位:	日期:	
考评员栏	成绩:	考评员:		考评组长:		

JC104 附：供用电合同审查工作记录单

见 JC505 附。

双母分段双回路10kV用户受电工程图纸审查

一、操作

（一）工具和材料

（1）工具：计算器、水性笔、草稿纸。

（2）材料：双母分段双回路 10kV 用户供电方案及受电工程设计图纸。

（二）审查的依据要求

对 10kV 受电工程设计进行审查，应依据国家和电力行业的有关设计标准、规程进行，同时应按照当地供电部门确定的供电方案要求选择电源、架设线路、设计配电设备等，如果确实需要修改供电方案的，必须经过供电方案批复部门同意。设计时倡导采用节能环保的先进技术和产品，禁止使用国家明令淘汰的产品。设计审查主要包括以下标准、规程：

GB 311.1—2012《绝缘配合　第 1 部分：定义、原则和规则》

GB 14549—1993《电能质量　公用电网谐波》

GB 50034—2013《建筑照明设计规范》

GB 50038—2005《人民防空地下室设计规范》

GB 50045—1995《高层民用建筑设计防火规范（2005 版）》

GB 50052—2009《供配电系统设计规范》

GB 50053—2005《10kV 及以下变电所设计规范》

GB 50054—2011《低压配电设计规范》

GB 50057—2010《建筑物防雷设计规范》

GB 50058—1992《爆炸和火灾危险环境电力装置设计规范》

GB 50060—2008《3～110kV 高压配电装置设计规范》

GB 50061—2010《66kV 及以下架空电力线路设计规范》

GB/T 50062—2008《电力装置的继电保护和自动装置设计规范》

GB/T 50063—2008《电力装置的电测量仪表装置设计规范（附条文说明）》

GB 50096—2010《住宅设计规范》

GB 50217—2007《电力工程电缆设计规范》

GB 50227—2008《并联电容器装置设计规范》

DL/T 401—2002《高压电缆选用导则》

DL/T 448—2000《电能计量装置技术管理规程》

DL/T 601—1996《架空绝缘配电线路设计技术规程》

DL/T 620—1997《交流电气装置的过电压保护和绝缘配合》

DL/T 621—1997《交流电气装置的接地》

DL/T 5003—2005《电力系统调度自动化设计技术规程》

DL/T 5044—2004《电力工程直流系统设计技术规程》

DL/T 5154—2012《架空输电线路杆塔结构设计技术规定》

DL/T 5219—2005《架空送电线路基础设计技术规定》

DL/T 5220—2005《10kV 及以下架空配电线路设计技术规程》

DL/T 5221—2005《城市电力电缆线路设计技术规定》

DL/T 5222—2005《导体和电器选择设计技术规定》

DL/T 5352—2006《高压配电装置设计技术规程》

Q/GDW 161—2007《线路保护及辅助装置标准化设计规范》

JGJ 16—2008《民用建筑电气设计规范》

(三)审查步骤及要点

1. 审查步骤

(1)审查应提供的资料。客户提供的 10kV 受电工程设计审查资料，应包括以下内容：

1)设计单位资质材料。

2)受电工程设计及说明书。

3)用电负荷分布图以及用电负荷性质。

4)主要电气设备一览表。

5)影响电能质量的用电设备清单。

6)隐蔽工程设计资料。

7)主要生产设备、生产工艺耗电以及允许中断供电时间。

8)高压受电设备一、二次接线图及平面布置图。

9)用电功率因数计算及无功补偿方式。

10)继电保护、过电压保护及电能计量的方式。

11)配电网络布置图。

12) 对有冲击负荷、不对称负荷、非线性负荷等有可能影响电网供电的客户，还应提供消除其对电网不良影响的技术措施及有关的设计资料。

13) 供电企业认为应提供的其他资料。

(2) 审查设计单位的资质。10kV受电工程设计单位必须取得相应的设计资质，根据中华人民共和国建设部2007年修订的《工程设计资质标准》规定，只要取得工程设计综合资质、电力行业工程设计丙级（变电工程、送电工程）以上资质、电力专业工程设计丙级（变电工程、送电工程）以上资质的企业就可进行客户10kV受电工程的设计。

(3) 审查设计图纸。10kV受电工程设计图纸包括以下内容：

1) 供配电专业的各级电压主配电装置配置图、主控制室和继电器室平面布置图、主变压器及高压电抗器继电保护原理图及接线图、计算机监控系统方框图、站用电系统图、直流系统图、控制保护逻辑图、二次接线回路图和屏面布置图、同期系统图、UPS系统接线图、蓄电池布置图、站用电屏布置图、二次线安装接线图、端子排图等。

2) 送电专业的两端变电站进出线平面布置图、单相短路电流曲线、拦江线组装图等。

3) 变电土建专业的站址位置图、总平面布置图、竖向布置及站址排水图、站区综合管道平面图、主控制楼和屋内配电装置建筑平/立面图、屋外构架透视图、构架组装图、基础平面布置图、设备支架平面布置图、主控制楼和主配电装置结构和基础及沟道布置图、通信调度楼建筑与结构布置图、辅助建筑施工图、站区沟道施工图、道路平面布置图、围墙和挡土墙施工图、屋外构架及基础施工图、设备支架及基础施工图、土方平衡图、梁板柱沟道及楼梯配筋图、建筑构配件加工图、节点大样图、门窗加工订货图；变电其他专业的自动控制盘盘面布置图、采暖通风系统布置图、管道施工图、控制信号原理接线图、采暖通风设备制造总图、非标准设备制造图、热工仪表单元接线图及控制盘背面接线图、排水计量装置安装图等。

2. 审查的要点

(1) 所有高、低压设备的选型是否合理，是否有淘汰和高耗能设备。

(2) 变电站的总布置是否合理。

(3) 变电站进线方式、一次主接线及出线方式是否满足客户安全要求，是否满足国家和电力行业的规程及标准。

(4) 无功补偿设备配置是否合理，配置容量是否满足就地平衡要求；根据《国家电网公司业扩供电方案编制导则（试行）》规定，当不具备设计计算条件时，10kV变电站可按变压器容量的20%~30%确定。

（5）有冲击、不对称和谐波负载的客户应有谐波治理措施。

（6）电能计量装置准确度等级是否符合规程，电流互感器、电压互感器的变比和准确度等级是否满足规程规定。

（7）母联断路器与总进线断路器的连锁与配合是否满足有关规定。

（8）双电源的连锁装置是否合理，是否能确保客户和电网双重安全。

（9）调度自动化及通信是否满足国家和电力行业规定。

（10）线路路径是否符合规程要求，选择的导线截面积载流量能否满足负荷要求。

（11）配置的保护装置是否齐全。

（12）应根据有关规定时限进行审核，高压供电的客户审核时间最长不超过一个月。

（13）将审核结果填写在"客户受电工程图纸审核结果通知单"中，以书面形式答复客户。

（14）当地供电部门对客户要求的其他注意事项。

二、考核

（一）考核场地

（1）场地面积应能同时容纳多个工位（办公桌），并保证工位之间的距离合适，操作面积不小于 $1500 \times 1500 \text{mm}^2$。

（2）每个工位配有桌椅、计时器。

（二）考核时间

参考时间为 30min，从报审查开始到报审查完毕止。

（三）考核要点

（1）审查客户提交的设计审查资料是否齐全。

（2）审查设计单位的资质是否符合规定要求。

（3）审查设计图纸的内容是否全面。

（4）审查要点是否考虑周全并符合技术、标准及规定要求。

三、评分参考标准

行业：电力工程　　　　　　工种：用电监察员　　　　　　等级：一

编号	JC105	行为领域	e	鉴定范围	
考核时间	30min	题型	c	含权题分	25
试题名称	双母分段双回路 10kV 用户受电工程图纸审查				

考核要点及其要求	(1) 给定条件：用户科信电子股份有限公司申请正式用电，新建中心配电室一座，新装 2000kVA 变压器四台，负荷性质为大工业用电，对供电可靠性的要求为非重要用户。 (2) 电源方案：一回电源由宏山变电站 4 号母线宏 46 间隔出宏科线电缆专线至该户新建专用中心配电室，对其供电，供电电压等级为 10kV，供电容量为 4000kVA(2000×2)。二回电源由关西变电站 6 号母线关 66 间隔出关科线电缆专线至该户新建专用中心配电室，对其供电，供电电压等级为 10kV，供电容量为 4000kVA(2000×2)。 (3) 一、二回总表电价类别为大工业电价，采用高供高量，装于中心配电室计量柜内。 (4) 电气主接线形式为双母线分段接线，运行方式为双回路供电。 (5) 继电保护要求：过流速断。 (6) 无应急电源配置要求，需具备非电性质保安措施。 (7) 根据以上给定条件审查用户受电工程设计图纸（见附件）中的错误
现场设备、工具、材料	(1) 工作现场具备的材料：用户供电方案、受电工程设计图纸。 (2) 工作现场具备的工具：计算器、水性笔、草稿纸
备注	考评员根据评分标准中 3、4、5、6 点的要求自行设置设计图纸中的错误点，考生找出并改正错误即得分，否则扣分。每个"分值"扣完为止

评分标准

序号	作业名称	质量要求	分值	扣分标准	扣分原因	得分
1	审查提供的资料	(1) 设计单位资质材料。 (2) 受电工程设计及说明书。 (3) 用电负荷分布图及性质。 (4) 主要电气设备一览表。 (5) 影响电能质量的用电设备清单。 (6) 隐蔽工程设计资料。 (7) 主要生产设备、生产工艺耗电以及允许中断供电时间。 (8) 高压受电设备一、二次接线图及平面布置图。 (9) 功率因数计算及无功补偿方式。 (10) 继电保护、过电压保护及电能计量的方式。 (11) 配电网络布置图。 (12) 有冲击负荷、不对称负荷、非线性负荷等可能影响电网供电的客户，还应提供消除其对电网不良影响的技术措施及有关的设计资料	20	考生口述审查需提供的资料。 (1) 回答不全面的，每项内容扣 2 分。 (2) 回答错误的，每项内容扣 2 分		

序号	作业名称	质量要求	分值	扣分标准	扣分原因	得分
		评分标准				
2	审查设计单位资质	10kV受电工程设计单位必须取得相应的设计资质，只要取得工程设计综合资质、电力行业工程设计丙级（变电工程、送电工程）以上资质、电力专业工程设计丙级（变电工程、送电工程）以上资质的企业就可进行客户10kV受电工程的设计	10	考生口述设计单位所需资质水平。 （1）回答不全面的，扣5分。 （2）回答错误的，扣10分		
3	读懂电气主接线图	（1）采用先上后下、从左到右的方法通读、讲解电气主接线图中各数据的意义。 （2）讲解电气主接线图结构。 （3）找出并更正接线结构错误	25	（1）考评员抽取图中数据进行提问，考生未讲解或讲解错误的，扣5分。 （2）未讲解或讲解错误电气图结构的，扣10分。 （3）考评员可通过更改接线方式、电气元件安装等设置错误点，考生未找出并更正的，扣10分		
4	正确配置电能计量装置、电压及电流互感器	（1）电能计量装置准确度等级是否符合规程。 （2）电流互感器、电压互感器的变比是否正确。 （3）电流互感器、电压互感器准确度等级是否满足规程规定	15	考评员可通过更改电能计量装置的安装位置、准确度等级、互感器变比等设置错误点，考生未找出并更正的，扣15分		
5	核对供电方案与电气主接线图的一致性	核对客户供电方案中供电容量、电源方案、电压等级、运行方式、继电保护要求、重要客户等级、应急电源配置等内容与电气主接线图中是否一致，找出不相符的地方	15	考评员可根据客户供电方案与电气主接线图设置不相符的错误点，考生未找出并更正的，扣15分		
6	有关技术规定的掌握程度	（1）所有高、低压设备的选型是否合理，是否有淘汰和高耗能设备。 （2）变电站的总布置是否合理。 （3）变电站进线方式、一次主接线及出线方式是否满足客户安全要求，是否满足国家和电力行业的规程及标准。	15	（1）考评员可根据相关技术规定规程，如设备选型、继电保护、电源配置等方面设置错误点，考生未找出并更正的，扣5分。 （2）考评员可根据用户供电方案，从电源的可靠性、无功补偿、导线选型等方面提问来考查考生对有关技术规定的掌握程度，考生回答不全面的，扣5分；回答错误的，扣10分		

		评分标准				
序号	作业名称	质量要求	分值	扣分标准	扣分原因	得分
6	有关技术规定的掌握程度	（4）无功补偿设备配置是否合理，配置容量是否满足就地平衡要求；根据《国家电网公司业扩供电方案编制导则（试行）》规定，当不具备设计计算条件时，10kV变电站可按变压器容量的 20%～30% 确定。 （5）有冲击、不对称和谐波负载的客户应有谐波治理措施。 （6）母联断路器与总进线断路器的连锁与配合是否满足有关规定。 （7）双电源的连锁装置是否合理，是否能确保客户和电网双重安全。 （8）调度自动化及通信是否满足国家和电力行业规定。 （9）线路路径是否符合规程要求，选择的导线截面积载流量能否满足负荷要求。 （10）配置的保护装置是否齐全	15	（1）考评员可根据相关技术规定规程，如设备选型、继电保护、电源配置等方面设置错误点，考生未找出并更正的，扣5分。 （2）考评员可根据用户供电方案，从电源的可靠性、无功补偿、导线选型等方面提问来考查考生对有关技术规定的掌握程度，考生回答不全面的，扣5分；回答错误的，扣10分		
考试开始时间			考试结束时间		合计	
考生栏	编号：	姓名：	所在岗位：	单位：	日期：	
考评员栏	成绩：	考评员：		考评组长：		

JC105 附：双母分段双回路 10kV 用户受电工程图

回路名称	10kV一回电源进线	计量主供	1号TV,避雷器	母隔	馈线	馈线
继电保护	过流、速断		中央信号		过流、速断、零序	过流、速断、零序
设备容量						
带电显示装置	GSN-10	GSN-10	GSN-10	GSN-10	GSN-10	GSN-10
避雷器型号	HY5WS-17/50	HY5WS-17/50	HY5WZ-17/45		HY5WS-17/50	HY5WS-17/50
电压互感器型号(计量)		JDZ10-10 10/0.1kV 0.2级				
电流互感器型号(计量)		0.5/0.2S LZZBJ6-10 500/5A				
电压互感器型号			0.5/1级 JDZ-10 10/0.1/0.1kV			
电流互感器型号	0.5S/10P20 LZZBJ6-10 500/5A				0.5S/10P20 LZZBJ6-10 150/5A	0.5S/10P20 LZZBJ6-10 150/5A
断路器型号	VS1-12/630-25kA	FZN-12(D)			VS1-12/630-25kA	VS1-12/630-25kA
熔断器型号		XRNP1-12	RN2-10 0.5A			
柜体尺寸(W×D×H:mm)	800×1500×2300	1200×1500×2300	800×1500×2300	800×1500×2300	800×1500×2300	800×1500×2300
开关柜型号	KYN28A-12-33	KYN28A-12	KYN28A-12-19	KYN28A-12-12	KYN28A-12-33	KYN28A-12-33
开关柜编号	01	高压电能计量控制柜03	互01	051	07	09

安装负控装置

一次电气接线图

TMY-3(80×8)　　　　　　　　　　　　　　　　　　　　　　　　　　10kV I段母线

ZRYJV[22]-8.7/10-3×300mm[2]

宏山变4号母线宏40宏科线　　　　　操作走道　　　　至2000kVA变压器　　至2000kVA变压器

关西变6号母线关66关科线　　　　　　　　　　　　　至2000kVA变压器　　至2000kVA变压器

TMY-3(80×8)　　　　　　　　　　　　　　　　　　　　　　　　　　10kV II段母线

一次电气接线图

安装负控装置

开关柜编号	02	高压电能计量控制柜04	互02	05	06	08
开关柜型号	KYN28A-12-33	KYN28A-12	KYN28A-12-19	KYN28A-12-33	KYN28A-12-33	KYN28A-12-33
柜体尺寸(W×D×H:mm)	800×1500×2300	1200×1500×2300	800×1500×2300	800×1500×2300	800×1500×2300	800×1500×2300
熔断器型号		XRNP1-12	RN2-10 0.5A			
断路器型号	VS1-12/630-25kA	FZN-12(D)		VS1-12/630-25kA	VS1-12/630-25kA	VS1-12/630-25kA
电流互感器型号	LZZBJ6-10 500/5A 0.5S/10P20			LZZBJ6-10 500/5A 0.5S/10P20	LZZBJ6-10 150/5A 0.5S/10P20	LZZBJ6-10 150/5A 0.5S/10P20
电压互感器型号			JD7-10 10/0.1/0.1kV 0.5/1级			
电流互感器型号(计量)		LZZBJ6-100.5/0.25 500/5				
电压互感器型号(计量)		JDZ10-10 10/0.1kV 0.2级				
避雷器型号	HY5WS-17/50	HY5WS-17/50	HY5WZ-17/45	HY5WS-17/50	HY5WS-17/50	HY5WS-17/50
带电显示装置	GSN-10	GSN-10	GSN-1级	GSN-1级	GSN-10	GSN-10
设备容量						
继电保护	过流、速断		中央信号	分段保护	过流、速断、零序	过流、速断、零序
回路名称	10kV二回电源进线	计量备供	2号TV,避雷器	母联	馈线	馈线

双母分段双回路 10kV 用户受电工程图

一、操作

（一）工具和材料

（1）工具：计算器、水性笔、草稿纸。

（2）材料：双母分段双电源 35kV 用户供电方案及受电工程设计图纸。

（二）审查的依据要求

对 35kV 及以上受电工程设计进行审查，应依据国家和电力行业的有关设计标准、规程进行，同时应按照当地供电部门确定的供电方案要求选择电源、架设线路、设计配电设备等，如果确实需要修改供电方案的，必须经过供电方案批复部门同意。设计时倡导采用节能环保的先进技术和产品，禁止使用国家明令淘汰的产品。设计审查主要包括以下标准、规程：

GB 311.1—2012《绝缘配合 第 1 部分：定义、原则和规则》

GB 14549—1993《电能质量 公用电网谐波》

GB 50034—2013《建筑照明设计规范》

GB 50038—2005《人民防空地下室设计规范》

GB 50045—1995《高层民用建筑设计防火规范（2005 版）》

GB 50052—2009《供配电系统设计规范》

GB 50053—2013《10kV 及以下变电所设计规范》

GB 50054—2011《低压配电设计规范》

GB 50057—2010《建筑物防雷设计规范》

GB 50058—1992《爆炸和火灾危险环境电力装置设计规范》

GB 50059—2011《35～110kV 变电所设计规范》

GB 50060—2008《3～110kV 高压配电装置设计规范》

GB 50061—2010《66kV 及以下架空电力线路设计规范》

GB 50096—2011《住宅设计规范》

GB 50217—2007《电力工程电缆设计规范》

GB 50227—2008《并联电容器装置设计规范》

GB/T 50062—2008《电力装置的继电保护和自动装置设计规范》

GB/T 50063—2008《电力装置的电测量仪表装置设计规范（附条文说明)》

DL/T 401—2002《高压电缆选用导则》

DL/T 448—2000《电能计量装置技术管理规程》

DL/T 601—1996《架空绝缘配电线路设计技术规程》

DL/T 620—1997《交流电气装置的过电压保护和绝缘配合》

DL/T 621—1997《交流电气装置的接地》

DL/T 5003—2005《电力系统调度自动化设计技术规程》

DL/T 5044—2004《电力工程直流系统设计技术规程》

DL/T 5092—1999《(110～500) kV 架空送电线路设计技术规程》

DL/T 5103—2012《35kV～110kV 无人值班变电所设计规程》

DL/T 5154—2012《架空输电线路杆塔结构设计技术规定》

DL/T 5216—2005《35kV～220kV 城市地下变电站设计规定》

DL/T 5218—2012《220kV～750kV 变电站设计技术规程》

DL/T 5219—2005《架空送电线路基础设计技术规定》

DL/T 5220—2005《10kV 及以下架空配电线路设计技术规程》

DL/T 5221—2005《城市电力电缆线路设计技术规定》

DL/T 5222—2005《导体和电器选择设计技术规定》

DL/T 5352—2006《高压配电装置设计技术规程》

Q/GDW 161—2007《线路保护及辅助装置标准化设计规范》

JGJ 16—2008《民用建筑电气设计规范［另册］》

(三) 审查步骤及要点

1. 审查步骤

（1）审查应提供的资料。35kV 受电工程客户用电容量较大，并且多数采用专线供电，这类客户应提供对应供电设备的图纸，以审核 35kV 受电工程设备、保护、调度远动等是否与供电设备配套。其他审查资料，应包括以下内容：

1）设计单位资质材料。

2）受电工程设计及说明书。

3）用电负荷分布图以及用电负荷性质。

4）主要电气设备一览表。

5）影响电能质量的用电设备清单。

6）隐蔽工程设计资料。

7）主要生产设备、生产工艺耗电以及允许中断供电时间。

8）高压受电设备一、二次接线图及平面布置图。

9）用电功率因数计算及无功补偿方式。

10）继电保护、过电压保护及电能计量的方式。

11）配电网络布置图。

12）对有冲击负荷、不对称负荷、非线性负荷等有可能影响电网供电的客户，还应提供消除其对电网不良影响的技术措施及有关的设计资料。

13）供电企业认为应提供的其他资料。

（2）审查设计单位的资质。35kV受电工程设计单位必须取得相应的设计资质，根据中华人民共和国建设部2007年修订的《工程设计资质标准》规定，设计资质分为四个序列：工程设计综合资质、工程设计行业资质、工程设计专业资质、工程设计专项资质。

工程设计综合资质是指涵盖21个行业的设计资质；工程设计行业资质是指涵盖某个行业资质标准中的全部设计类型的设计资质；工程设计专业资质是指某个行业资质标准中某个专业的设计资质；工程设计专项资质是指为适应和满足行业发展的需要，对已形成产业的专项技术独立进行设计以及设计、施工一体化而设立的资质。

根据《工程设计资质标准》规定，35kV受电工程的设计单位必须取得工程设计综合资质、电力行业工程设计丙级（变电工程、送电工程）以上资质、电力专业工程设计丙级（变电工程、送电工程）以上资质。

（3）审查设计图纸。35kV受电工程设计图纸包括以下内容：

1）供配电专业的各级电压主配电装置配置图、主控制室和继电器室平面布置图、主变压器及高压电抗器继电保护原理图及接线图、计算机监控系统方框图、站用电系统图、直流系统图、控制保护逻辑图、二次接线回路图和屏面布置图、同期系统图、UPS系统接线图、蓄电池布置图、站用电屏布置图、二次线安装接线图、端子排图等。

2）送电专业的两端变电站进出线平面布置图、单相短路电流曲线、拦江线组装图等。

3）变电土建专业的站址位置图、总平面布置图、竖向布置及站址排水图、站区综合管道平面图、主控制楼和屋内配电装置建筑平/立面图、屋外构架透视图、构架组装图、基础平面布置图、设备支架平面布置图、主控制楼和主配电装置结构和基础及沟道布置图、通信调度楼建筑与结构布置图、辅助建筑施工图、站区沟道施工图、道路平面布置图、围墙和挡土墙施工图、屋外构架及基础施工图、设备支架及基础施工图、土方平衡图、梁板柱沟道及楼梯配筋图、建筑构配件加工图、节点大样图、门窗加工订货图；变电其他专业的自动控制盘盘面布置图、采暖通风系统布置图、管道施工图、控制信号原理接线图、采暖通风设备制造总图、非标准设备制造图、热工仪表单元接线图及控制盘背面接线图、排水计量装置安装图等。

4）安装调相机的还应包括设计调相机的有关图纸。

2. 审查要点

（1）设计图纸是否依据有关技术标准、规程、规范、设计手册和图集要求。

（2）设计图纸是否按照供电部门批复的供电方案进行设计。

（3）工程概况叙述是否详细，应分析该受电工程在系统中的地位、对系统有无影响。

（4）提供的设计图纸内容明细是否齐全。

（5）电力系统供电电源是否满足客户用电的可靠性。

（6）电源线路路径是否合理，地形与交通对线路有无影响，主要交叉跨越是否满足安全要求等；导线截面积选择的规格能否满足客户长远用电负荷增长的需求。

（7）变电站地址选择的是否合理，各级电压的电气设备布置是否合理。

（8）所有高、低压设备的选型是否合理，是否有淘汰和高耗能设备。

（9）变电站主接线方式、各级电压出线方式是否满足客户用电负荷、安全要求。

（10）是否有专用的电容器室，安装电容器容量是否满足就地平衡要求；是否满足《供用电营业规则》对无功补偿的规定。

（11）有冲击、不对称和谐波负载的客户应有谐波治理措施。

（12）电能计量装置准确度等级是否符合规程，电流互感器、电压互感器的变比和准确度等级是否满足规程规定。

（13）双电源供电的客户电气设备运行方式是否合理，是否满足用电负荷的要求。

（14）调度自动化及通信是否满足国家和电力行业规定。

（15）安装的保护装置是否能满足所有电气设备对保护的要求。

（16）应根据有关规定时限进行审核，高压供电的客户审核时间最长不超过一个月。

（17）将审核结果填写在"客户受电工程图纸审核结果通知单"中，以书面形式答复客户。

（18）当地供电部门对客户要求的其他注意事项。

二、考核

(一) 考核场地

(1) 场地面积应能同时容纳多个工位 (办公桌)，并保证工位之间的距离合适，操作面积不小于 $1500 \times 1500 \text{mm}^2$。

(2) 每个工位配有桌椅、计时器。

(二) 考核时间

参考时间为 30min，从报审查开始到报审查完毕止。

(三) 考核要点

(1) 审查客户提交的设计审查资料是否齐全。

(2) 审查设计单位的资质是否符合规定要求。

(3) 审查设计图纸的内容是否全面。

(4) 审查要点是否考虑周全并符合技术、标准及规定要求。

三、评分参考标准

行业：电力工程　　　　　　工种：用电监察员　　　　　　等级：一

编号	JC106	行为领域	e	鉴定范围	
考核时间	30min	题型	c	含权题分	25
试题名称	双母分段双电源35kV用户受电工程图纸审查				
考核要点及其要求	(1) 给定条件：用户托利商贸有限责任公司申请正式用电，新建35kV专用变电站一座，新装12 500kVA变压器两台，负荷性质为大工业用电，对供电可靠性的要求为非重要用户。 (2) 电源方案：主供电源由兰丹变电站6号母线兰66间隔出兰托线电缆专线至该户新建专用变电站，对其供电，供电电压等级为35kV，供电容量为25 000kVA(12 500×2)。备供电源由胜利变电站4号母线胜46间隔出胜托线电缆专线至该户新建专用变电站，对其供电，供电电压等级为35kV，供电容量为25 000kVA(12 500×2)。 (3) 主、备供总表电价类别为大工业电价，采用高供高量，分别装于主、备供进线计量柜内。 (4) 电气主接线形式为双母线分段接线，运行方式为双电源供电。 (5) 继电保护要求：过流速断。 (6) 无应急电源配置要求，需具备非电性质保安措施。 (7) 根据以上给定条件审查用户受电工程设计图纸中的错误				
现场设备、工具、材料	(1) 工作现场具备的材料：用户供电方案、受电工程设计图纸。 (2) 工作现场具备的工具：计算器、水性笔、草稿纸				
备注	考评员根据评分标准中3、4、5、6点的要求自行设置设计图纸中的错误点，考生找出并改正错误即得分，否则扣分。每个"分值"扣完为止				

		评分标准				
序号	作业名称	质量要求	分值	扣分标准	扣分原因	得分
1	审查提供的资料	（1）设计单位资质材料。 （2）受电工程设计及说明书。 （3）用电负荷分布图及性质。 （4）主要电气设备一览表。 （5）影响电能质量的用电设备清单。 （6）隐蔽工程设计资料。 （7）主要生产设备、生产工艺耗电以及允许中断供电时间。 （8）高压受电设备一、二次接线图及平面布置图。 （9）功率因数计算及无功补偿方式。 （10）继电保护、过电压保护及电能计量的方式。 （11）配电网络布置图。 （12）有冲击负荷、不对称负荷、非线性负荷等可能影响电网供电的客户，还应提供消除其对电网不良影响的技术措施及有关的设计资料	20	考生口述审查需提供的资料。 （1）回答不全面的，每项内容扣2分。 （2）回答错误的，每项内容扣2分		
2	审查设计单位资质	35kV受电工程的设计单位必须取得工程设计综合资质、电力行业工程设计丙级（变电工程、送电工程）以上资质、电力专业工程设计丙级（变电工程、送电工程）以上资质	10	考生口述设计单位所需资质水平。 （1）回答不全面的，扣5分。 （2）回答错误的，扣10分		
3	读懂电气主接线图	（1）采用先上后下、从左到右的方法通读、讲解电气主接线图中各数据的意义。 （2）讲解电气主接线图结构。 （3）找出并更正接线图结构错误	25	（1）考评员抽取图中数据进行提问，考生未讲解或讲解错误的，扣5分。 （2）未讲解或讲解错误电气图结构的，扣10分。 （3）考评员可通过更改接线方式、电气元件安装等设置错误点，考生未找出并更正的，扣10分		

		评分标准				
序号	作业名称	质量要求	分值	扣分标准	扣分原因	得分
4	正确配置电能计量装置、电压及电流互感器	(1) 电能计量装置准确度等级是否符合规程。 (2) 电流互感器、电压互感器的变比是否正确。 (3) 电流互感器、电压互感器准确度等级是否满足规程规定	15	考评员可通过更改电能计量装置的安装位置、准确度等级、互感器变比等设置错误点，考生未找出并更正的，扣15分		
5	核对供电方案与电气主接线图的一致性	核对客户供电方案中供电容量、电源方案、电压等级、运行方式、继电保护要求、重要客户等级、应急电源配置等内容与电气主接线图中是否一致，找出不相符的地方	15	考评员可根据客户供电方案与电气主接线图设置不相符的错误点，考生未找出并更正的，扣15分		
6	有关技术规定的掌握程度	(1) 设计图纸是否依据有关技术标准、规程、规范、设计手册和图集要求。 (2) 设计图纸是否按照供电部门批复的供电方案进行设计。 (3) 工程概况叙述是否详细，应分析该受电工程在系统中的地位，对系统有无影响。 (4) 提供的设计图纸内容明细是否齐全。 (5) 电力系统供电电源是否满足客户用电的可靠性。 (6) 电源线路路径是否合理，地形与交通对线路有无影响，主要交叉跨越是否满足安全要求等；导线截面积选择的规格能否满足客户长远用电负荷增长的需求。 (7) 变电站站址选择的是否合理，各级电压的电气设备布置是否合理。 (8) 所有高低压设备的选型是否合理，是否有淘汰和高耗能设备。 (9) 变电站主接线方式、各级电压出线方式是否满足客户用电负荷、安全要求。	15	(1) 考评员可根据相关技术规定规程，如设备选型、继电保护、电源配置等方面设置错误点，考生未找出并更正的，扣5分。 (2) 考评员可根据用户供电方案，从电源的可靠性、无功补偿、导线选型等方面提问来考查考生对有关技术规定的掌握程度，考生回答不全面的，扣5分；回答错误的，扣10分		

				评分标准				
序号	作业名称	质量要求	分值	扣分标准	扣分原因	得分
6	有关技术规定的掌握程度	（10）是否有专用的电容器室，安装电容器容量是否满足就地平衡要求；是否满足《供用电营业规则》对无功补偿的规定。 （11）有冲击、不对称和谐波负载的客户应有谐波治理措施。 （12）双电源供电的客户电气设备运行方式是否合理，是否满足用电负荷的要求。 （13）调度自动化及通信是否满足国家和电力行业规定。 （14）安装的保护装置是否能满足所有电气设备对保护的要求	15	（1）考评员可根据相关技术规定规程，如设备选型、继电保护、电源配置等方面设置错误点，考生未找出并更正的，扣5分。 （2）考评员可根据用户供电方案，从电源的可靠性、无功补偿、导线选型等方面提问来考查考生对有关技术规定的掌握程度，考生回答不全面的，扣5分；回答错误的，扣10分		
	考试开始时间			考试结束时间		合计	
	考生栏	编号：	姓名：	所在岗位：	单位：	日期：	
	考评员栏	成绩：	考评员：		考评组长：		

JC106 附：双母分段双电源 35kV 用户受电工程图

双母分段双电源 35kV 用户受电工程图

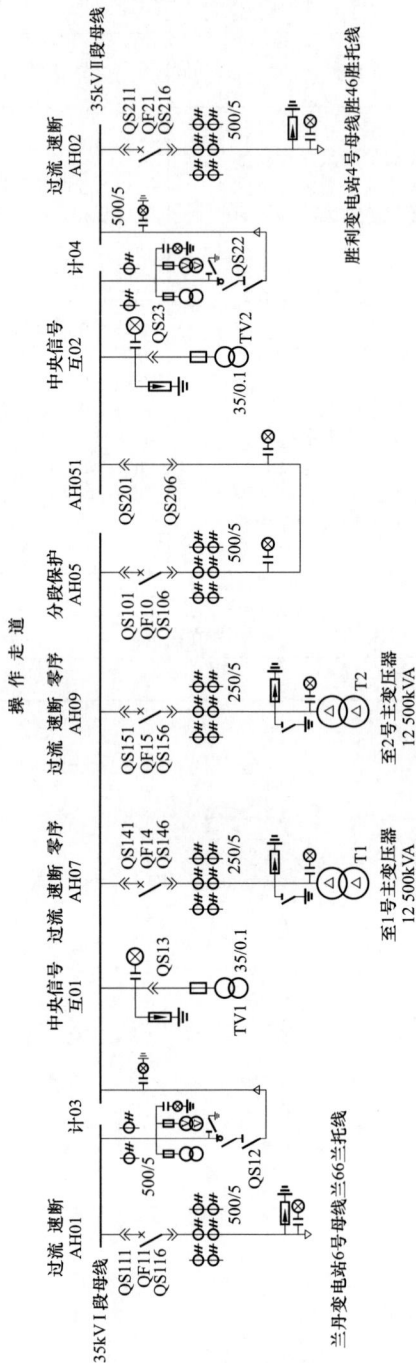

双母分段双回路35kV用户受电工程图纸审查

一、操作

（一）工具和材料

（1）工具：计算器、水性笔、草稿纸。

（2）材料：双母分段双回路 35kV 用户供电方案及受电工程设计图纸。

（二）审查的依据要求

对 35kV 及以上受电工程设计进行审查，应依据国家和电力行业的有关设计标准、规程进行，同时应按照当地供电部门确定的供电方案要求选择电源、架设线路、设计配电设备等，如果确实需要修改供电方案的，必须经过供电方案批复部门同意。设计时倡导采用节能环保的先进技术和产品，禁止使用国家明令淘汰的产品。设计审查主要包括以下标准、规程：

GB 311.1—2012《绝缘配合　第 1 部分：定义、原则和规则》

GB 14549—1993《电能质量　公用电网谐波》

GB 50034—2013《建筑照明设计规范》

GB 50038—2005《人民防空地下室设计规范》

GB 50045—1995《高层民用建筑设计防火规范（2005 版）》

GB 50052—2009《供配电系统设计规范》

GB 50053—2013《10kV 及以下变电所设计规范》

GB 50054—2011《低压配电设计规范》

GB 50057—2010《建筑物防雷设计规范》

GB 50058—1992《爆炸和火灾危险环境电力装置设计规范》

GB 50059—2011《35～110kV 变电所设计规范》

GB 50060—2008《3～110kV 高压配电装置设计规范》

GB 50061—2010《66kV 及以下架空电力线路设计规范》

GB 50096—2011《住宅设计规范》

GB 50217—2007《电力工程电缆设计规范》

GB 50227—2008《并联电容器装置设计规范》

GB/T 50062—2008《电力装置的继电保护和自动装置设计规范》

GB/T 50063—2008《电力装置的电测量仪表装置设计规范（附条文说明）》

DL/T 401—2002《高压电缆选用导则》

DL/T 448—2000《电能计量装置技术管理规程》

DL/T 601—1996《架空绝缘配电线路设计技术规程》

DL/T 620—1997《交流电气装置的过电压保护和绝缘配合》

DL/T 621—1997《交流电气装置的接地》

DL/T 5003—2005《电力系统调度自动化设计技术规程》

DL/T 5044—2004《电力工程直流系统设计技术规程》

DL/T 5092—1999《(110～500)kV 架空送电线路设计技术规程》

DL/T 5103—2012《35kV～110kV 无人值班变电所设计规程》

DL/T 5154—2012《架空输电线路杆塔结构设计技术规定》

DL/T 5216—2005《35kV～220kV 城市地下变电站设计规定》

DL/T 5218—2012《220kV～750kV 变电站设计技术规程》

DL/T 5219—2005《架空送电线路基础设计技术规定》

DL/T 5220—2005《10kV 及以下架空配电线路设计技术规程》

DL/T 5221—2005《城市电力电缆线路设计技术规定》

DL/T 5222—2005《导体和电器选择设计技术规定》

DL/T 5352—2006《高压配电装置设计技术规程》

Q/GDW 161—2007《线路保护及辅助装置标准化设计规范》

JGJ 16—2008《民用建筑电气设计规范〔另册〕》

(三) 审查步骤及要点

1. 审查步骤

(1) 审查应提供的资料。35kV 受电工程客户用电容量较大，并且多数采用专线供电，这类客户应提供对应供电设备的图纸，以审核 35kV 受电工程设备、保护、调度远动等是否与供电设备配套。其他审查资料，应包括以下内容：

1) 设计单位资质材料。

2) 受电工程设计及说明书。

3) 用电负荷分布图以及用电负荷性质。

4) 主要电气设备一览表。

5) 影响电能质量的用电设备清单。

6) 隐蔽工程设计资料。

7) 主要生产设备、生产工艺耗电以及允许中断供电时间。

8）高压受电设备一、二次接线图及平面布置图。

9）用电功率因数计算及无功补偿方式。

10）继电保护、过电压保护及电能计量的方式。

11）配电网络布置图。

12）对有冲击负荷、不对称负荷、非线性负荷等有可能影响电网供电的客户，还应提供消除其对电网不良影响的技术措施及有关的设计资料。

13）供电企业认为应提供的其他资料。

（2）审查设计单位的资质。35kV受电工程设计单位必须取得相应的设计资质，根据中华人民共和国建设部2007年修订的《工程设计资质标准》规定，设计资质分为四个序列：工程设计综合资质、工程设计行业资质、工程设计专业资质、工程设计专项资质。

工程设计综合资质是指涵盖21个行业的设计资质；工程设计行业资质是指涵盖某个行业资质标准中的全部设计类型的设计资质；工程设计专业资质是指某个行业资质标准中某个专业的设计资质；工程设计专项资质是指为适应和满足行业发展的需要，对已形成产业的专项技术独立进行设计以及设计、施工一体化而设立的资质。

根据《工程设计资质标准》规定，35kV受电工程的设计单位必须取得工程设计综合资质、电力行业工程设计丙级（变电工程、送电工程）以上资质、电力专业工程设计丙级（变电工程、送电工程）以上资质。

（3）审查设计图纸。35kV受电工程设计图纸包括以下内容：

1）供配电专业的各级电压主配电装置配置图、主控制室和继电器室平面布置图、主变压器及高压电抗器继电保护原理图及接线图、计算机监控系统方框图、站用电系统图、直流系统图、控制保护逻辑图、二次接线回路图和屏面布置图、同期系统图、UPS系统接线图、蓄电池布置图、站用电屏布置图、二次线安装接线图、端子排图等。

2）送电专业的两端变电站进出线平面布置图、单相短路电流曲线、拦江线组装图等。

3）变电土建专业的站址位置图、总平面布置图、竖向布置及站址排水图、站区综合管道平面图、主控制楼和屋内配电装置建筑平/立面图、屋外构架透视图、构架组装图、基础平面布置图、设备支架平面布置图、主控制楼和主配电装置结构和基础及沟道布置图、通信调度楼建筑与结构布置图、辅助建筑施工图、站区沟道施工图、道路平面布置图、围墙和挡土墙施工图、屋外构架及基础施工图、设备支架及基础施工图、土方平衡图、梁板柱沟道及楼梯配筋图、建筑构配件加工图、节点大样图、门窗加工订货图；变电其他专业的自动控制盘盘面布置图、采暖通风系统布置图、管道施工图、控制信号原理接线图、采暖通风设备制造总图、非标准设备制造图、热工仪表单元接线图及控制盘背面接线图、排水计量装置安装图等。

4）安装调相机的还应包括设计调相机的有关图纸。

2. 审查要点

（1）设计图纸是否依据有关技术标准、规程、规范、设计手册和图集要求。

（2）设计图纸是否按照供电部门批复的供电方案进行设计。

（3）工程概况叙述是否详细，应分析该受电工程在系统中的地位，对系统有无影响。

（4）提供的设计图纸内容明细是否齐全。

（5）电力系统供电电源是否满足客户用电的可靠性。

（6）电源线路路径是否合理，地形与交通对线路有无影响，主要交叉跨越是否满足安全要求等；导线截面积选择的规格能否满足客户长远用电负荷增长的需求。

（7）变电站地址选择的是否合理，各级电压的电气设备布置是否合理。

（8）所有高、低压设备的选型是否合理，是否有淘汰和高耗能设备。

（9）变电站主接线方式、各级电压出线方式是否满足客户用电负荷、安全要求。

（10）是否有专用的电容器室，安装电容器容量是否满足就地平衡要求；是否满足《供用电营业规则》对无功补偿的规定。

（11）有冲击、不对称和谐波负载的客户应有谐波治理措施。

（12）电能计量装置准确度等级是否符合规程，电流互感器、电压互感器的变比和准确度等级是否满足规程规定。

（13）双电源供电的客户电气设备运行方式是否合理，是否满足用电负荷的要求。

（14）调度自动化及通信是否满足国家和电力行业规定。

（15）安装的保护装置是否能满足所有电气设备对保护的要求。

（16）应根据有关规定时限进行审核，高压供电的客户审核时间最长不超过一个月。

（17）将审核结果填写在"客户受电工程图纸审核结果通知单"中，以书面形式答复客户。

（18）当地供电部门对客户要求的其他注意事项。

二、考核

（一）考核场地

（1）场地面积应能同时容纳多个工位（办公桌），并保证工位之间的距离合适，操作面积不小于 $1500 \times 1500 mm^2$。

（2）每个工位配有桌椅、计时器。

（二）考核时间

参考时间为 30min，从报审查开始到报审查完毕止。

（三）考核要点

（1）审查客户提交的设计审查资料是否齐全。

（2）审查设计单位的资质是否符合规定要求。

（3）审查设计图纸的内容是否全面。

（4）审查要点是否考虑周全并符合技术、标准及规定要求。

三、评分参考标准

行业：电力工程　　　　　　　工种：用电监察员　　　　　　　等级：一

编号	JC107	行为领域	e	鉴定范围	
考核时间	30min	题型	c	含权题分	25
试题名称	双母分段双回路 35kV 用户受电工程图纸审查				
考核要点及其要求	（1）给定条件：用户百洁有限责任公司申请正式用电，新建 35kV 专用变电站一座，新装 12 500kVA 变压器四台，负荷性质为大工业用电，对供电可靠性的要求为非重要用户。 （2）电源方案：一回电源由清江变电站 5 号母线清 55 间隔出清百线电缆专线至该户新建专用变电站对其供电，供电电压等级为 35kV，供电容量为 25 000kVA（12 500×2）。二回电源由五更变电站 7 号母线五 75 间隔出五百线电缆专线至该户新建专用变电站对其供电，供电电压等级为 35kV，供电容量为 25 000kVA（12 500×2）。 （3）一、二回总表电价类别均为大工业电价，采用高供高量，装于一、二回进线计量柜内。 （4）电气主接线形式为双母线分段接线，高压侧可联络，运行方式为双回路供电。 （5）继电保护要求：过流速断。 （6）无应急电源配置要求，需具备非电性质保安措施。 （7）根据以上给定条件审查用户受电工程设计图纸中的错误				
现场设备、工具、材料	（1）工作现场具备的材料：用户供电方案、受电工程设计图纸。 （2）工作现场具备的工具：计算器、水性笔、草稿纸				
备注	考评员根据评分标准中 3、4、5、6 点的要求自行设置设计图纸中的错误点，考生找出并改正错误即得分，否则扣分。每个"分值"扣完为止				
评分标准					

序号	作业名称	质量要求	分值	扣分标准	扣分原因	得分
1	审查提供的资料	（1）设计单位资质材料。 （2）受电工程设计及说明书。 （3）用电负荷分布图及性质。 （4）主要电气设备一览表。 （5）影响电能质量的用电设备清单。 （6）隐蔽工程设计资料。	20	考生口述审查需提供的资料。 （1）回答不全面的，每项内容扣 2 分。 （2）回答错误的，每项内容扣 2 分		

序号	作业名称	质量要求	分值	扣分标准	扣分原因	得分
		评分标准				
1	审查提供的资料	（7）主要生产设备、生产工艺耗电以及允许中断供电时间。 （8）高压受电设备一、二次接线图及平面布置图。 （9）功率因数计算及无功补偿方式。 （10）继电保护、过电压保护及电能计量的方式。 （11）配电网络布置图。 （12）有冲击负荷、不对称负荷、非线性负荷等可能影响电网供电的客户，还应提供消除其对电网不良影响的技术措施及有关的设计资料	20	考生口述审查需提供的资料。 （1）回答不全面的，每项内容扣2分。 （2）回答错误的，每项内容扣2分		
2	审查设计单位资质	35kV受电工程的设计单位必须取得工程设计综合资质、电力行业工程设计丙级（变电工程、送电工程）以上资质、电力专业工程设计丙级（变电工程、送电工程）以上资质	10	考生口述设计单位所需资质水平。 （1）回答不全面的，扣5分。 （2）回答错误的，扣10分		
3	读懂电气主接线图	（1）采用先上后下、从左到右的方法阅读、讲解电气主接线图中各数据的意义。 （2）讲解电气主接线图结构。 （3）找出并更正接线图结构错误	25	（1）考评员抽取图中数据进行提问，考生未讲解或讲解错误的，扣5分。 （2）未讲解或讲解错误电气图结构的，扣10分。 （3）考评员可通过更改接线方式、电气元件安装等设置错误点，考生未找出并更正的，扣10分		
4	正确配置电能计量装置、电压及电流互感器	（1）电能计量装置准确度等级是否符合规程。 （2）电流互感器、电压互感器的变比是否正确。 （3）电流互感器、电压互感器准确度等级是否满足规程规定	15	考评员可通过更改电能计量装置的安装位置、准确度等级、互感器变比等设置错误点，考生未找出并更正的，扣15分		
5	核对供电方案与电气主接线图的一致性	核对客户供电方案中供电容量、电源方案、电压等级、运行方式、继电保护要求、重要客户等级、应急电源配置等内容与电气主接线图中是否一致，找出不相符的地方	15	考评员可根据客户供电方案与电气主接线图设置不相符的错误点，考生未找出并更正的，扣15分		

序号	作业名称	质量要求	分值	扣分标准	扣分原因	得分
		评分标准				
6	有关技术规定的掌握程度	(1) 设计图纸是否依据有关技术标准、规程、规范、设计手册和图集要求。 (2) 设计图纸是否按照供电部门批复的供电方案进行设计。 (3) 工程概况叙述是否详细，应分析该受电工程在系统中的地位，对系统有无影响。 (4) 提供的设计图纸内容明细是否齐全。 (5) 电力系统供电电源是否满足客户用电的可靠性。 (6) 电源线路路径是否合理，地形与交通对线路有无影响，主要交叉跨越是否满足安全要求等；导线截面积选择的规格能否满足客户长远用电负荷增长的需求。 (7) 变电站地址选择的是否合理，各级电压的电气设备布置是否合理。 (8) 所有高、低压设备的选型是否合理，是否有淘汰和高耗能设备。 (9) 变电站主接线方式、各级电压出线方式是否满足客户用电负荷、安全要求。 (10) 是否有专用的电容器室，安装电容器容量是否满足就地平衡要求；是否满足《供用电营业规则》对无功补偿的规定。 (11) 有冲击、不对称和谐波负载的客户应有谐波治理措施。 (12) 双电源供电的客户电气设备运行方式是否合理，是否满足用电负荷的要求。 (13) 调度自动化及通信是否满足国家和电力行业规定。 (14) 安装的保护装置是否能满足所有电气设备对保护的要求	15	(1) 考评员可根据相关技术规定规程，如设备选型、继电保护、电源配置等方面设置错误点，考生未找出并更正的，扣5分。 (2) 考评员可根据用户供电方案，从电源的可靠性、无功补偿、导线选型等方面提问来考查考生对有关技术规定的掌握程度，考生回答不全面的，扣5分；回答错误的，扣10分		

考试开始时间			考试结束时间		合计	

考生栏	编号：	姓名：	所在岗位：	单位：	日期：
考评员栏	成绩：	考评员：		考评组长：	

JC107 附：双母分段双回路 35kV 用户受电工程图

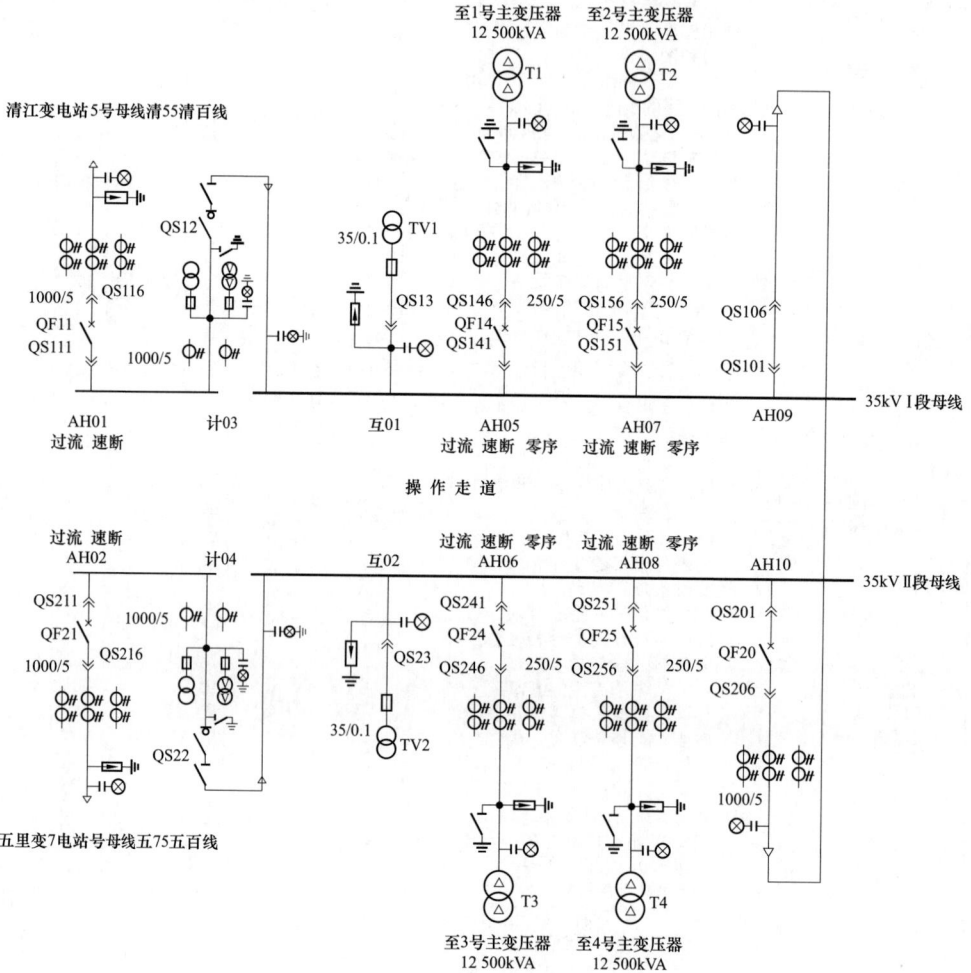

双母分段双回路 35kV 用户受电工程图

双母分段双电源110kV用户受电工程图纸审查

一、操作

（一）工具和材料

（1）工具：计算器、水性笔、草稿纸。

（2）材料：双母分段双电源 110kV 用户供电方案及受电工程设计图纸。

（二）审查的依据要求

对 110kV 及以上受电工程设计进行审查，应依据国家和电力行业的有关设计标准、规程进行，同时应按照当地供电部门确定的供电方案要求选择电源、架设线路、设计配电设备等，如果确实需要修改供电方案的，必须经过供电方案批复部门同意。设计时倡导采用节能环保的先进技术和产品，禁止使用国家明令淘汰的产品。设计审查主要包括以下标准、规程：

GB 311.1—2012《绝缘配合　第 1 部分：定义、原则和规则》

GB 14549—1993《电能质量　公用电网谐波》

GB 50034—2013《建筑照明设计规范》

GB 50038—2005《人民防空地下室设计规范》

GB 50045—1995《高层民用建筑设计防火规范（2005 版）》

GB 50052—2009《供配电系统设计规范》

GB 50053—2013《10kV 及以下变电所设计规范》

GB 50054—2011《低压配电设计规范》

GB 50057—2010《建筑物防雷设计规范》

GB 50058—1992《爆炸和火灾危险环境电力装置设计规范》

GB 50059—2011《35～110kV 变电所设计规范》

GB 50060—2008《3～110kV 高压配电装置设计规范》

GB 50061—2010《66kV 及以下架空电力线路设计规范》

GB 50096—2011《住宅设计规范》

GB 50217—2007《电力工程电缆设计规范》

GB 50227—2008《并联电容器装置设计规范》

GB/T 50062—2008《电力装置的继电保护和自动装置设计规范》

GB/T 50063—2008《电力装置的电测量仪表装置设计规范（附条文说明）》

DL/T 401—2002《高压电缆选用导则》

DL/T 448—2000《电能计量装置技术管理规程》

DL/T 601—1996《架空绝缘配电线路设计技术规程》

DL/T 620—1997《交流电气装置的过电压保护和绝缘配合》

DL/T 621—1997《交流电气装置的接地》

DL/T 5003—2005《电力系统调度自动化设计技术规程》

DL/T 5044—2004《电力工程直流系统设计技术规程》

DL/T 5092—1999《（110～500）kV 架空送电线路设计技术规程》

DL/T 5103—2012《35kV～110kV 无人值班变电所设计规程》

DL/T 5154—2012《架空输电线路杆塔结构设计技术规定》

DL/T 5216—2005《35kV～220kV 城市地下变电站设计规定》

DL/T 5218—2012《220kV～750kV 变电站设计技术规程》

DL/T 5219—2005《架空送电线路基础设计技术规定》

DL/T 5220—2005《10kV 及以下架空配电线路设计技术规程》

DL/T 5221—2005《城市电力电缆线路设计技术规定》

DL/T 5222—2005《导体和电器选择设计技术规定》

DL/T 5352—2006《高压配电装置设计技术规程》

Q/GDW 161—2007《线路保护及辅助装置标准化设计规范》

JGJ 16—2008《民用建筑电气设计规范〔另册〕》

（三）审查步骤及要点

1. 审查步骤

（1）审查应提供的资料。110kV 受电工程客户用电容量较大，并且多数采用专线供电，这类客户应提供对应供电设备的图纸，以审核 110kV 受电工程设备、保护、调度远动等是否与供电设备配套。其他审查资料，应包括以下内容：

1）设计单位资质材料。

2）受电工程设计及说明书。

3）用电负荷分布图以及用电负荷性质。

4）主要电气设备一览表。

5）影响电能质量的用电设备清单。

6）隐蔽工程设计资料。

7）主要生产设备、生产工艺耗电以及允许中断供电时间。

8）高压受电设备一、二次接线图及平面布置图。

9）用电功率因数计算及无功补偿方式。

10）继电保护、过电压保护及电能计量的方式。

11）配电网络布置图。

12）对有冲击负荷、不对称负荷、非线性负荷等有可能影响电网供电的客户，还应提供消除其对电网不良影响的技术措施及有关的设计资料。

13）供电企业认为应提供的其他资料。

（2）审查设计单位的资质。110kV 受电工程设计单位必须取得相应的设计资质，根据中华人民共和国建设部 2007 年修订的《工程设计资质标准》规定，设计资质分为四个序列：工程设计综合资质、工程设计行业资质、工程设计专业资质、工程设计专项资质。

工程设计综合资质是指涵盖 21 个行业的设计资质；工程设计行业资质是指涵盖某个行业资质标准中的全部设计类型的设计资质；工程设计专业资质是指某个行业资质标准中某个专业的设计资质；工程设计专项资质是指为适应和满足行业发展的需要，对已形成产业的专项技术独立进行设计以及设计、施工一体化而设立的资质。

根据《工程设计资质标准》规定，110kV 受电工程的设计单位必须取得工程设计综合资质、电力行业工程设计丙级（变电工程、送电工程）以上资质、电力专业工程设计丙级（变电工程、送电工程）以上资质。

（3）审查设计图纸。110kV 受电工程设计图纸包括以下内容：

1）供配电专业的各级电压主配电装置配置图、主控制室和继电器室平面布置图、主变压器及高压电抗器继电保护原理图及接线图、计算机监控系统方框图、站用电系统图、直流系统图、控制保护逻辑图、二次接线回路图和屏面布置图、同期系统图、UPS 系统接线图、蓄电池布置图、站用电屏布置图、二次线安装接线图、端子排图等。

2）送电专业的两端变电站进出线平面布置图、单相短路电流曲线、拦江线组装图等。

3）变电土建专业的站址位置图、总平面布置图、竖向布置及站址排水图、站区综合管道平面图、主控制楼和屋内配电装置建筑平/立面图、屋外构架透视图、构架组装图、基础平面布置图、设备支架平面布置图、主控制楼和主配电装置结构和基础及沟道布置图、通信调度楼建筑与结构布置图、辅助建筑施工图、站区沟道施工图、道路平面布置图、围墙和挡土墙施工图、屋外构架及基础施工图、设备支架及基础施工图、土方平衡图、梁板柱沟道及楼梯配筋图、建筑构配件加工图、节点大样图、门窗加工订货图；变电其他专业的自动控制盘盘面布置图、采暖通风系统布置图、管道施工图、控制信号原理接线图、采暖通风设备制造总图、非标准设备制造图、热工仪表单元接线图及控制盘背面接线图、排水计量装置安装图等。

4) 安装调相机的还应包括设计调相机的有关图纸。

2. 审查要点

(1) 设计图纸是否依据有关技术标准、规程、规范、设计手册和图集要求。

(2) 设计图纸是否按照供电部门批复的供电方案进行设计。

(3) 工程概况叙述是否详细，应分析该受电工程在系统中的地位，对系统有无影响。

(4) 提供的设计图纸内容明细是否齐全。

(5) 电力系统供电电源是否满足客户用电的可靠性。

(6) 电源线路路径是否合理，地形与交通对线路有无影响，主要交叉跨越是否满足安全要求等；导线截面积选择的规格能否满足客户长远用电负荷增长的需求。

(7) 变电站地址选择的是否合理，各级电压的电气设备布置是否合理。

(8) 所有高、低压设备的选型是否合理，是否有淘汰和高耗能设备。

(9) 变电站主接线方式、各级电压出线方式是否满足客户用电负荷、安全要求。

(10) 是否有专用的电容器室，安装电容器容量是否满足就地平衡要求；是否满足《供用电营业规则》对无功补偿的规定。

(11) 有冲击、不对称和谐波负载的客户应有谐波治理措施。

(12) 电能计量装置准确度等级是否符合规程，电流互感器、电压互感器的变比和准确度等级是否满足规程规定。

(13) 双电源供电的客户电气设备运行方式是否合理，是否满足用电负荷的要求。

(14) 调度自动化及通信是否满足国家和电力行业规定。

(15) 安装的保护装置是否能满足所有电气设备对保护的要求。

(16) 应根据有关规定时限进行审核，高压供电的客户审核时间最长不超过一个月。

(17) 将审核结果填写在"客户受电工程图纸审核结果通知单"中，以书面形式答复客户。

(18) 当地供电部门对客户要求的其他注意事项。

二、考核

(一) 考核场地

(1) 场地面积应能同时容纳多个工位（办公桌），并保证工位之间的距离合适，操作面积不小于 $1500 \times 1500 \mathrm{mm}^2$。

(2) 每个工位配有桌椅、计时器。

(二) 考核时间

参考时间为 30min，从报审查开始到报审查完毕止。

(三) 考核要点

(1) 审查客户提交的设计审查资料是否齐全。

(2) 审查设计单位的资质是否符合规定要求。

(3) 审查设计图纸的内容是否全面。

(4) 审查要点是否考虑周全并符合技术、标准及规定要求。

三、评分参考标准

行业：电力工程　　　　　　　　工种：用电监察员　　　　　　　　等级：一

编号	JC108	行为领域	e	鉴定范围	
考核时间	30min	题型	c	含权题分	25
试题名称	双母分段双电源 110kV 用户受电工程图纸审查				
考核要点及其要求	(1) 给定条件：用户夕阳红工贸有限责任公司申请正式用电，新建 110kV 专用变电站一座，新装 63 000kVA 变压器两台，负荷性质为大工业用电，对供电可靠性的要求为非重要用户。 (2) 电源方案：主供电源由胜利变电站 6 号母线胜 66 隔出胜夕线电缆专线至该户新建专用变电站对其供电，供电电压等级为 110kV，供电容量为 126 000kVA（63 000×2）。备供电源由兰丹变电站 4 号母线兰 46 隔出兰夕线电缆专线至该户新建专用变电站对其供电，供电电压等级为 110kV，供电容量为 126 000kVA（63 000×2）。 (3) 主、备供总表电价类别均为大工业电价，采用高供高量，分别装于主、备供进线计量柜内。 (4) 电气主接线形式为双母线分段接线，运行方式为双电源供电。 (5) 继电保护要求：零序、差动。 (6) 无应急电源配置要求，需具备非电性质保安措施。 (7) 根据以上给定条件审查用户受电工程设计图纸中的错误				
现场设备、工具、材料	(1) 工作现场具备的材料：用户供电方案、受电工程设计图纸。 (2) 工作现场具备的工具：计算器、水性笔、草稿纸				
备注	考评员根据评分标准中 3、4、5、6 点的要求自行设置设计图纸中的错误点，考生找出并改正错误即得分，否则扣分。每个"分值"扣完为止				

			评分标准				
序号	作业名称	质量要求	分值	扣分标准		扣分原因	得分
1	审查提供的资料	(1) 设计单位资质材料。 (2) 受电工程设计及说明书。 (3) 用电负荷分布图及性质。 (4) 主要电气设备一览表。	20	考生口述审查需提供的资料。 (1) 回答不全面的，每项内容扣 2 分。 (2) 回答错误的，每项内容扣 2 分			

		评分标准				
序号	作业名称	质量要求	分值	扣分标准	扣分原因	得分
1	审查提供的资料	（5）影响电能质量的用电设备清单。 （6）隐蔽工程设计资料。 （7）主要生产设备、生产工艺耗电以及允许中断供电时间。 （8）高压受电设备一、二次接线图及平面布置图。 （9）功率因数计算及无功补偿方式。 （10）继电保护、过电压保护及电能计量的方式。 （11）配电网络布置图。 （12）有冲击负荷、不对称负荷、非线性负荷等可能影响电网供电的客户，还应提供消除其对电网不良影响的技术措施及有关的设计资料	20	考生口述审查需提供的资料。 （1）回答不全面的，每项内容扣2分。 （2）回答错误的，每项内容扣2分		
2	审查设计单位资质	110kV受电工程的设计单位必须取得工程设计综合资质、电力行业工程设计丙级（变电工程、送电工程）以上资质、电力专业工程设计丙级（变电工程、送电工程）以上资质	10	考生口述设计单位所需资质水平。 （1）回答不全面的，扣5分。 （2）回答错误的，扣10分		
3	读懂电气主接线图	（1）采用先上后下、从左到右的方法通读、讲解电气主接线图中各数据的意义。 （2）讲解电气主接线图结构。 （3）找出并更正接线图结构错误	25	（1）考评员抽取图中数据进行提问，考生未讲解或讲解错误的，扣5分。 （2）未讲解或讲解错误电气图结构的，扣10分。 （3）考评员可通过更改接线方式、电气元件安装等设置错误点，考生未找出并更正的，扣10分		
4	正确配置电能计量装置、电压及电流互感器	（1）电能计量装置准确度等级是否符合规程。 （2）电流互感器、电压互感器的变比是否正确。 （3）电流互感器、电压互感器准确度等级是否满足规程规定	15	考评员可通过更改电能计量装置的安装位置、准确度等级、互感器变比等设置错误点，考生未找出并更正的，扣15分		
5	核对供电方案与电气主接线图的一致性	核对客户供电方案中供电容量、电源方案、电压等级、运行方式、继电保护要求、重要客户等级、应急电源配置等内容与电气主接线图中是否一致，找出不相符的地方	15	考评员可根据客户供电方案与电气主接线图设置不相符的错误点，考生未找出并更正的，扣15分		

		评分标准				
序号	作业名称	质量要求	分值	扣分标准	扣分原因	得分
6	有关技术规定的掌握程度	（1）设计图纸是否依据有关技术标准、规程、规范、设计手册和图集要求。 （2）设计图纸是否按照供电部门批复的供电方案进行设计。 （3）工程概况叙述是否详细，应分析该受电工程在系统中的地位，对系统有无影响。 （4）提供的设计图纸内容明细是否齐全。 （5）电力系统供电电源是否满足客户用电的可靠性。 （6）电源线路路径是否合理，地形与交通对线路有无影响，主要交叉跨越是否满足安全要求等；导线截面积选择的规格能否满足客户长远用电负荷增长的需求。 （7）变电站地址选择的是否合理，各级电压的电气设备布置是否合理。 （8）所有高低压设备的选型是否合理，是否有淘汰和高耗能设备。 （9）变电站主接线方式、各级电压出线方式是否满足客户用电负荷、安全要求。 （10）是否有专用的电容器室，安装电容器容量是否满足就地平衡要求；是否满足《供用电营业规则》对无功补偿的规定。 （11）有冲击、不对称和谐波负载的客户应有谐波治理措施。 （12）双电源供电的客户电气设备运行方式是否合理，是否满足用电负荷的要求。 （13）调度自动化及通信是否满足国家和电力行业规定。 （14）安装的保护装置是否能满足所有电气设备对保护的要求	15	（1）考评员可根据相关技术规定规程，如设备选型、继电保护、电源配置等方面设置错误点，考生未找出并更正的，扣5分。 （2）考评员可根据用户供电方案，从电源的可靠性、无功补偿、导线选型等方面提问来考查考生对有关技术规定的掌握程度，考生回答不全面的，扣5分；回答错误的，扣10分		
考试开始时间			考试结束时间		合计	
考生栏	编号： 姓名： 所在岗位： 单位： 日期：					
考评员栏	成绩： 考评员： 考评组长：					

JC108 附：双母分段双电源 110kV 用户受电工程图

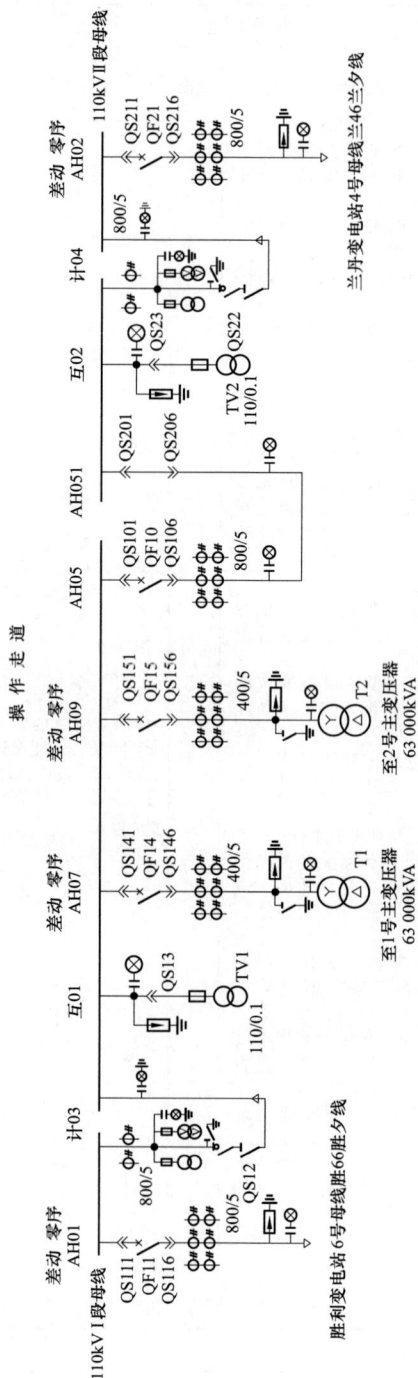

110kV Ⅰ段母线

差动 零序 AH01 　计03　互01　差动 零序 AH07　差动 零序 AH09　AH05　AH051　互02　计04　差动 零序 AH02

QS111 QF11 QS116　800/5　QS12　TV1 110/0.1　QS13

QS141 QF14 QS146　400/5

QS151 QF15 QS156　400/5

QS101 QF10 QS106　800/5

QS201 QS206　TV2 110/0.1　QS22　QS23

QS211 QF21 QS216　800/5

800/5

至1号主变压器 63 000kVA　T1

至2号主变压器 63 000kVA　T2

110kV Ⅶ段母线

操 作 走 道

胜利变电站6号母线胜66胜夕线

兰丹变电站4号母线兰46兰夕线

双母分段双电源 110kV 用户受电工程图

一、操作

（一）工具和材料

（1）工具：计算器、水性笔、草稿纸。

（2）材料：双母分段双回路 110kV 用户供电方案及受电工程设计图纸。

（二）审查的依据要求

对 110kV 及以上受电工程设计进行审查，应依据国家和电力行业的有关设计标准、规程进行，同时应按照当地供电部门确定的供电方案要求选择电源、架设线路、设计配电设备等，如果确实需要修改供电方案的，必须经过供电方案批复部门同意。设计时倡导采用节能环保的先进技术和产品，禁止使用国家明令淘汰的产品。设计审查主要包括以下标准、规程：

GB 311.1—2012《绝缘配合　第 1 部分：定义、原则和规则》

GB 14549—1993《电能质量　公用电网谐波》

GB 50034—2013《建筑照明设计规范》

GB 50038—2005《人民防空地下室设计规范》

GB 50045—1995《高层民用建筑设计防火规范（2005 版）》

GB 50052—2009《供配电系统设计规范》

GB 50053—2013《10kV 及以下变电所设计规范》

GB 50054—2011《低压配电设计规范》

GB 50057—2010《建筑物防雷设计规范》

GB 50058—1992《爆炸和火灾危险环境电力装置设计规范》

GB 50059—2011《35～110kV 变电所设计规范》

GB 50060—2008《3～110kV 高压配电装置设计规范》

GB 50061—2010《66kV 及以下架空电力线路设计规范》

GB 50096—2011《住宅设计规范》

GB 50217—2007《电力工程电缆设计规范》

GB 50227—2008《并联电容器装置设计规范》

GB/T 50062—2008《电力装置的继电保护和自动装置设计规范》

GB/T 50063—2008《电力装置的电测量仪表装置设计规范（附条文说明）》

DL/T 401—2002《高压电缆选用导则》

DL/T 448—2000《电能计量装置技术管理规程》

DL/T 601—1996《架空绝缘配电线路设计技术规程》

DL/T 620—1997《交流电气装置的过电压保护和绝缘配合》

DL/T 621—1997《交流电气装置的接地》

DL/T 5003—2005《电力系统调度自动化设计技术规程》

DL/T 5044—2004《电力工程直流系统设计技术规程》

DL/T 5092—1999《（110～500）kV 架空送电线路设计技术规程》

DL/T 5103—2012《35kV～110kV 无人值班变电所设计规程》

DL/T 5154—2012《架空输电线路杆塔结构设计技术规定》

DL/T 5216—2005《35kV～220kV 城市地下变电站设计规定》

DL/T 5218—2012《220kV～750kV 变电站设计技术规程》

DL/T 5219—2005《架空送电线路基础设计技术规定》

DL/T 5220—2005《10kV 及以下架空配电线路设计技术规程》

DL/T 5221—2005《城市电力电缆线路设计技术规定》

DL/T 5222—2005《导体和电器选择设计技术规定》

DL/T 5352—2006《高压配电装置设计技术规程》

Q/GDW 161—2007《线路保护及辅助装置标准化设计规范》

JGJ 16—2008《民用建筑电气设计规范（附条文说明［另册]）》

（三）审查步骤及要点

1. 审查步骤

（1）审查应提供的资料。110kV 受电工程客户用电容量较大，并且多数采用专线供电，这类客户应提供对应供电设备的图纸，以审核 110kV 受电工程设备、保护、调度远动等是否与供电设备配套。其他审查资料，应包括以下内容：

1）设计单位资质材料。

2）受电工程设计及说明书。

3）用电负荷分布图以及用电负荷性质。

4）主要电气设备一览表。

5）影响电能质量的用电设备清单。

6）隐蔽工程设计资料。

7）主要生产设备、生产工艺耗电以及允许中断供电时间。

8）高压受电设备一、二次接线图及平面布置图。

9）用电功率因数计算及无功补偿方式。

10）继电保护、过电压保护及电能计量的方式。

11）配电网络布置图。

12）对有冲击负荷、不对称负荷、非线性负荷等有可能影响电网供电的客户，还应提供消除其对电网不良影响的技术措施及有关的设计资料。

13）供电企业认为应提供的其他资料。

（2）审查设计单位的资质。110kV 受电工程设计单位必须取得相应的设计资质，根据中华人民共和国建设部 2007 年修订的《工程设计资质标准》规定，设计资质分为四个序列：工程设计综合资质、工程设计行业资质、工程设计专业资质、工程设计专项资质。

工程设计综合资质是指涵盖 21 个行业的设计资质；工程设计行业资质是指涵盖某个行业资质标准中的全部设计类型的设计资质；工程设计专业资质是指某个行业资质标准中某个专业的设计资质；工程设计专项资质是指为适应和满足行业发展的需要，对已形成产业的专项技术独立进行设计以及设计、施工一体化而设立的资质。

根据《工程设计资质标准》规定，110kV 受电工程的设计单位必须取得工程设计综合资质、电力行业工程设计丙级（变电工程、送电工程）以上资质、电力专业工程设计丙级（变电工程、送电工程）以上资质。

（3）审查设计图纸。110kV 受电工程设计图纸包括以下内容：

1）供配电专业的各级电压主配电装置配置图、主控制室和继电器室平面布置图、主变压器及高压电抗器继电保护原理图及接线图、计算机监控系统方框图、站用电系统图、直流系统图、控制保护逻辑图、二次接线回路图和屏面布置图、同期系统图、UPS 系统接线图、蓄电池布置图、站用电屏布置图、二次线安装接线图、端子排图等。

2）送电专业的两端变电站进出线平面布置图、单相短路电流曲线、拦江线组装图等。

3）变电土建专业的站址位置图、总平面布置图、竖向布置及站址排水图、站区综合管道平面图、主控制楼和屋内配电装置建筑平/立面图、屋外构架透视图、构架组装图、基础平面布置图、设备支架平面布置图、主控制楼和主配电装置结构和基础及沟道布置图、通信调度楼建筑与结构布置图、辅助建筑施工图、站区沟道施工图、道路平面图、围墙和挡土墙施工图、屋外构架及基础施工图、设备支架及基础施工图、土方平衡图、梁板柱沟道及楼梯配筋图、建筑构配件加工图、节点大样图、门窗加工订货图；变电其他专业的自动控制盘盘面布置图、采暖通风系统布置图、管道施工图、控制信号原理接线图、采暖通风设备制造总图、非标准设备制造图、热工仪表单元接线图及控制盘背面接线图、排水计量装置安装图等。

4）安装调相机的还应包括设计调相机的有关图纸。

2. 审查要点

（1）设计图纸是否依据有关技术标准、规程、规范、设计手册和图集要求。

（2）设计图纸是否按照供电部门批复的供电方案进行设计。

（3）工程概况叙述是否详细，应分析该受电工程在系统中的地位，对系统有无影响。

（4）提供的设计图纸内容明细是否齐全。

（5）电力系统供电电源是否满足客户用电的可靠性。

（6）电源线路路径是否合理，地形与交通对线路有无影响，主要交叉跨越是否满足安全要求等；导线截面积选择的规格能否满足客户长远用电负荷增长的需求。

（7）变电站地址选择的是否合理，各级电压的电气设备布置是否合理。

（8）所有高、低压设备的选型是否合理，是否有淘汰和高耗能设备。

（9）变电站主接线方式、各级电压出线方式是否满足客户用电负荷、安全要求。

（10）是否有专用的电容器室，安装电容器容量是否满足就地平衡要求；是否满足《供用电营业规则》对无功补偿的规定。

（11）有冲击、不对称和谐波负载的客户应有谐波治理措施。

（12）电能计量装置准确度等级是否符合规程，电流互感器、电压互感器的变比和准确度等级是否满足规程规定。

（13）双电源供电的客户电气设备运行方式是否合理，是否满足用电负荷的要求。

（14）调度自动化及通信是否满足国家和电力行业规定。

（15）安装的保护装置是否能满足所有电气设备对保护的要求。

（16）应根据有关规定时限进行审核，高压供电的客户审核时间最长不超过一个月。

（17）将审核结果填写在"客户受电工程图纸审核结果通知单"中，以书面形式答复客户。

（18）当地供电部门对客户要求的其他注意事项。

二、考核

（一）考核场地

（1）场地面积应能同时容纳多个工位（办公桌），并保证工位之间的距离合适，操作面积不小于 $1500 \times 1500\text{mm}^2$。

（2）每个工位配有桌椅、计时器。

（二）考核时间

参考时间为 30min，从报审查开始到报审查完毕止。

（三）考核要点

（1）审查客户提交的设计审查资料是否齐全。

（2）审查设计单位的资质是否符合规定要求。

（3）审查设计图纸的内容是否全面。

（4）审查要点是否考虑周全并符合技术、标准及规定要求。

三、评分参考标准

行业：电力工程　　　　　　工种：用电监察员　　　　　　等级：一

编号	JC109	行为领域	e	鉴定范围	
考核时间	30min	题型	c	含权题分	25
试题名称	双母分段双回路 110kV 用户受电工程图纸审查				
考核要点及其要求	（1）给定条件：用户吉利有限责任公司申请正式用电，新建 110kV 专用变电站一座，新装 32 000kVA 变压器四台，负荷性质为大工业用电，对供电可靠性的要求为非重要用户。 （2）电源方案：一回电源由五里变电站 5 号母线五 55 间隔出五吉线电缆专线至该户新建专用变电站，对其供电，供电电压等级为 110kV，供电容量为 64 000kVA（32 000×2）。二回电源由清江变电站 7 号母线清 75 间隔出清吉线电缆专线至该户新建专用变电站对其供电，供电电压等级为 110kV，供电容量为 64 000kVA（32 000×2）。 （3）一、二回总表电价类别均为大工业电价，采用高供高量，装于一、二回进线计量柜内。 （4）电气主接线形式为双母线分段接线，高压侧可联络，运行方式为双回路供电。 （5）继电保护要求：零序、差动。 （6）无应急电源配置要求，需具备非电性质保安措施。 （7）根据以上给定条件审查用户受电工程设计图纸中的错误				
现场设备、工具、材料	（1）工作现场具备的材料：用户供电方案、受电工程设计图纸。 （2）工作现场具备的工具：计算器、水性笔、草稿纸。				
备注	考评员根据评分标准中 3、4、5、6 点的要求自行设置设计图纸中的错误点，考生找出并改正错误即得分，否则扣分。每个"分值"扣完为止				
评分标准					

序号	作业名称	质量要求	分值	扣分标准	扣分原因	得分
1	审查提供的资料	（1）设计单位资质材料。 （2）受电工程设计及说明书。 （3）用电负荷分布图及性质。 （4）主要电气设备一览表。	20	考生口述审查需提供的资料。 （1）回答不全面的，每项内容扣 2 分。 （2）回答错误的，每项内容扣 2 分		

<table>
<tr><td colspan="7" align="center">评分标准</td></tr>
<tr><td>序号</td><td>作业名称</td><td>质量要求</td><td>分值</td><td>扣分标准</td><td>扣分原因</td><td>得分</td></tr>
<tr>
<td>1</td>
<td>审查提供的资料</td>
<td>（5）影响电能质量的用电设备清单。
（6）隐蔽工程设计资料。
（7）主要生产设备、生产工艺耗电以及允许中断供电时间。
（8）高压受电设备一、二次接线图及平面布置图。
（9）功率因数计算及无功补偿方式。
（10）继电保护、过电压保护及电能计量的方式。
（11）配电网络布置图。
（12）有冲击负荷、不对称负荷、非线性负荷等可能影响电网供电的客户，还应提供消除其对电网不良影响的技术措施及有关的设计资料</td>
<td>20</td>
<td>考生口述审查需提供的资料。
（1）回答不全面的，每项内容扣2分。
（2）回答错误的，每项内容扣2分</td>
<td></td>
<td></td>
</tr>
<tr>
<td>2</td>
<td>审查设计单位资质</td>
<td>110kV受电工程的设计单位必须取得工程设计综合资质、电力行业工程设计丙级（变电工程、送电工程）以上资质、电力专业工程设计丙级（变电工程、送电工程）以上资质</td>
<td>10</td>
<td>考生口述设计单位所需资质水平。
（1）回答不全面的，扣5分。
（2）回答错误的，扣10分</td>
<td></td>
<td></td>
</tr>
<tr>
<td>3</td>
<td>读懂电气主接线图</td>
<td>（1）采用先上后下、从左到右的方法读、讲解电气主接线图中各数据的意义。
（2）讲解电气主接线图结构。
（3）找出并更正接线图结构错误</td>
<td>25</td>
<td>（1）考评员抽取图中数据进行提问，考生未讲解或讲解错误的，扣5分。
（2）未讲解或讲解错误电气图结构的，扣10分。
（3）考评员可通过更改接线方式、电气元件安装等设置错误点，考生未找出并更正的，扣10分</td>
<td></td>
<td></td>
</tr>
<tr>
<td>4</td>
<td>正确配置电能计量装置、电压及电流互感器</td>
<td>（1）电能计量装置准确度等级是否符合规程。
（2）电流互感器、电压互感器的变比是否正确。
（3）电流互感器、电压互感器准确度等级是否满足规程规定</td>
<td>15</td>
<td>考评员可通过更改电能计量装置的安装位置、准确度等级、互感器变比等设置错误点，考生未找出并更正的，扣15分</td>
<td></td>
<td></td>
</tr>
<tr>
<td>5</td>
<td>核对供电方案与电气主接线图的一致性</td>
<td>核对客户供电方案中供电容量、电源方案、电压等级、运行方式、继电保护要求、重要客户等级、应急电源配置等内容与电气主接线图中是否一致，找出不相符的地方</td>
<td>15</td>
<td>考评员可根据客户供电方案与电气主接线图设置不相符的错误点，考生未找出并更正的，扣15分</td>
<td></td>
<td></td>
</tr>
</table>

续表

				评分标准			
序号	作业名称	质量要求	分值	扣分标准	扣分原因	得分

序号	作业名称	质量要求	分值	扣分标准	扣分原因	得分
6	有关技术规定的掌握程度	（1）设计图纸是否依据有关技术标准、规程、规范、设计手册和图集要求。 （2）设计图纸是否按照供电部门批复的供电方案进行设计。 （3）工程概况叙述是否详细，应分析该受电工程在系统中的地位，对系统有无影响。 （4）提供的设计图纸内容明细是否齐全。 （5）电力系统供电电源是否满足客户用电的可靠性。 （6）电源线路路径是否合理，地形与交通对线路有无影响，主要交叉跨越是否满足安全要求等；导线截面积选择的规格能否满足客户长远用电负荷增长的需求。 （7）变电站站址选择的是否合理，各级电压的电气设备布置是否合理。 （8）所有高、低压设备的选型是否合理，是否有淘汰和高耗能设备。 （9）变电站主接线方式、各级电压出线方式是否满足客户用电负荷、安全要求。 （10）是否有专用的电容器室，安装电容器容量是否满足就地平衡要求；是否满足《供用电营业规则》对无功补偿的规定。 （11）有冲击、不对称和谐波负载的客户应有谐波治理措施。 （12）双电源供电的客户电气设备运行方式是否合理，是否满足用电负荷的要求。 （13）调度自动化及通信是否满足国家和电力行业规定。 （14）安装的保护装置是否能满足所有电气设备对保护的要求	15	（1）考评员可根据相关技术规定规程，如设备选型、继电保护、电源配置等方面设置错误点，考生未找出并更正的，扣5分。 （2）考评员可根据用户供电方案，从电源的可靠性、无功补偿、导线选型等方面提问来考查考生对有关技术规定的掌握程度，考生回答不全面的，扣5分；回答错误的，扣10分		

考试开始时间			考试结束时间		合计	

考生栏	编号：	姓名：	所在岗位：	单位：	日期：
考评员栏	成绩：	考评员：		考评组长：	

JC109 附：双母分段双回路 110kV 用户受电工程图

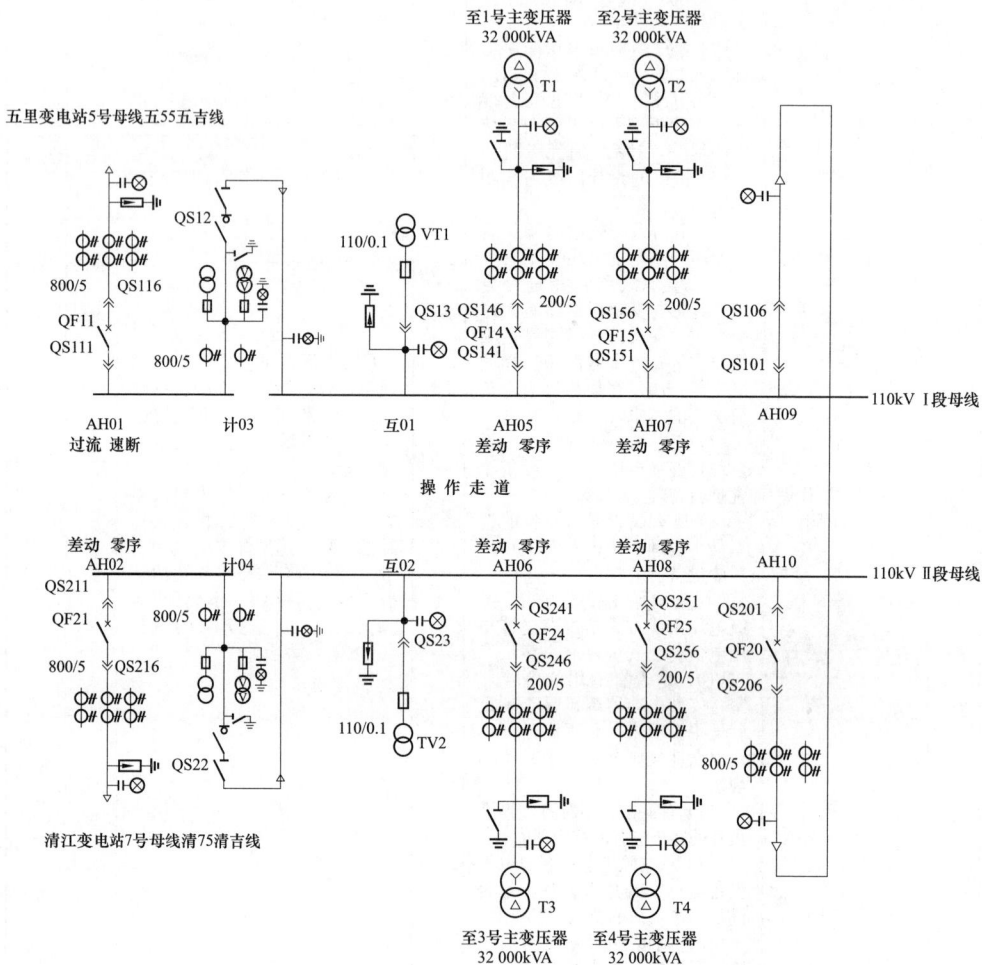

至1号主变压器
32 000kVA

至2号主变压器
32 000kVA

T1

T2

五里变电站5号母线五55五吉线

110/0.1 VT1

QS12

800/5 QS116

QF11

QS111

800/5

QS13 QS146

QF14

QS141

QS156

QF15

QS151

QS106

QS101

200/5

200/5

110kV I 段母线

AH01
过流 速断

计03

互01

AH05
差动 零序

AH07
差动 零序

AH09

操 作 走 道

差动 零序
AH02

QS211

QF21

800/5

800/5 QS216

QS22

计04

800/5

互02

QS23

110/0.1 TV2

差动 零序
AH06

QS241

QF24

QS246

200/5

差动 零序
AH08

QS251

QF25

QS256

200/5

AH10

QS201

QF20

QS206

800/5

110kV II 段母线

清江变电站7号母线清75清吉线

T3

T4

至3号主变压器
32 000kVA

至4号主变压器
32 000kVA

双母分段双回路 110kV 用户受电工程图

执行多种电价的大工业客户电能计量装置的抄读与电费计算

一、操作

(一) 工具、材料和设备

(1) 工具：碳素笔、手电筒、电工个人工具、计算机、打印机、计算器等自动化办公用品、三挡折叠人字形绝缘梯。

(2) 材料：工作证件、抄表册、抄表卡、抄表器、业务工作单、A4白纸。

(3) 设备：装有三相多功能电能表的抄表模拟装置多台，如图 JC303-1 所示；160、200、315kVA 配电变压器各一台。

(二) 安全要求

(1) 正确填用第二种工作票，工作服、安全帽、绝缘鞋完好符合安规要求。

(2) 上门抄表主动出示证件，遵守客户制度并请客户配合。

(3) 进入配电室抄表过程中，分清高低压设备，始终与高压带电设备保持 0.7m 及以上安全距离，防止电缆沟盖板损坏跌落。

(4) 使用试电笔测试配电柜本体不带电，严禁头部进入配电柜抄读电表。

(5) 登高 2m 以上应系好安全带，保持与带电设备的安全距离，在梯子上作业应有专人扶持。

(6) 发现客户违规用电应做好记录，及时通知相关负责人，处理中不应与客户发生冲突。

(三) 操作步骤及要求

1. 操作步骤

(1) 出示证件后到模拟抄表装置指定电能表位处抄表。

(2) 核对表计表号、互感器倍率，查看表计是否报警、自检信息是否正确，封签是否完好。

(3) 核对变压器铭牌容量。

(4) 按操作要求准确抄录电能表止码。

(5) 按操作要求正确计算电费。

（6）对发现电能表故障及客户违规用电应做好记录，现场确认，收集证据，填写业务工作单并要求用户签字，同时通知相关负责人。

（7）清理现场，请客户在检查工作单上签字，确认工作完毕。

2. 操作要求

（1）使用蓝色或黑色墨水笔抄录电能表止码，抄录止码时，必须上下位数对齐。

（2）抄录电能表止码有效位数，靠前位数为零时以"0"填充，不得空缺，按表计显示抄读电能表小数位。

（3）核对电能表峰、平、谷时段电量之和等于总电量。

（4）抄录电能表最大需量，同客户核对并签字确认。

（5）与上月电量核对，及时核查电量波动原因。

（6）计算峰、平、谷各时段电费。

（7）计算功率因数及功率因数调整电费。

（8）计算代征款。

（9）以 Word 电子文档形式，完成电费计算。

二、考核

（一）考核场地

（1）场地面积应能同时容纳两个工位（操作台），并保证工位之间的距离合适，操作面积不小于 $1500 \times 2500 \text{mm}^2$。

（2）每个工位配有桌椅、计时器。

（3）室内备有通电试验用的三相电源（有接地保护）两处以上。

（二）考核时间

参考时间为 40min，其中抄表限时 10min，从报开工起到报完工止。

（三）考核要点

（1）履行工作许可手续完备。

（2）抄表卡填写正确规范。

（3）核对变压器铭牌容量。

（4）准确抄录电能表止码。

（5）判断报警原因，分析推算更正系数。

（6）按步骤、列公式、正确计算电费。

（7）将发现的问题记录在业务工作单上。

（8）以 Word 电子文档形式呈现结果。

（9）安全文明生产。

三、评分参考标准

行业：电力工程 工种：用电监察员 等级：一

编号	JC110	行为领域	e	鉴定范围	
考核时间	40min	题型	c	含权题分	30
试题名称	执行多种电价的大工业客户电能计量装置的抄读与电费计算				

考核要点及其要求	(1) 给定条件与要求：某工业客户变压器总容量360kVA，10kV供电，计量方式为高供高计，总表为多功能电能表，总表电流互感器为40/5A，本月抄表总表示数有功电量为215（其中峰77，谷70，平68），无功电量为－69，下有一个居民照明分表，照明指数2179，工作人员在进行检查时发现该户计量装置封印完好，但总表报警，如图JC110－1、JC110－2所示。试计算该户本月应退补的电费。[大工业电价：峰0.8958元/kWh，谷0.3747元/kWh，平0.6020元/kWh，居民照明电价0.5503元/kWh。基本电价按变压器容量收取，28元/（kVA·月），不考虑代征费用]。

图 JC110－1　电能表报警示意图　　图 JC110－2　电能表报警示意图

(2) 正确规范抄录电能表止码。
(3) 判断说明报警原因，分析推算更正系数。
(4) 列出相应的计算公式，然后代入数据计算出结果。每步计算结果均保留两位小数，单位用文字或字母正确表示。
(5) 以Word电子文档形式呈现计算过程及结果，打印，并正确陈述

现场设备、工具、材料	(1) 设备：三相多功能电能表的模拟抄表装置。 (2) 材料：抄表册、抄表卡、业务工作单、A4白纸。 (3) 工具：计算机、打印机、计算器等自动化办公用品，三挡折叠人字形绝缘梯。 (4) 考生自备工作服、安全帽、线手套、绝缘鞋
备注	(1) 抄读与电费计算分开进行。抄读在模拟抄表装置上完成，限时10min；电费计算以给定条件为准，限时30min。 (2) 可提供现行电价表，增加本考核项目的考点。每个"分值"扣完为止

评分标准

序号	作业名称	质量要求	分值	扣分标准	扣分原因	得分
1	开工准备	(1) 正确佩戴安全帽、穿工作服、穿绝缘鞋、戴手套。 (2) 正确填写工作票，履行开工许可手续	5	(1) 未按要求着装缺一项扣1.5分。 (2) 未填写工作票扣2分。 (3) 未履行开工手续扣2分		

		评分标准				
序号	作业名称	质量要求	分值	扣分标准	扣分原因	得分
2	工器具检查	（1）熟练使用自动化办公系统。 （2）电气安全器具的检查。检查低压测电笔外观质量和电气性能，并在有电的电源插座上验电，确认正常	3	（1）指导后使用，一次扣1分。 （2）工器具未进行检查扣1分。 （3）借用工具、仪表一件扣1分		
3	核对现场信息	核对变压器容量、表计表号、互感器倍率，查看表计是否报警、自检信息是否正确，封签是否完好	10	（1）未检查一项扣2分。 （2）发现问题未记录填写工作单扣10分		
4	抄读止码	准确抄录电能表止码	12	峰、平、谷、总有功、总无功及需量缺一项扣2分		
5	判断报警	按给定条件作出判断： （1）电压互感器U相一次熔丝断线。 （2）绘制相量图	15	（1）仅判断对，得5分。 （2）绘制错误扣10分		
6	计算故障期间电费	（1）居民照明电度电费＝照明电量×销售电价＝1199.10（元）。 （2）工业用电电度电费＝峰、平、谷段电量×销售电价＝107 533.52（元）。 （3）基本电费＝装见容量×销售电价＝10 080（元）。 （4）力调电费＝（基本电费＋电度电费－各代征款）×增减率＝－882.1（元）。 （5）故障期间应交电费＝基本电费＋工业电度电费＋居民照明电度电费＋力调电费＝117 930.52（元）	10	无推演过程或错误，每项扣2分		
7	计算有功电量更正系数	$Gx＝\sqrt{3}UI\cos\varphi/UI\cos(30°-\varphi)＝1.77$	10	1）只得出 $Gx＝\sqrt{3}UI/UI\cos(30°-\varphi)$，扣8分。 2）得出 $Gx＝1.77$ 不扣分		

		评分标准				
序号	作业名称	质量要求	分值	扣分标准	扣分原因	得分
8	计算故障期间正确的功率因数	(1) 有功更正系数为 $Gx=\sqrt{3}UI\cos\varphi/UI\cos(30°-\varphi)$ (2) 无功更正系数为 $Gxq=-\sqrt{3}UI\sin\varphi/UI\sin(30°-\varphi)$ (3) 功率因数正切值为 $\tan\varphi=Wq/Wp=GxqWxq/GxWx$ (4) $\varphi=12°$，功率因数 $\cos\varphi=0.97$	10	无推演过程或错误，一项扣2.5分/项		
9	基本电费计算	同序号6(3)	2	基本电费为 10 080 元。无推演过程或错误，不得分		
10	电费计算	(1) 居民照明电度电费＝照明电量×销售电价＝1199.10（元）。 (2) 工业用电电度电费＝更正系数×故障期间工业用电电度电＝190 334.33（元）。 (3) 该户力率考核标准为0.90，实际为 0.97，调整率为－0.75％。 (4) 力率调整电费＝（基本电费＋电度电费－附加电费）×调整率＝－1503.11（元）。 (5) 本月应交电费＝基本电费＋电度电费＋力调电费＝200 110.32（元）	10	无推演过程或错误，每项扣2分		
11	退补电费计算	(1) 应交电费－故障期间应交电费＝82 179.80（元）。 (2) 结果大于零则补交电费，结果小于零则退还电费。即补交 82 179.80（元）	4	无推演过程或错误，每项扣2分		
12	结果呈现	以 Word 电子文档形式存入"我的文档"，打印	5	(1) 未完成，扣5分。 (2) 未存入"我的文档"，扣3分		
13	安全生产	(1) 规范填写工作单，清理现场。 (2) 操作符合规程和安全要求，无违章现象	4	(1) 未填写工作单，扣2分。 (2) 操作中发生违规或不安全现象扣2分		
考试开始时间				考试结束时间	合计	
考生栏	编号： 姓名：		所在岗位： 单位：		日期：	
考评员栏	成绩： 考评员：		考评组长：			

一、操作

（一）工具、材料和设备

（1）工具：碳素笔、手电筒、计算器。

（2）材料：业务工作单。

（3）设备：10kV典型客户配电室主接线图如图JC111-1所示。

（二）10kV典型客户配电室安全用电检查要求

1. 变压器安全检查

（1）检查油温是否正常，最高不超85℃；油位高、低是否符合要求，油色是否正常。

（2）检查变压器外壳有无渗油、漏油现象。

（3）负荷高峰时检查示温蜡片是否熔化，接头有无发热或变色现象。

（4）检查变压器套管、绝缘子是否清洁，有无裂缝或放电现象。

（5）监听变压器有无不正常声音或放电声。

（6）检查气体继电器里是否有气体，玻璃是否完好。

（7）检查呼吸器内干燥剂是否良好。

（8）检查变压器外壳接地是否良好，接地线有无腐蚀断股现象。

2. 断路器安全检查

（1）检查断路器指示仪表指示应在正常范围，发现表计指示异常及时采取措施。

（2）检查断路器的瓷套应清洁，无裂纹、破损和放电痕迹。

（3）检查真空灭弧室应无异常，真空泡应清晰，屏蔽罩内颜色应无变化。在分闸时，弧光呈蓝色为正常。

（4）检查导电回路应良好，软铜片连接部分应无断片、断股现象。与断路器连接的接头接触应良好、无过热现象。

（5）检查机构部分检紧固件应紧固，转动、传动部分应有润滑油，分、合闸位置指示器应正确。

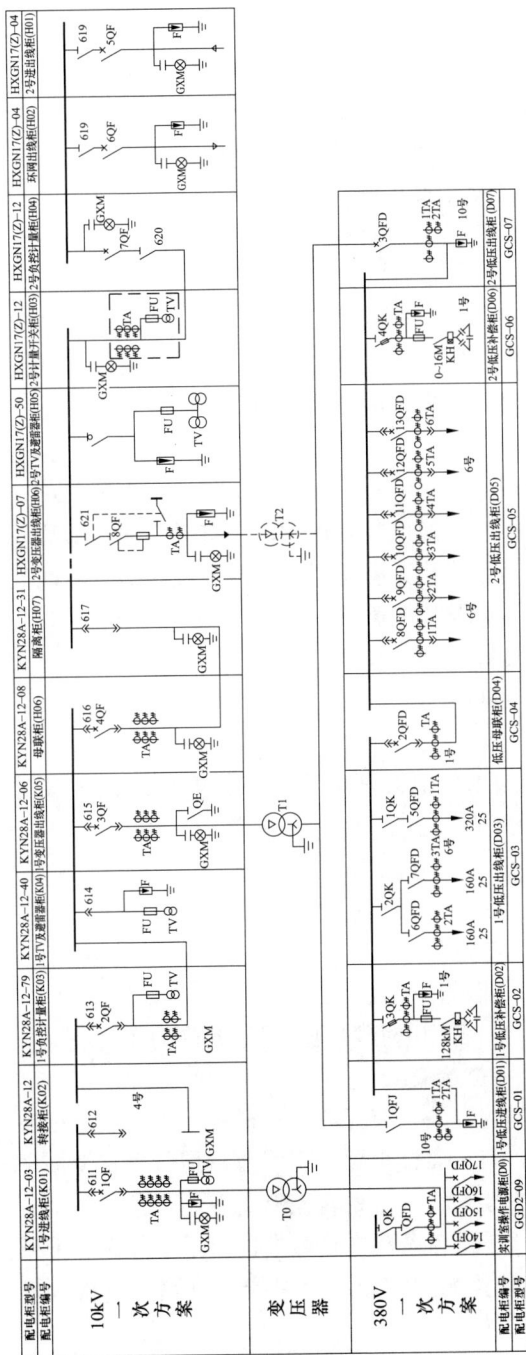

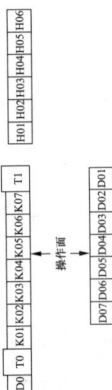

图 JC111 - 1　典型客户配线实训室电气一次接线图

说明：1. 操作电源为交流220V，K05柜采用微机型综合保护装置。
　　　2. K07柜隔离柜内的隔离插头与K06柜（母联柜）的断路器
　　　　 之间装设机械程序联锁，以防止其增负荷操作。
　　　3. K07隔离柜上设有备用电源投入装置。

（6）检查断路器分、合闸位置与机构指示器及红、绿指示灯是否相符。

3. 隔离开关安全检查

（1）检查隔离开关合闸状况是否完好，有无合不到位或错位现象。

（2）检查隔离开关绝缘子是否清洁完整，有无裂纹、放电现象和闪络痕迹。

（3）检查触头有无脏污、变形锈蚀，触头是否倾斜，触头弹簧或弹簧片有无折断现象；触头是否由于接触不良引起发热、发红。

（4）检查操作连杆及机械部分有无锈蚀、损坏，各机件是否紧固，有无歪斜、松动、脱落等不正常现象。

（5）检查连接轴上的开口销是否断裂、脱落；法兰螺栓是否紧固、有无松动现象。

（6）检查防误闭锁装置是否良好；隔离开关拉、合后，检查电磁锁或机械锁是否锁牢。

4. 互感器安全检查

（1）检查油位是否符合标准，油色是否正常；壳有无渗油、漏油现象。

（2）检查套管或绝缘子是否清洁，有无裂缝、破损及闪络放电现象。

（3）监听有无不正常的异声及放电声。

（4）检查外壳接地是否良好。

（5）检查有无异声及焦臭味。

5. 备用电源切换装置检查

备用电源切换装置是指当工作电源消失或当工作电压降低过多时，能将备用电源断路器快速合闸向负载恢复供电的自动切换装置。

备用电源切换装置应具有以下基本功能：

（1）当工作电源消失时，快速启动自动切换装置，投入备用电源。

（2）当工作电源母线电压降低，由接在母线上的低电压继电器动作，进行切换。

（3）备用电源切换装置只能动作一次。

（4）工作电源母线故障时，备用电源切换装置不允许动作。

6. 防雷设施与接地装置安全检查

（1）检查套管或绝缘子是否清洁，有无裂缝、破损及闪络放电现象。

（2）检查接地是否良好，有否腐蚀现象；引线及接地装置有无损伤。

（3）检查避雷针及其他构架是否良好；构架有无腐烂现象。

（4）雷雨后检查避雷器泄漏电流及放电计数器的指示，并做好记录。

（5）检查瓷质部分清洁完整无损；导线、引线不过紧、过松，不锈蚀，无损伤；铸铁胶合剂无裂纹及漆皮无脱落。

（6）检查组合式避雷器上、下节应垂直，不倾斜；基础座和瓷套、瓷垫完整无损；避雷器泄漏电流表、放电计数器完整无损，密封良好，指示正确；油漆完整，相色正确，接地良好。

（7）检查接地装置的引线是否完好；检查接地装置并测量一次接地电阻，小电流接地系统接地电阻不大于 10Ω。

7. 其他安全检查

（1）检查消防用具、安全用具、工器具、使用仪器仪表是否齐全、清洁、完好。

（2）检查备品、备件是否齐全、完好。

（3）检查房屋有无漏雨、渗水现象。

（4）检查建筑物和设备的基础是否牢固，有无下沉。

8. 10kV 典型客户安全用电管理检查

供电企业应指导客户提高自管变电站运行管理水平，保证设备安全运行。着重做好以下几个方面的工作：

（1）规范安全工器具的管理。

（2）制定本变电站运行规程和安全活动制度。

（3）保存变电站技术图纸。

（4）悬挂相关的图表。

（5）建立运行记录、设备台账等。

（6）制定岗位职责和规范。

（7）建立标准化作业指导卡。

（8）定期进行电气设备预防性试验和保护装置的试验。

（9）对运行设备评级管理。

（10）开展班组的安全培训教育。

二、考核

（一）考核场地

（1）提供一个双电源供电运行方式为单母分段运行且主供电源带有所用变压器的 10kV 配电室。

（2）室内应配有应考者桌椅两套。

（3）室内应配有考评员桌椅 3 套、秒表 3 块。

（二）考核时间

参考时间为 40min，到时停止操作，按实际完成内容打分。

（三）考核要点

（1）履行工作手续完备。

（2）对变压器进行安全检查。

（3）对断路器进行安全检查。

（4）对隔离开关进行安全检查。

（5）对互感器进行安全检查。

（6）对备用电源切换装置安全检查。

（7）对防雷设施与接地装置进行安全检查。

（8）对其他进行安全检查。

（9）对 10kV 典型客户安全用电管理检查。

（10）将现场检查情况正确填写"用电检查结果通知书"。

（11）安全文明生产。

三、评分参考标准

行业：电力工程　　　　　　　　　工种：用电监察员　　　　　　　　等级：一

编号	JC111	行为领域	e	鉴定范围	
考核时间	45min	题型	c	含权题分	30
试题名称	10kV 典型客户配电室安全用电检查				
考核要点及其要求	（1）给定条件：10kV 客户电气设备、外观、机械、接地、绝缘及耐压等例行试验合格，制造标准符合国家标准规定，质量合格。 （2）着装规范、劳动防护措施齐全。 （3）履行工作手续完备。 （4）安全检查无漏项。 （5）"用电检查结果通知书"填写正确、规范。 （6）各项得分均扣完为止				
现场设备、工具、材料	（1）工作现场具备设备：10kV 典型客户配电室。 （2）考生自备工作服、安全帽、绝缘鞋、笔、计算器。 （3）业务工作单				
备注	设定主供电源所计量的变压器总容量为 2300kVA，要求考生回答如何配置计量互感器，回答错误，扣除第十项得分——7分				

			评分标准				
序号	作业名称	质量要求		分值	扣分标准	扣分原因	得分
1	着装	正确佩戴安全帽、穿工作服、穿绝缘鞋、戴手套		5	（1）未按要求着装扣 5 分。 （2）着装不规范扣 3 分		
2	证件出示	进客户配电室应首先出示"用电检查证"		5	未出示扣 5 分		

序号	作业名称	质量要求	分值	扣分标准	扣分原因	得分
3	查看变压器安全运行情况	(1) 检查油温是否正常，最高不超85℃；油位高、低是否符合要求，油色是否正常。 (2) 检查变压器外壳有无渗油、漏油现象。 (3) 检查变压器套管、绝缘子是否清洁，有无裂缝或放电现象。 (4) 监听变压器有无不正常声音或放电声。 (5) 检查呼吸器内干燥剂是否良好。 (6) 检查变压器外壳接地是否良好，接地线有无腐蚀断股现象	18	(1) 未检查油温、油色扣3分，漏一项扣1.5分。 (2) 未检查变压器外壳渗油、漏油扣3分。 (3) 未检查变压器外观套管、绝缘子或放电现象扣3分。 (4) 未监听变压器有无不正常声音或放电声扣3分。 (5) 未检查呼吸器内干燥剂是否良好扣3分。 (6) 未检查变压器外壳接地情况扣3分		
4	查看断路器运行情况	(1) 检查断路器的瓷套应清洁，无裂纹、破损和放电痕迹。 (2) 检查真空灭弧室应无异常，真空泡应清晰，屏蔽罩内颜色应无变化。在分闸时，弧光呈蓝色为正常。 (3) 检查机构部分紧固件应紧固，转动、传动部分应有润滑油，分、合闸位置指示器应正确。 (4) 检查断路器分、合闸位置与机构指示器及红、绿指示灯是否相符	8	(1) 未检查断路器的瓷套扣2分。 (2) 未检查真空灭弧室扣2分。 (3) 未检查机构部分紧固情况扣2分。 (4) 未检查断路器分、合闸位置与机构指示器及红、绿指示灯是否相符。未检查说明或检查错误扣2分		
5	查看隔离开关安全运行情况	(1) 检查隔离开关合闸状况是否完好，有无合不到位或错位现象。 (2) 检查隔离开关绝缘子是否清洁、完整，有无裂纹、放电现象和闪络痕迹。 (3) 检查触头有无脏污、变形、锈蚀；触头是否倾斜；触头弹簧或弹簧片有无折断现象；触头是否由于接触不良引起发热、发红。 (4) 检查操作连杆及机械部分有无锈蚀、损坏，各机件是否紧固，有无歪斜、松动、脱落等不正常现象。 (5) 检查防误闭锁装置是否良好；隔离开关拉、合后，检查电磁锁或机械锁是否锁牢	10	(1) 未检查隔离开关合闸状况扣2分。 (2) 未检查隔离开关绝缘子的外观扣2分。 (3) 未检查触头有无脏污、变形、触头是否有接触不良扣2分。 (4) 未检查操作连杆及机械部分扣2分。 (5) 未检查防误闭锁装置扣2分		

383

序号	作业名称	质量要求	分值	扣分标准	扣分原因	得分
			评分标准			
6	查看互感器安全运行情况	（1）检查油位是否符合标准，油色是否正常；壳有无渗油、漏油现象。 （2）检查套管或绝缘子是否清洁，有无裂缝、破损及闪络放电现象。 （3）监听有无不正常的异音及放电声。 （4）检查外壳接地是否良好。 （5）检查有无异声及焦臭味	10	（1）未检查油位、油色扣2分。 （2）未检查套管和绝缘子扣2分。 （3）未检查不正常的异声及放电声扣2分。 （4）未检查外壳接地扣2分。 （5）未检查有无异声及焦臭味，未检查说明扣2分		
7	查看备用电源切换装置安全运行情况	（1）检查当工作电源消失时，自动切换装置是否能快速动作，投入备用电源。 （2）检查当工作电源母线电压降低时，接在母线上的低电压继电器动作，进行切换。 （3）检查备用电源切换装置只能动作一次。 （4）检查工作电源母线故障时，备用电源切换装置不允许动作	4	（1）未检查当工作电源消失时，自动切换装置是否能快速动作扣1分。 （2）未检查当工作电源母线电压降低，接在母线上的低电压继电器动作情况扣1分。 （3）未检查备用电源切换装置只能动作一次扣1分。 （4）未检查工作电源母线故障时，备用电源切换装置不允许动作扣1分		
8	查看防雷设施与接地装置安全运行情况	（1）检查套管或绝缘子是否清洁，有无裂缝、破损及闪络放电现象。 （2）检查接地是否良好，是否有腐蚀现象；引线及接地装置有无损伤。 （3）检查避雷针及其他构架是否良好；构架有无腐烂现象。 （4）雷雨后检查避雷器泄漏电流及放电计数器的指示，并做好记录。 （5）检查瓷质部分清洁、完整、无损；导线、引线不过紧、过松，不锈蚀，无损伤；铸铁胶合剂无裂纹及漆皮无脱落。 （6）检查接地装置的引线是否完好；检查接地装置并测量一次接地电阻，小电流接地系统接地电阻不大于10Ω	12	（1）未检查套管外观扣2分。 （2）未检查接地是否良好扣2分。 （3）未检查避雷针及其他构架扣2分。 （4）未检查放电计数器扣2分。 （5）未检查瓷瓶及引线情况扣2分。 （6）未检查接地装置的引线及接地电阻值不大于10Ω，未检查说明扣2分		

				评分标准			
序号	作业名称	质量要求	分值	扣分标准	扣分原因	得分
9	查看 10kV 客户配电室消防、安全工器具及日常安全管理情况	（1）检查消防用具、安全用具、工器具、使用仪器仪表是否齐全、清洁、完好。 （2）检查备品、备件是否齐全、完好。 （3）检查房屋有无漏雨、渗水现象。 （4）安全工器具的管理。 （5）配电室运行规程和安全活动制度。 （6）保存配电室技术图纸。 （7）悬挂相关的图表。 （8）建立运行记录、设备台账等。 （9）制定岗位职责和规范。 （10）定期进行电气设备预防性试验和保护装置的试验	20	（1）未检查消防、安全用具扣2分。 （2）未检查备品、备件是否齐全、完好扣2分。 （3）未检查房屋有无漏雨、渗水现象扣2分。 （4）未检查安全工器具的管理扣2分。 （5）未检查配电室运行规程和安全活动制度扣2分。 （6）未检查保存配电室技术图纸扣2分。 （7）未悬挂相关的图表扣2分。 （8）未建立运行记录、设备台账扣2分。 （9）未制定岗位职责和规范扣2分。 （10）未定期进行电气设备预防性试验和保护装置的试验，扣2分		
10	现场提问	设定变压器总容量为2300kVA，要求考生回答，计量装置应如何配置互感器	8	电压互感器配置错误扣3分，电流互感器配置错误扣5分		

考试开始时间				考试结束时间		合计	
考生栏	编号：	姓名：		所在岗位：	单位：	日期：	
考评员栏	成绩：	考评员：				考评组长：	

10kV典型客户配电室用电业务检查

一、操作

（一）工具、材料和设备

（1）工具：碳素笔、手电筒、计算器。

（2）材料：业务工作单。

（3）设备：10kV典型客户配电室主接线图如图JC111-1所示。

（二）10kV典型客户配电室用电业务检查要求

（1）核对客户基本情况。重点核对客户户名、地址、用电类别、用电负责人、调度联系电话、受电电源、电气设备主接线、受电设备参数、负荷构成、负荷变化情况、备供电源投切方式及连锁、容量等情况。

（2）检查客户执行国家有关电力法规、方针、政策、标准、规章制度情况。

（3）检查客户进网电工资质、进网作业安全状况及作业安全措施。

（4）检查《供用电合同》及有关协议履行和变更情况。

（5）检查客户配电室各种规章制度、管理运行制度及安全防护措施的执行情况。

（6）检查客户配电室安全防护措施情况。如防小动物、防雨雪、防火、防触电等措施，安全用具、临时接地线、消防器具是否齐全且试验合格。

（7）检查客户配电室停电应急处置预案的编制及演练情况。

（8）检查操作票、工作票及工作许可制度执行情况。

（9）检查电能计量装置及运行情况。

（10）检查客户受电端电能质量状况。

（11）检查客户无功补偿设备运行情况和功率因素情况。

（12）检查备自投运行情况。

（13）检查客户高压电气设备的周期试验情况、继电保护和自动装置周期校验情况。

（14）检查客户是否存在违约用电、窃电行为。

二、考核

(一) 考核场地

(1) 提供一个双电源供电其供电方式为单母分段且主供电源带有所用变压器的10kV 配电室。

(2) 室内应配有应考者桌椅两套。

(3) 室内应配有考评员桌椅 3 套、秒表 3 块。

(二) 考核时间

参考时间为 40min，到时停止操作，按实际完成内容打分。

(三) 考核要点

(1) 履行工作手续完备。

(2) 核对客户基本情况。

(3) 检查客户执行国家有关电力法规、方针、政策、标准、规章制度情况。

(4) 检查客户进网电工资质，进网作业安全状况及作业安全措施。

(5) 检查《供用电合同》及有关协议履行和变更情况。

(6) 检查客户配电室各种规章制度、管理运行制度及安全防护措施的执行情况。

(7) 检查客户配电室安全防护措施情况。

(8) 检查客户配电室停电应急处置预案的编制及演练情况。

(9) 检查操作票、工作票及工作许可制度执行情况。

(10) 检查电能计量装置及运行情况。

(11) 检查客户受电端电能质量状况。

(12) 检查客户无功补偿设备运行情况和功率因素情况。

(13) 检查备自投运行情况。

(14) 检查客户高压电气设备的周期试验情况、继电保护和自动装置周期校验情况。

(15) 检查客户是否存在违约用电、窃电行为。

(16) 对 10kV 典型客户配电室用电业务检查。

(17) 将现场检查情况正确填写"用电检查结果通知书"。

(18) 安全文明生产。

三、评分参考标准

行业：电力工程　　　　　　　工种：用电监察员　　　　　　　等级：一

编号	JC112	行为领域	e	鉴定范围	
考核时间	45min	题型	c	含权题分	35
试题名称	10kV 典型客户配电室安全用电检查				

考核要点及其要求	(1) 给定条件：10kV客户电气设备、外观、机械、接地、绝缘及耐压等例行试验合格，制造标准符合国家标准规定，质量合格。 (2) 着装规范、劳动防护措施齐全。 (3) 履行工作手续完备。 (4) 安全检查无漏项。 (5) "用电检查结果通知书"填写正确、规范。 (6) 各项得分均扣完为止	
现场设备、工具、材料	(1) 工作现场具备设备：10kV典型客户配电室。 (2) 考生自备工作服，安全帽，绝缘鞋、笔、计算器。 (3) 业务工作单	
备注		

评分标准

序号	作业名称	质量要求	分值	扣分标准	扣分原因	得分
1	着装	正确佩戴安全帽、穿工作服、穿绝缘鞋、戴手套	5	(1) 未按要求着装扣5分。 (2) 着装不规范扣3分		
2	证件出示	进客户配电室应首先出示"用电检查证"	5	未出示扣5分		
3	核对客户基本情况	核对客户户名、地址、用电类别、用电负责人、调度联系电话、受电电源、电气设备主接线、受电设备参数、负荷构成、负荷变化情况、备供电源投切方式及连锁、容量等情况	12	检查中每缺一项未提出核对内容就扣1分，直至本项扣完		
4	检查客户执行标准情况	检查客户执行国家有关电力法规、方针、政策、标准、规章制度情况	5	检查中每缺一项未提出检查内容就扣1分，直至本项扣完		
5	查看进网作业安全状况及作业安全措施情况	检查客户进网电工资质，进网作业安全状况及作业安全措施	8	(1) 未检查客户进网电工资质扣4分。 (2) 未检查进网作业安全状况及作业安全措施扣4分		
6	查看《供用电合同》履行情况	检查《供用电合同》及有关协议履行和变更情况	10	(1) 未发现客户《供用电合同》超期扣5分。 (2) 未发现客户《供用电合同》与实际的变更情况扣5分		

		评分标准				
序号	作业名称	质量要求	分值	扣分标准	扣分原因	得分
7	查看客户配电室各种制度执行情况	检查客户配电室各种规章制度、管理运行制度及安全防护措施的执行情况	6	检查中未提出缺少相关制度，每缺一项扣2分		
8	查看客户配电室安全防护措施情况	检查客户配电室安全防护措施情况。如防小动物、防雨雪、防火、防触电等措施，安全用具、临时接地线、消防器具是否齐全且试验合格	8	检查中未提出相关防护措施，每缺一项防护措施扣1分		
9	查看停电应急预案的编制及演练	检查客户配电室停电应急处置预案的编制及演练情况	10	（1）未提出检查应急处置预案的编制，扣6分。（2）未提出检查应急处置预案演练要求，扣4分		
10	查看操作票、工作票	检查操作票、工作票及工作许可制度执行情况	3	检查中未提出操作票、工作票及工作许可制度，每缺一项扣1分		
11	查看电能计量装置及运行情况	检查电能计量装置及运行情况	5	检查中未提出电能计量装置及运行扣5分		
12	查看客户受电端电能质量状况	检查客户受电端电能质量状况	3	检查中未提出客户受电端电能质量状况扣3分		
13	查看客户无功补偿设备运行情况和功率因数情况	检查客户无功补偿设备运行情况和功率因数情况	6	（1）检查中未提出客户无功补偿设备运行情况扣3分。（2）检查中未提出客户功率因数运行情况扣3分		
14	查看检查备自投设备运行情况	检查备自投设备运行情况	4	检查中未提出检查备自投设备运行状况扣4分		
15	查看检查客户高压电气设备的周期试验情况、继电保护和自动装置周期校验情况	检查客户高压电气设备的周期试验情况、继电保护和自动装置周期校验情况	8	（1）检查中未提出检查客户高压电气设备的周期试验情况扣4分。（2）检查中未提出检查客户继电保护和自动装置周期校验情况扣4分，缺一个扣2分		

		评分标准					
序号	作业名称	质量要求	分值	扣分标准	扣分原因	得分
16	查看检查客户是否存在违约用电、窃电行为	检查客户是否存在违约用电、窃电行为	2	检查中未提出检查客户是否存在违约用电、窃电行为扣5分		
考试开始时间			考试结束时间		合计	
考生栏	编号：	姓名：	所在岗位：	单位：	日期：	
考评员栏	成绩：	考评员：		考评组长：		

参 考 文 献

［1］ 劳动和社会保障部职业技能鉴定中心. 国家职业技能鉴定教程. 北京：北京广播学院出版社，2003.

［2］ 电力行业职业技能鉴定指导中心. 用电监察（检查）员. 北京：中国电力出版社，2009.

［3］ 国家电网公司人力资源部. 用电检查. 北京：中国电力出版社，2009.

［4］ 中国电力企业联合会. 电气装置安装工程电气设备交接试验标准. 北京：中国电力出版社，2011.